JN435289

군 위기상담의 실제

심윤기 · 정구철 · 정성진
김복희 · 김재희 · 김현숙

창지사

머리말

우리나라 국군은 올해 건군 72주년을 맞이한다. 그동안 국내외적으로 많은 어려움과 위기를 경험했음에도 불구하고 이를 모두 슬기롭게 극복하고 평화를 유지할 수 있었던 것은 오로지 튼튼한 국방력과 이를 뒷받침해 주는 국민들의 신뢰가 있었기 때문이다. 우리 앞에 놓인 엄중한 안보 현실과 미래에 예측되는 다양한 위협에도 흔들림 없는 강한 국군의 모습을 계속 보여 줄 것으로 믿는다.

우리 군은 2005년부터 전문상담제도를 도입하여 부대적응에 어려움을 겪고 있는 장병들에게 많은 도움을 제공해 오고 있다. 그 결과 자살을 비롯한 인명사고를 현저히 감소시켜 비전투손실을 예방하고 있을 뿐만 아니라 고질적이고 구태의연한 군대문화를 사라지게 하고 새로운 워라밸 병영문화를 육성하는 데에도 크게 기여하고 있다.

그러나 군 전문상담제도가 도입된 지 15년여가 지났음에도 불구하고 전문분야별 군 상담의 발전이 더디게 이루어지고 있는 현실과 개인상담 위주로 상담 서비스가 제공되고 있는 현실은 큰 아쉬움으로 남는다. 이에 학계에서는 군 상담에 대한 학문적 · 제도적 · 실제적 변화가 이루어질 수 있도록 분야별 군 상담 연구와 이를 기초한 전문서적 발간의 필요성을 꾸준히 제기하고 있는 실정이다.

삼육대학교 상담심리학과에 재직하고 있는 교수진과 상담심리학 박사과정에 있는 대학원생들이 모여 학계와 군의 의견을 반영한 분야별 군 상담학 저서를 발간하고 있다. 2016년에는 『군 상담학의 이해와 적용』이라는 총서를 펴내어 분야별 군 상담학 발전의 기초를 마련할 수 있었으며, 2017년에는 군 캠프뿐만 아니라 일반부대에서도 집단상담이 적극적으로 적용될 수 있도록 『군 집단상담의 기초』를 펴내었다. 2018년에는 『외상 후 스트레스 장애와 심리치료』를 완성하였으며, 금년에는 본서인 『군 위기상담의 실제』를 펴내게 되었다.

본서는 군 장병의 자살문제를 포함하여 이성 및 동성 간 발생하는 성폭력 문제, 재난 트라우마, 외상 후 스트레스 장애, 스마트폰 중독 등 부대 전투력을 약화시키는 군 위기상담의 실제를 다루고 있다. 본서를 통해 병영생활전문상담관과 성고충 상담관, 군 상담심리학 전공 대학원생, 군사학과 및 부사관학과에 재학 중인 대학생, 각 군 사관학교 생도들에게 여러모로 많은 도움이 되길 기대한다.

본서는 모두 2부로 구성되었다. 제1부는 군 위기상담을 이해하는 데 필요한 개념 위주로 구성되었으며 심윤기, 정구철 교수가 참여하였다. 제2부는 군 위기상담 프로그램 위주로 구성되었는데, 정성진 교수를 주축으로 상담심리학 박사과정에 있는 김복희, 김재희, 김현숙 대학원생이 참여하였다.

제1장에서는 위기의 일반적 개념을 다룬다. 위기의 특성과 유형, 모델, 위기평가와 도구 등의 내용을 제시하였다. 제2장에서는 군 위기장병의 특징을 살펴보고, 신세대 장병의 강·약점과 부적응 장병의 위기행동을 다루었다. 제3장에서는 군 위기상담의 특징을 다루었으며, 군 위기상담의 개념과 단계, 기술 등을 살펴본다. 제4장은 장병 자살의 위기상담을 다루는데, 청소년의 자살과 군 장병 자살의 특징을 비교해 살펴본 후 상담방법론을 소개한다. 제5장은 군 성폭력 위기상담 방법론을 제시한다. 남군 간 이루어지는 동성 성폭력과 여군 성폭력의 특징을 각각 구분하여 살펴본 후, 위기상담 절차를 기술하였다. 제6장은 군 재난위기상담을 소개한다. 재난 트라우마의 증상과 특징을 살펴보고 재난위기상담의 개념과 절차를 다룬다. 제7장은 PTSD의 발병 원인과 증상, 특징을 포함하여 PTSD 위기상담 방법을 살펴본다. 제8장은 군 미디어 중독 위기상담을 다룬다. 인터넷 중독과 스마트폰 중독을 각각 구분하여 다루었다.

제2부에서는 실제 현장에서 적용해 볼 수 있는 군 위기상담 프로그램을 소개한다.

그동안 본서를 만들고자 노력하는 과정에서 많은 분들의 도움이 컸다. 집필 기간 내내 본서 발간의 의미와 가치를 잊지 않도록 상기시키고 어려운 고비마다 힘을 실어 준 분들께 감사드린다. 심윤기, 정구철, 정성진 삼육대학교 교수님과 김복희 정선교육지원청 학습클리닉전문가, 김재희 삼육대학교 웰빙건강심리연구소 연구원, 김현숙 삼육대학교 학생상담센터 상담원의 노고에 감사드린다. 그 외에도 집필 과정에 참여한 분들과 본서 발간의 기쁜 마음과 고마움을 나누고자 한다.

마지막으로 군 상담에 특별한 관심과 애정을 갖고 분야별 군 상담학 저서가 매년 출간되도록 배려해 주신 창지사 사장님과 관계자분들께 깊은 감사를 드린다.

2020년 1월

저자 일동

차례

PART 2. 군 위기상담 프로그램

PART 1

군 위기상담의 이해

CHAPTER 1

위기 개념의 이해

인간은 누구나 주어진 삶을 살아가는 동안 다양한 종류의 위기에 직면한다. 질병에 의한 위기를 경험하기도 하고 예기치 못한 사고를 당하는 위기에 봉착하기도 한다. 군에서 복무하는 장병의 경우에는 군 조직과 문화의 특수성으로 부적응의 위기를 경험한다. 이러한 위기상황에 처한 대부분의 사람은 위기를 성공적으로 극복하지만 위기를 원만히 해결하지 못하는 사람도 발생한다. 이러한 경우에는 위기를 경험하기 이전보다 훨씬 좋지 않은 상황으로 이어져 더 큰 위험에 빠지기도 한다.

이 장에서는 위기의 정의와 특징, 위기의 반응 등에 대한 개념을 개관한다. 그런 다음 위기의 유형을 알아본 후, 군 장병의 위기와 연관된 여러 이론을 살펴본다. 마지막으로 위기에 효과적으로 개입하기 위해 실시하는 위기평가에 대해 알아볼 것이다.

1. 위기의 특성

1) 위기의 정의

위기는 개인의 자원과 대처기제를 압도하는 견딜 수 없는 어려움과 같은 상황으로 개인의 신체적 · 정서적 · 인지적 균형을 깨뜨리는 내 · 외부적 사건에 기인한 개인의 반응으로 정의한다(Gilliland & James, 1997). 개인의 대처자원으로 해결할 수 없는 위기는 심각한 정서적 · 인지적 · 행동적 역기능을 일으키며, 공포와 두려움, 공허감, 좌절감, 상실감과 같은 급격한 정서변화를 가져와 자살로 이어지기도 한다.

위기(危機, Crisis)의 용어는 그리스어인 'Krisis'에서 유래되었는데, 결정(decision) 혹은 전환점(turning point)이라는 의미를 내포하고 있다. 한자어로는 위험(危)과 기회(機)라는 두 가지 뜻이 합쳐진 복합어로 사용되고 있다. 이러한 의미와 견해를 고려하면 위기는 위험한 고비나 시기 혹은 상황을 의미하며, 이를 해결해야 하는 하나의 전환점으로 작용하고 있음을 알 수 있다(Rapoport, 1982).

한편, 인간은 삶을 살아가면서 자신이 해결할 수 없는 위기에 직면할 경우 부정적인 파국을 맞이하는 경우도 있지만 이를 잘 감당하고 극복하여 위기를 경험하기 전보다 더 큰 성장을 이루기도 한다. 이렇게 위기는 한 개인을 압도하고 위협하는 위험한 상황이지만 위기로 인해 오히려 삶이 긍정적으로 변화하고 발전하기도 한다. 그래서 위기는 절망적인 상황이면서 동시에 긍정적이고 건전한 방향으로 새롭게 나아갈 수 있는 도전의 과정이자 전환점의 기회로 설명하고 있다.

(1) 응급과 위기, 외상의 관계

응급과 위기, 외상은 하나의 스펙트럼상에 위치한다. 서로 중복되고 일치하는 부분도 있지만 구분되는 다른 측면도 존재한다. 정신의학적 측면에서는 [그림 1-1]과 같이 응급, 위기, 외상을 각각 구분하여 설명하고 있다.

응급은 손상을 막기 위한 즉각적인 대처가 필요한 매우 위급한 상황으로 규정한다. 그러나 위기는 응급보다 그 범위가 광범위하며 개인의 심리 내적 불균형이 주로 나타나는 것이 특징이다(Callahan, 1994). 위기의 심리적 반응은 공통적으로 우울, 불신, 과각성, 악몽, 알코올 및 약물의 증가, 수면장애, 분노 등이 주로 나타난다. 한편, 외상은 자연재난이나 인적 재난에 의해 유발된 신체적 상처나 충격을 말하며 심리적 고통과 손상을 유발한다.

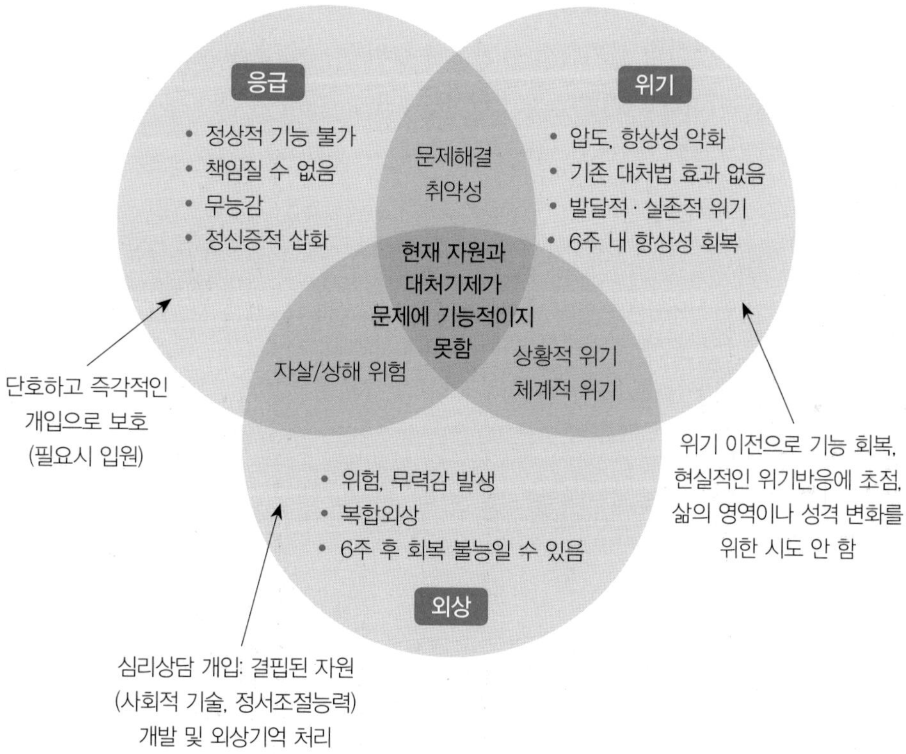

[그림 1-1] 중복모델

출처: Callahan (1994).

(2) 위기의 반응

위기에 처한 사람의 반응은 각기 다르게 나타난다. 일반적인 반응은 심리적 균형 상태가 무너지며 적응력이 감소한다. 자신의 정체성이 흐려지고 부정성이 확대되며 삶의 의미와 가치, 목표 등이 상실되기도 한다. 정서적인 측면에서는 불안이나 두려움, 분노, 죄책감, 수치감 등이 나타나고, 생리적인 측면에서는 혈압상승, 숨이 참, 현기증, 두통이나 편두통, 소화기 궤양 등과 같은 문제를 동반한다.

인지적인 측면에서는 주의집중이 안 되고 지각이나 감각이 왜곡될 뿐만 아니라 정상적인 정보처리와 인지처리가 불가능해진다. 행동적인 측면에서는 과도하게 근육이 긴장되어 행동이 불편하고 유연성이 없어져 일정한 행동만 강박적으로 수행하기도 한다. 이러한 위기반응을 정리하면 〈표 1-1〉과 같다.

〈표 1-1〉 위기의 반응

구분	내용
신체적 반응	식욕 변화, 두통, 복통, 성적 충동, 상실, 심한 근육 긴장, 메스꺼움, 설사, 불면증, 위궤양, 소화장애, 고혈압, 심장박동 증가
정서적 반응	두려움, 불안, 혼돈, 신경과민, 긴장, 피로, 적개심, 분노, 심한 우울, 비탄, 공황, 죄의식, 편집증세, 울음
행동적 반응	주의집중 상실, 과거 몰입, 실언, 부정, 망상 혹은 환각, 행동습관의 변화, 지나친 요구와 의존, 과음, 알코올 및 약물중독, 범죄행위, 옷차림의 부주의

출처: Gilliland & James (2000).

정원식과 박성수(1983)는 위기에 처한 사람의 정서적 반응을 크게 세 가지로 구분하여 설명하고 있다. 첫째, 위기에 처한 자는 절망감을 느끼는데 이러한 절망감은 희망을 상실하여 위기를 극복하기보다는 포기하는 상황으로 발전한다고 주장한다. 둘째, 위기를 경험하면 긴장과 불안, 두려움이 고조되는데 이러한 정서적 반응은 위기에 대처하는 경험이나 지식이 없을 때 더 심하게 나타나며, 공포와 무력감이 동시에 발현된다고 설명한다. 셋째, 위기에 처한 사람은 비통에 빠진다. 비통은 삶을 살아가는 과정에서 중요한 관계의 위치에 있거나 친밀한 관계 또는 특별한 유대 관계에 있는 사람이 위기에 처하면 생기는 정서적 반응이다. 대개 공허, 허탈, 긴장, 불안 등의 정서적 반응을 보이고, 신체적 고통이 반복되는 특징이 나타난다. 정상적인 비통은 4~6주 정도의 기간이 지나면 끝나지만 병리적인 비통은 장기간에 걸쳐 왜곡된 형태로 나타나기도 한다.

2) 위기의 단계와 특성

(1) 위기의 단계

인간이 경험하는 위기는 어떤 외적인 위험에 대한 내적 반응이다. 패터슨과 웰펠(Patterson & Welfel, 1999)은 위기의 발생을 [그림 1-2]와 같이 4단계로 나누어 언급하고 있다. 첫 번째는 죽음이나 상실과 같은 외적인 상황과 정서적으로 위협이 되는 사건을 경험한다. 두 번째는 위기상황에 대한 개인의 평가가 이루어지게 되는데 개인의 지식과 신념, 생각과 기대뿐만 아니라 여러 경험적인 요소들이 복합적으로 상호작용하여 평가하게 된다. 세 번째는 위기에 대처하기 위해 노력하는 과정이 이루어진다. 위기대처의 목적은 위험의 감소 혹은 제거에 있기 때문에 대응책의 적절성에 따라 위기를 지각하는 정도가 다르게 나타난다. 네 번째는 위험한 상황을 해결하지 못해 삶이 무너지는 위기가 발생한다고 설명하고 있다.

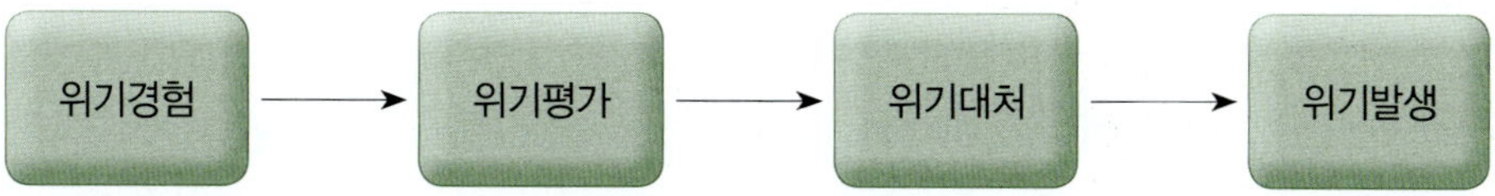

[그림 1-2] 위기의 단계

출처: Patterson & Welfel (1999).

또 다른 위기전문가 카플렌(Caplan, 1964)은 위기의 단계를 〈표 1-2〉와 같이 설명한다.

〈표 1-2〉 위기의 단계

구분	내용
1단계	위기사건이 발생하면 긴장과 불안 수준이 올라가고, 동시에 이러한 긴장과 불안을 제거하거나 감소시키기 위해 해결방법을 찾는다.
2단계	위기해결방법이 실패하고 불안을 일으키는 내적 반응이 지속적으로 나타난다.
3단계	불안을 감소시키고 위기를 해결하기 위해 가능한 한 모든 수단을 동원한다.
4단계	위기가 해결되지 못해 불안과 긴장은 감당할 수 없을 정도로 증가하고, 아무 일도 하지 못하는 상태에 이른다.

출처: Caplan (1964).

위에서 주장한 두 가지 위기발생 단계를 정리하면 위기는 분명 몇 가지 뚜렷한 과정을 거친다는 것을 알 수 있다.

첫째, 평탄하게 살아오던 삶의 과정에 어떤 위기사건이 갑자기 발생하면 심한 긴장과 불안이 엄습하고, 정신적 혼란이 급격하게 높아진다.

둘째, 촉발된 위기사건으로 발생한 긴장과 불안, 두려움, 혼란 등을 스스로의 힘으로 해결하기 위해 노력한다. 이 과정에서 대부분의 사람들이 위기 이전의 기능을 회복하여 정상적인 삶을 유지한다.

셋째, 위기를 극복하지 못한 사람은 주위 사람들에게 도움을 청하는 등 가능한 한 모든 수단을 동원한다. 그렇지만 위기를 해결하지 못해 불안과 두려움, 혼란, 심리적 고통 등이 심화된다.

넷째, 위기를 해결하지 못하는 시간이 점점 길어지면서 위기는 절정에 이른다. 삶을 지탱하던 정신적 의지가 무너지며 삶을 포기하는 절망상태에 놓이는 상황으로 이어진다.

(2) 위기의 특징

위기는 원인과 결과로 설명할 수 있는 단순한 문제가 아니다. 위기는 자살이나 타살을 일으킬 수 있는 비정상적 상태에 놓인 위험한 상황임이 틀림없지만 그럼에도 불구하고 이를 잘 극복하면 한 차원 높은 성장과 발전의 기회를 얻을 수 있다. 단순한 것 같지만 쉽게 이해하기 어려운 이 같은 위기는 복잡하게 엉킨 실타래처럼 다양한 증상이 나타나 반드시 위기전문가가 관여하고 개입해야 한다.

우리는 삶을 살아가면서 성장과정에서 오는 필연적인 발달적 위기를 포함하여 우발적으로 발생하는 상황적 위기에 이르기까지 다양한 위기를 경험하며 살아간다. 위기는 직면하는 사건의 내용과 개인의 반응에 따라 다르게 지각되지만 공통적으로 큰 충격과 혼란에 빠지게 된다. 이에 대해 김동일 외(2014)는 다음과 같이 설명하고 있다.

〈표 1-3〉 위기의 특징

- 위기는 대체로 인과관계가 존재한다.
- 위기는 상담 개입의 결정적 시기가 존재한다.
- 위기는 사건의 발생에서 회복에 이르기까지 일정한 단계와 과정을 거친다.
- 위기는 병리적 사건이 아니다. 위기는 정신질환의 징표가 아니라 위험한 상황에 대한 정상적인 사람의 정상 반응이다.
- 위기는 예방과 중재활동이 가능하며, 다양한 대처방법이 효과가 크다. 제한된 시간 안에 단기적이고 집중적인 개입 여부가 위기상담의 성패를 좌우한다.
- 위기상황에서는 심리적으로 매우 불안정하기 때문에 변화에 대한 의사결정이 용이하다. 위기는 성장과 발전의 기회가 되며 문제해결역량을 향상시킬 수 있는 기회로 활용된다.

출처: 김동일 · 김은하 · 김은향 외 (2014).

이 외에도 위기의 특징에 대한 설명은 다양하게 이루어지고 있다. 특히, 위기에 대응하는 방법이 많고 다양할수록 위기를 경험할 가능성은 줄어들지만 대처할 수단이 마땅치 않은 사람은 위기를 더 심각하게 경험하는 것으로 알려져 있다. 또한, 위기를 해결하는 과정에서도 위기를 성공적으로 해결하여 좋은 결과를 가져오는 경우도 있지만 반대로 더 나쁜 결과가 초래되기도 한다.

위기상황에서 모든 사람이 위기문제를 해결하는 것은 아니지만 위기를 성공적으로 대처했던 경험을 가진 사람은 새로운 위기에 대해서도 성공적으로 극복할 가능성이 크다.

2. 위기의 원인

1) 위기의 원인

위기는 자신의 삶에 중대한 위협을 받을 때 공포와 함께 두려운 감정을 느끼게 만든다. 삶에서 의지의 대상을 상실하였을 때에는 눈앞이 캄캄해지는 절망과 함께 위기를 느낀다. 위협적인 사건을 만나거나 지위 또는 역할의 변화가 있을 때에도 위기가 찾아온다. 이러한 위기가 발생하는 원인은 대체로 다음과 같다.

(1) 친밀한 대상과 단절될 때

인간은 감정을 가진 존재이다. 감정이 깊게 통하는 사람이나 대상에게는 큰 애착을 느끼게 되는데 이는 생존에 필수요소로 작용하기 때문이다. 그중에서도 깊은 애정으로 뭉쳐진 부모와 자식 관계는 서로 동일시와 일체감을 느낀다. 일체감을 느끼는 대상에게 즐거운 일이 일어나면 자기 자신도 즐겁고, 그가 상처를 받으면 자신도 고통을 느낀다.

인간은 누구나 이와 같은 관계 속에서 살아가려고 노력한다. 하지만 갑자기 위기가 찾아와 이러한 관계를 단절시키는 경우가 발생하는데 이때 위기에 봉착한다. 예를 들어, 군 복무기간 중 예기치 못한 큰 사고를 경험하거나 자살과 같은 돌발 상황으로 사랑하는 사람을 잃으면 충격을 넘어 심리적 균형이 붕괴되고 만다.

이와 같이 정서적으로 밀착된 관계에 있는 사람이 오해나 갈등으로 관계가 위협을 받거나 손상되면 큰 상처와 충격을 받는다. 나아가 일체감을 느끼는 대상과의 관계가 단절되면 더 큰 위기의식을 느끼며 심리적 공황상태에 빠진다. 뿐만 아니라, 일상생활서도 자신의 역할이 변화되어 친밀한 대상과의 관계가 단절되는 경우에도 위기가 찾아온다.

(2) 위협적인 사건에 직면할 때

우리는 자신의 존재에 위협적인 인물이나 사건에 직면하면 위기를 경험한다. 군에 입대하는 장병은 군 입대 자체가 큰 위협적인 사건으로 지각되어 불안과 두려움을 느낀다. 전역 후 복학과 진로를 선택해야 하는 일도 위협적인 사건으로 인식하여 위기로 작용한다. 학비를 담당해야 하는 압박과 졸업 후 취업을 준비해야 하는 상황에서 지금과 같이 아무것도 할 수 없는 군 복무기간은 위기로 지각될 가능성이 있다.

결혼도 위기가 될 수 있다. 서로 다른 생활을 하면서 자신만의 삶의 방식과 사고방식으로 지내던 사람이 결혼이라는 공동체를 형성하면서 갑자기 낯선 환경에 처하고, 혼자 결정하던 사소한 일까지 함께 의논해야 하는 등 일상의 행동에 통제를 받는다고 생각하기 때문이다. 그래서 우리는 결혼의 위기를 극복하지 못하고 부부관계를 끝내는 경우를 종종 본다.

(3) 지위와 역할의 변화가 클 때

위기는 지위와 역할의 변화에서도 찾아온다. 대부분의 사람은 나름대로 일과 관련된 지위와 역할을 갖고 최선을 다하며 살아간다. 오랫동안 한 가지 방면의 일에 종사하며 자신도 모르는 사이에 일과 일체감을 느낀다. 우리는 자신을 다른 사람에게 소개할 때 자신이 현재 무슨 일을 하는 사람인가를 이야기하고 명함을 건네는데, 이것은 자신의 일과 역할을 자신의 삶과 동일시하고 있다는 것을 의미하는 행동이다.

오늘날에는 갑자기 퇴직한 많은 사람들이 자신의 일이 없어졌을 때 삶이 끝나버린 것 같은 두려움을 느낀다고 말한다. 실제로 필자가 잘 아는 군 선배 한 명도 전역 후 취업이 마음대로 되지 않아 스스로 목숨을 끊는 안타까운 일이 발생하기도 하였다. 이러한 경우가 지위와 역할의 변화에 제대로 대처하지 못해 발생한 위기사건이라고 말할 수 있다.

2) 위기의 유형

위기를 초래하는 것은 사고, 죽음, 재난, 성폭력과 같은 외상사건이나 정서적으로 위험한 상황에 처한 사건이 대부분이다. 일반적으로 위기는 내 · 외부적으로 위협을 느끼게 하는 사건이 존재하면 발생하고 위기대처능력이 없거나 부족해도 발생하는데, 이전에 경험한 외상사건이 존재하면 더욱 큰 영향을 미친다(박종삼, 1991).

위기의 유형은 위기를 유발하는 요인에 따라 다양하게 구분한다. 발달과정의 위기와 상황적 위기로 구분하고, 발달적 · 상황적 · 존재적 · 환경적 위기로도 구분한다(Gilliland et al., 2000). 정신병리의 정도에 따라서는 소인적 · 변환기적 · 외상적 · 발달적 · 정신병리적 위기와 정신병적 위급상황으로 구분하기도 한다(Baldwin, 1978).

본서에서는 정신병리적 측면의 위기개입을 통한 치료적 목적보다는 군 장병들이 경험할 수 있는 위기유형을 중심으로 살펴보고자 한다.

(1) 발달적 위기

발달적 위기는 인간의 성장과 발달의 단계에서 신체적 · 심리적 · 사회적 역할의 급격한 변화로 나타나는 위기를 일컫는다. 발달은 다음 단계로의 성장과 변화를 촉진하지만 새로운 과제와 기대로 과도한 스트레스를 받아 위기로 이어지기도 한다. 이렇게 발달과 적응이 조화롭게 이어지지 못하면 위기가 발생한다.

군 장병은 발달적 측면에서 청소년 후기에 해당한다. 그렇기 때문에 군 장병의 발달적 위기는 흔히 정서적 불안과 충동, 자기조절능력이 부족해서 나타나는 경향이 있다(신민섭 외, 1991). 갑자기 자신감이 넘치다가도 쉽게 열등감에 빠지며 자기 자신의 감정을 조절하거나 통제를 제대로 하지 못해 나타나기도 한다.

(2) 상황적 위기

상황적 위기는 전혀 예기치 못한 충격적인 사건이 우발적으로 발생하는 위기를 말한다. 부모의 죽음, 성폭력, 경제적 파산 등 감당할 수 없는 큰 사건으로부터 기인하는 경우가 많다. 군에서 발생하는 상황적 위기는 연평도 포격사건, 천안함 폭침사건, GP 총기난사사고 등이 이에 해당한다.

상황적 위기는 갑작스럽게 일어나기 때문에 사건에 대한 대처가 늦을 뿐만 아니라 가족이나 동료 등 중요한 타인에게 미치는 영향이 크게 나타난다. 만약, 군 장병이 이러한 상황적 위기에 노출되면 무기력과 절망감으로 극단적인 자해나 자살을 시도하는 경향이 있다. 그러므로 상황적 위기에 대처할 수 있는 최선의 방법은 사전에 위기상황별로 대처 매뉴얼을 준비하는 일이다.

예를 들면, 운전병의 교통사고를 예방하기 위해 방어운전을 숙달하거나 사격훈련을 할 때 총기사고를 예방하기 위해 안전수칙을 철저히 지키는 것이다. 뿐만 아니라, 안전사고가 발생할 위험성이 있는 부대활동은 이를 시작하기 전에 위험예지훈련을 일상화하는 것이 필요하다.

(3) 환경적 위기

환경적 위기는 예측할 수 없는 홍수와 화재, 지진과 같이 흔하지 않은 환경적인 변화를 일으키는 사건으로 말미암아 발생하는 위기를 말한다. 화재나 가스폭발, 테러, 전쟁, 폭동 등과 같은 유형이 환경적 위기에 해당한다. 몇 해 전 일본에서 발생한 쓰나미, 우리나라 포항과 경주에서 발생한 지진, 제천에서 발생한 화재참사 등이 환경적 위기에 해당한다.

이렇게 환경적 위기는 자연재난과 인적 재난이 모두 포함되는 관계로 삶을 살아가는 인간이라면 누구나 한 번쯤은 겪는 위기이기도 하다. 그러므로 삶의 환경에서 일어나는 여러 가지 위기를 성공적으로 극복하기 위해서는 평소에 위기대처 능력을 기르는 것이 무엇보다 중요하다.

(4) 실존적 위기

실존적 위기는 실존주의에서 말하는 실존적 불안과 연결된다. 삶의 목적과 가치, 의미 등 인간 존재와 관련한 중요한 내적 갈등이나 실존적 불안에서 파생되는 위기다. 필자는 군 복무를 마치고 전역한 군인들을 상대로 상담을 하고 있는데, 그 사람들 중 삶과 죽음을 심각하게 고민하는 한 내담자를 만난 경험이 있다. 많은 시간 동안 그와 죽음에 대한 이야기를 나누고 상담을 마치게 되었는데 그로부터 얼마의 시간이 지난 후 그에게서 고맙다는 전화를 받았다. 무의미하게 느껴졌던 자신의 삶이 상담을 마친 후 새롭게 다가왔고, 나아가 삶의 기대와 의욕이 생기게 되었다는 고백이었다. 이러한 사례는 다행스럽게 실존적 위기에서 잘 벗어난 것을 보여 주고 있다.

(5) 사회문화적 위기

사회문화적 위기는 사회갈등이나 사회구조 변화에 따른 위기와 문화적 가치 규범의 충돌로 인해 발생하는 위기를 말한다. 이상과 현실 간의 모순과 괴리, 불공정한 사회의 구조적인 모순과 갈등을 경험하며 가치관의 혼란으로 발생하는 위기를 의미한다. 여러 사회적 불안요인으로 말미암아 발생하는 위기라고 할 수 있다. 이민이나 유학으로 다른 나라 문화권에서 생활하고 있을 때 대체로 문화적 충격(cultural shock)을 경험하는데 이것 역시 사회문화적 위기에 해당한다.

군 장병의 경우에는 입대 전 자유로운 사회 분위기에서 생활하다가 군 입대 후에는 위계적인 군대문화의 특수성으로 복무부적응 사례가 발생한다. 군대 내 잔존하는 구타 및 가혹행위, 비인간적이고 비인권적인 행위 등 구태의연한 병영문화가 위기요인으로 작용한다. 다문화 장병의 문화인식 부족에서 발생하는 복무부적응 등도 사회문화적 위기의 좋은 예가 된다.

3. 위기의 이론

위기이론은 크게 기본위기이론과 확장위기이론으로 구분하여 설명한다. 기본위기이론은 주로 상실의 아픔과 슬픔을 다루는데 정신분석모델을 비롯하여 다양한 이론적 모델이 존재한다. 확장위기이론은 기본위기이론이 위기를 발생시킨 사회적 · 환경적 · 상황적 요인을 제대로 설명하지 못하면서 발전하게 된다.

1) 기본위기이론

기본위기이론은 상실로 인해 깊은 슬픔에 빠진 사람의 행동을 이해하고, 비탄과 애도(grief)에 대한 개입을 설명하는 이론이다(Gilliland et al., 2000). 사랑하는 가족을 잃은 사람은 사별가족에 대한 몰입, 죄의식, 분노 등의 반응을 보이지만 그렇다고 이러한 반응을 비정상적이고 병적인 것으로 여기지 않는다.

기본위기이론은 상실 이후에 나타나는 비탄적인 반응 해결에 초점을 두고, 상실의 아픔과 슬픔으로 고통스러워하는 위기대상자를 효율적으로 조력하는 데 기여해 왔다. 뿐만 아니라, 애도와 관련된 행동이 정상적인지, 일시적인지 또는 단기개입을 통하여 경감될 수 있는 것인지를 인식하는 계기로 작용되었다. 대부분의 위기이론은 이러한 기본위기이론에 바탕을 두며, 정신분석모델, 평형모델, 생활모델, 인지모델 등이 모두 기본위기이론 전략과 방법론에 기초하고 있다.

정신분석모델(psychoanalytic model)은 위기에 동반되는 심리적 불균형을 이해하기 위해서는 개인의 무의식적 사고나 과거의 정서적 경험에 초점을 두어야 한다는 관점에 기초한다. 정신분석모델의 이론적 가설은 첫 번째가 정신적 결정론이다. 인간의 모든 행동에는 원인이 있으나 그것은 의식과 관계가 없으며, 개인의 과거 경험에 모든 위기의 원인이 있다는 것을 가정한다.

두 번째는 정신적 에너지의 불균형 상태를 위기로 여긴다. 이러한 개인의 위기에 동반되는 불균형 상태는 개인의 무의식적인 사고와 과거 정서적인 경험요인을 제대로 탐색해야 이해할 수 있다고 강조한다. 하나의 사건이 왜 위기가 되느냐 하는 것은 유아기의 심리성적 발달단계로 설명하고 있다. 위기극복은 자신의 행동에 대한 역동과 원인에 대한 통찰로 가능하다고 주장하며, 개인에게 억압된 경험을 의식 밖으로 표출하는 정화와 자유연상기법의 활용을 중요하게 여긴다.

〈표 1-4〉 기본위기이론의 모델

모델	내용
정신분석모델	개인의 무의식적인 사고나 과거의 정서적 경험에 초점을 두어야 한다는 관점이다. 자신의 행동에 대한 역동과 원인에 대한 통찰로 위기극복이 가능하다고 주장하며, 정화와 자유연상기법의 활용을 중요하게 여기는 모델이다.
평형모델	위기에 처한 사람은 불균형 상태에 있어 자신을 통제하지 못하고 자살과 같은 부적절한 선택을 할 수 있다. 따라서 위기대상자를 안정시키는 데 초점을 두는 모델로 위기가 발생하면 가장 먼저 다루는 모델이다.
생활모델	위기에 대한 즉각적인 욕구에 민감히 반응할 수 있도록 자신의 생활능력을 확장하는 것이 필요하다고 설명하는 모델이다.
인지모델	위기는 외적 사건이나 상황 때문에 발생하는 것이 아니라 잘못된 생각과 신념에 기인한다는 것을 전제한다. 비합리적이고 패배적인 사고를 논박하여 합리적이고 긍정적인 사고를 갖도록 하는 데 초점을 둔다.

2) 확장위기이론

확장위기이론에서 바라보는 위기는 단순히 개인에게만 존재하는 것으로 보지 않으며, 사람과 위기사건과의 상호 관계 및 사회적 환경의 영향을 중요하게 여긴다. 따라서 학습과 사회 환경의 변화, 심리 내적 자원을 모두 활용하는데 체계모델, 적응모델, 대인관계모델, 혼란모델 등이 이에 포함된다.

(1) 체계모델(systems model)

체계모델은 위기가 발생할 때 개인에게 무엇이 일어났는가를 탐색하기보다는 사람과 위기사건 사이의 상호 관계를 알아보는 것을 더 중요하게 여긴다. 이 모델은 모든 요소가 서로 관계있다는 전제에서 출발한다. 서로 관계가 있는 부분에서 어느 한 부분이 변화가 일어나면 전체 체계의 변화를 가져온다는 생태체계의 개념과 유사하다. 위기는 원인과 결과에 따라 영향을 받는 단선적이고 개별적인 것이 아니라 전체적인 측면에서 관계적인 그물망처럼 연결된 것으로 보아야 한다고 강조한다.

사회 환경체계와 개인체계 간의 불균형으로 위기가 발생한다고 여기며, 이러한 위기상황은 체계의 균형 상태를 유지하여 해결할 수 있다고 주장한다. 위기발생으로 흔들린 개인체계를 다시 원 상태로 돌리거나 또는 예전 생활이 가능하도록 균형 있는 체계로 조정하는 것이 체계모델의 핵심이다(김동일 외, 2014).

그러므로 이 모델에서는 사회적 맥락을 중요하게 다룬다. 스트레스 사건에 대한 개인의 지각은 사건이 유발하는 사회적 맥락에 의해 좌우되며, 위기를 성공적으로 해결하는 개인의 능력도 지지적인 사회적 맥락에 달려 있다고 본다. 이렇게 체계이론 지지자들은 사회 환경체계가 위기상황을 유발하기도 하고 동시에 위기를 해결하는 기능을 제공한다고 주장한다.

(2) 적응모델(adaptation model)

적응모델은 개인의 위기가 부정적인 사고, 부적응적인 행동, 파괴적인 방어기제에 의해 유지된다고 설명하며, 부적응적인 대처행동이 적응적 행동으로 변화될 때 곧 위기가 감소된다고 주장한다. 여기에서 부적응적인 대처행동을 버린다는 것은 부정적인 방어기제의 사슬을 끊고 적응적으로 기능할 수 있는 긍정적인 대처기제를 강화하는 것을 의미한다.

적응모델 지지자들은 부적응적인 대처행동이 학습을 통해서 배운 것처럼 적응적 대처행동 역시 학습을 통해서 배울 수 있다고 주장한다. 그래서 적응모델의 개입과정에서는 자기파괴적 행동을 자기성장적 행동으로 대치시키는 방법을 상담자와 함께 배우면서 새로운 행동을 적용해 보는 연습을 중요하게 다룬다.

(3) 대인관계모델(interpersonal model)

대인관계모델은 자아존중감을 증진시키는 개방성과 신뢰, 공감, 무조건적 긍정적 존중, 감정이입, 진실성과 같은 로저스(Rogers)의 이론에 근거한다. 이 이론에서는 대인관계의 준거 틀에서 의사소통을 중요하게 여기며, 자기 자신을 좋게 생각하는 사람은 타인도 좋게 생각하는 경향이 있음을 전제하고 있으나 자긍심이 결여된 사람은 타인을 무가치하게 여긴다고 주장한다.

대인관계모델의 핵심은 자신과 타인을 믿으며 자기실현을 이루는 것이다. 위기를 극복할 수 있다는 긍정적인 신념을 지니면 어떠한 힘든 위기상황도 극복할 수 있다고 주장한다. 궁극적으로 이 모델은 자아존중감과 자긍심을 높이는 것을 목표로 한다.

(4) 혼돈모델(chaos model)

혼돈모델은 혼돈과 복잡성의 이론이라고도 말한다. 어떤 위기사건이 갑자기 일어나는 현상은 질서 없이 혼란스럽게 발생하는 것처럼 보이지만, 실제로 이를 자세히 살펴보면 우주의 질서를 내포하고 있다는 관점을 지니고 있다. 이러한 혼돈이론은 인간의 위기행동을 예측할 수는 없지만, 전체적이고 포괄적인 큰 차원에서 바라보면 복잡한 체계의 근원을 발견할 수 있다고 강조한다.

위기가 아무리 해결이 어렵고 혼란하게 보여도 주의 깊게 살펴보고 이해하고자 노력하면 위기를 극복할 수 있다는 관점에서 접근하고 있다. 위기가 발생하면 혼란한 상황이 전개되지만, 그 혼란에 대해 주의 깊게 살펴보면 심오하고 포괄적인 메시지를 발견할 수 있다고 여기는 것이다. 이러한 과정을 통해 위기극복에 필요한 동기와 동력을 얻으며, 그 결과 위기극복의 새로운 변화를 가져온다고 설명한다.

4. 위기의 평가

1) 위기평가의 특성

위기는 개인이 어떻게 평가하느냐에 따라 다르게 지각된다. 위기평가는 위기에 효과적으로 개입하기 위해 실시하는 것이므로 정확한 정보와 판단이 필요하다. 위기평가의 특성에 대해 김기태(1993)는 다음과 같이 설명하고 있다.

첫째, 위기평가는 현재에 초점을 두어야 한다. 그 이유는 최근 사건으로 나타난 미해결 갈등이나 심리적 상처를 내포하고 있기 때문이다.

둘째, 위기평가는 개인의 대인관계 문제와 대처능력에 초점을 두어야 하되 효율적이어야 한다.

셋째, 위기평가는 치료적이어야 한다. 이는 평가과정을 통해 위기경험을 개념화하고 조직화하는 것이 문제해결에 도움이 되기 때문이다.

넷째, 위기평가는 촉발된 위기사건에 대한 내용이 포함되어야 한다. 촉발된 위기사건의 시간과 장소, 사건의 특징, 사건에 대한 감정적 반응 등이 평가되어야 한다.

다섯째, 정서적 위기의 원인에 관한 정보를 얻기 위한 평가에서는 자살내용이 포함되어야 한다. 위기에 처한 사람은 정서적으로 혼란한 상태이므로 자살생각, 자살계획, 자살시도에 대한 평가가 동시에 이루어지는 것이 타당하다(심윤기, 2014).

2) 위기평가의 내용

위기는 여러 가지 부정적인 행동 변화를 일으키며 삶을 위협하고 파탄에 이르게 한다. 그러므로 위기상황에 놓이면 즉각 개입하여 위기평가가 이루어지도록 하는 것이 무엇보다 중요하다. 위기를 평가할 때는 일반적으로 위기사건의 특성과 개인적 특성, 환경적 특성을 종합적으로 평가하게 되는데 이를 살펴보면 다음과 같다.

(1) 사건의 특성

위기사건은 사건의 특성에 따라 개인의 반응이 다르게 나타난다. 위기사건은 예측 불가능하고 통제가 곤란한 특성이 있으며, 통상 두 가지 형태로 구분한다. 먼저, 단순하고 일회적인 위기사건은 Type I 사건이라 하고, 장기적으로 반복되는 위기사건은 Type II 사건이라고 한다. Type I 사건의 경우에는 선명하지 못한 기억과 지각오류가 주요 증상으로 나타나는 반면, Type II 사건에서는 부정, 마비, 멍해짐, 해리, 분노 등의 증상이 주로 나타난다(Terr, 1991).

한편, 근접성의 원리를 통해 위기를 평가하기도 하는데 근접한 거리에서 위기를 겪은 사람이 생명의 위협을 더 느끼고 강한 외상반응을 보이는 것으로 밝혀졌다. 그래서 위기사건 현장과 가장 근거리에 있던 사람을 가장 우선적으로 분류하여 신속한 위기개입이 이루어지도록 하는 것이 중요하다(김동일 외, 2014).

(2) 개인적 특성

개인적 특성은 단순한 기본 정보의 수준을 넘어 위기상황을 지각하는 개인의 독특한 방식과 구체적인 지지체계 등을 주로 탐색한다. 위기반응은 연령에 따라 다르게 나타나므로 자아발달, 인지 수준, 도덕발달, 기질특성 등이 정확히 파악되어야 한다. 상담자가 관심을 가져야 할 위기대상자의 개인적 특성으로는 위기의 반응성 정도와 정서상태, 강점과 대처능력, 지지체계, 사회적 자원 등을 포함한다.

❶ 위기반응성

상담자는 위기자의 위기반응성 강도를 가능한 한 빨리 파악하는 것이 좋다. 심각한 위기상황은 위기자의 심리적 변화에 큰 영향을 주기 때문에 위기반응성 강도가 객관적으로 평가되어야 하며, 위기자의 심리적 기능이 구체적이고 상세하게 파악되어야 한다. 특히, 위기사건을 경험하면 위기를 부정적으로 대처하는 사람과 긍정적으로 대처하는 사람의 반응이 서로 다르게 나타나는데 이는 위기극복에 큰 영향을 미친다.

〈표 1-5〉 위기의 부정적 · 긍정적 반응

부정적 반응	긍정적 반응
① 위기의 문제가 있음을 거부한다. ② 위기의 문제를 회피한다(예: 술이나 약물복용). ③ 도움을 구하거나 받아들이기를 거부한다. ④ 부정적 감정을 참으려고 하지 않는다. ⑤ 위기의 해결책을 찾지 않는다. ⑥ 위기극복 책임을 다른 사람에게 전가한다. ⑦ 친구나 가족 또는 자기를 도울 수 있는 사람을 멀리한다.	① 위기의 문제를 당당히 직면한다. ② 위기의 문제를 이해하려고 노력한다. ③ 부정감정들을 해소하려고 노력한다. ④ 위기문제의 해결책임을 받아들인다. ⑤ 위기를 극복하기 위해 대안을 찾는다. ⑥ 자기를 도울 수 있는 사람과 대화의 길을 열어 놓는다. ⑦ 작은 문제라도 건설적으로 대처하기 위하여 단계를 밟는다.

출처: Clinebell (1991).

❷ 인지상태

상담자는 인지상태 평가를 기초로 위기자의 왜곡되거나 혼란한 사고체계를 바로잡고 위기에 대처할 수 있는 능동적이고 생산적인 신념체계를 발달시키기 위해 노력한다. 또한, 위기상황에 놓여 있는 사람이 위기를 현실감 있게 받아들이고 있는지를 객관적으로 평가한다. 위기를 지나치게 합리화하거나 왜곡하여 받아들이고 있지는 않은지? 위기에 대처하기 위해 개인의 신념을 수정하려는 노력은 어느 정도인지? 등의 요소는 위기자의 인지상태를 평가하는 중요한 자료가 된다.

❸ 정서상태

상담자는 위기자의 민감한 정서상태를 정확히 평가할 수 있어야 하며, 정상적이지 않은 정서상태는 위기평가에서 중요하게 다루어야 한다. 과도한 정서적 반응을 보인다거나 반대로 무감각하거나 무심한 모습 혹은 의기소침하거나 아무 의욕이 없는 모습은 매우 위험하다는 징표다. 따라서 상담자는 위기자의 정서반응이 위기상황을 부정하거나 회피하는 것은 아닌지? 정서반응이 위기상황에 맞는 적합한 반응인지? 다른 사람들도 유사한 위기상황에서 비슷한 반응을 보이는지? 등을 파악하는 데 주력한다.

❹ 감정상태

위기에 처하면 감정 에너지가 고갈되어 위기를 극복할 수 있는 힘이 약화된다. 만약, 위기에 처한 사람이 우울 증상을 호소한다면 그는 낮은 감정 에너지를 지니고 있다는 증거다. 절망감이나 무기력을 느끼고 있다면 적은 양의 감정 에너지를 보유한 상태라고 평가할 수 있다. 이와 같은 위기대상자는 자신의 현재와 과거에 대해 왜곡된 생각을 하고 미래지향적인 생각은 제대로 하지 못하는 특징이 나타난다.

감정 에너지의 양을 측정하기 위해 "위기를 어떻게 느끼고 있습니까? 어떠한 느낌이십니까? 지금의 느낌이 위기상황 당시의 느낌과 어떻게 다릅니까? 지금의 위기를 극복한 후에 당신은 어떤 생각을 할 것 같습니까? 그때 당신은 무엇을 하고 있을 것 같습니까?" 등의 개방적인 질문을 하는 것이 효율적이다. 대개 감정 에너지의 양이 낮은 사람일수록 심리적 고통이 심하고 미래에 희망이 없다고 말하는 모습을 보이는 특징이 있다.

(3) 환경적 특성

상담자는 위기대상자 스스로 대처방안을 찾을 수 있도록 적절한 질문을 할 수 있어야 한다. "위기 이전의 상태로 회복하기 위해서 지금 어떤 선택을 하는 것이 가장 현명할까요? 현재 상태에서 어떠한 행동이 가장 현실적일까요? 지금 당신에게 도움을 줄 수 있는 사회적 자원이 남아 있다면 그것은 무엇입니까?" 등과 같은 질문이 필요하다. 이러한 질문으로 얻어진 대안은 위기대상자와 함께 평가한 후, 가장 적합한 대안을 협력하여 선택하는 것이 바람직하다.

환경적 특성을 평가하는 이유는 지지체계를 분석하여 안전성을 확보하기 위함이다. 예를 들어, 위기장병의 경우에는 부대에서 가장 친한 관계를 유지하는 동료가 누구인지와 사랑하는 애인이 있는지를 평가하며, 가족의 지지 정도가 어떻게 유지되고 있는지 가계도를 탐색하는 것이 중요하다.

이렇게 하는 이유는 위기장병의 안전성을 확보하는 데 동료나 애인과의 관계,

가족의 지지체계가 중요한 역할을 제공하기 때문이다. 군인가족의 경우에는 지역사회적 · 종교적 · 문화적 요인과 같은 지지자원을 어느 수준으로 이용하고 있는지를 포함하여 개인적으로 얼마나 활용하고 있는지 알아보는 것이 필요하다.

3) 평가도구의 활용

위기상담에서 객관적이고 과학적인 평가도구의 사용은 위기상황에 대한 객관적 평가라고 하는 일차적인 기능을 수행한다. 뿐만 아니라, 다양한 전문가의 의사소통체계를 강화시킴으로써 즉각적인 위기개입의 효과를 극대화하는 데 기여한다. 김동일 외(2014)는 위기평가 도구를 활용함에 있어 다음과 같이 설명한다.

첫째, 객관적이고 과학적인 척도가 사용되어야 한다. 대체로 위기경험으로 큰 충격과 혼란상태에 놓여 있는 사람은 평가도구에 적절히 반응하지 못하는 경우가 있는데, 이는 위기평가 시기를 적절히 고려해야 한다는 것을 의미한다. 위기평가를 실시할 때는 객관적이고 과학적인 척도를 사용하되 위기대상자가 편안한 상태에서 실시되어야 하고, 작은 부담도 주는 일이 발생되어서는 안 된다.

기본적인 정신건강과 우울 정도를 평가하기 위해서는 MMPI-2와 간이정신진단검사인 SCL-90-R(김광일 외, 1984)을 사용하고, 외상 후 스트레스 증상을 확인하기 위해서는 한국판 외상 후 스트레스 진단척도인 K-PDS(남보라, 2008), 한국판 사건충격척도인 K-IES-R(은헌정 외, 2005) 등을 사용할 수 있다.

둘째, 스트레스 평가결과를 해석할 때는 경과 시간이 참고되어야 한다. 심한 스트레스 반응의 경우에는 첫 주에 반응이 나타났다가 그 주가 지나면 반응이 완화되는 경향이 있다. 따라서 위기개입은 즉각적으로 하되 스트레스 반응은 시간적으로 완화 정도를 살펴 가며 해석하는 것이 바람직하다.

CHAPTER 2

신세대 장병의 특징

군은 막강한 군사력과 높은 수준의 전투력이 상시 유지되어야 하는 조직이다. 그 길만이 평상시 전쟁을 억제할 수 있고 전쟁이 발발할 경우에 반드시 승리할 수 있다. 군은 이러한 존재 목적을 달성하기 위해 다양한 노력을 기울인다. 특히, 군 조직구성원의 대부분을 차지하는 신세대 장병의 정신적 · 신체적 기능이 최적의 상태를 유지할 수 있도록 최선을 다한다. 그러나 일부 신세대 장병은 군 조직의 특수성으로 인해 부적응의 위기상황에 놓이는 경우가 발생되곤 한다. 그러므로 군 장병이 경험하는 위기를 효과적으로 극복하기 위해서는 무엇보다 군의 특수한 환경을 이해하는 것이 중요하다.

이 장에서는 군 조직과 문화의 특수성을 다룬다. 그런 다음 신세대 장병이 지닌 다양한 특성을 알아본 후, 위기장병의 심리적 · 행동적 특징에 대해서 살펴본다.

1. 군 조직의 특수성

군 위기상담이 성공적으로 이루어지기 위해서는 군 조직과 문화의 특성을 잘 이해하는 것이 선행되어야 한다. 군 조직과 문화의 특성을 이해하지 못하면 군 조직의 운영 환경을 거시적으로 보지 못하는 우를 범할 수 있으며, 이는 곧 위기개입에 한계로 작용한다.

1) 군 조직의 특징

군은 국가의 안전보장과 국토를 방위하는 최후의 보루다. 군이 존재하는 목적은 적으로부터 국토를 지키고 국민의 생명과 재산을 보호하며, 나아가 세계평화 유지 활동에 기여하는 것이다. 이를 위해서는 최상의 전투력을 유지하여 어떠한 세력도 우리의 안전을 위해하지 못하도록 실전과 같은 훈련이 이루어져야 한다. 뿐만 아니라, 각종 위기상황을 효율적으로 관리하여 비전투손실이 발생하지 않아야 한다(육군본부, 2007).

(1) 임무의 특수성

군 조직은 일반 조직과 다른 특수성을 지니고 있다. 군의 모든 활동은 국가를 방위하는 목적에 집중되어 있다. 국가방위의 임무달성이 실패했을 경우에는 바로 국가와 민족의 멸망으로 이어지기 때문에 군의 임무완수는 절대적이고 확고부동하다. 따라서 군의 임무완수를 위해서는 상당한 정도의 강제적 권한 행사가 요구되며, 조직구성원은 그것을 당연한 것으로 수용해야 한다.

필요시에는 엄격한 규율을 적용하여 질서를 유지하고 조직구성원을 강제하여 임무를 완수해야 한다. 이를 위해서는 그 어떤 다른 조직보다 투철한 명예심과 자긍심, 봉사정신이 필요하며, 전쟁에서의 승리라는 단일 목표를 달성하기 위해 일사불란한 지휘체계가 유지되어야 한다. 개인적으로는 충성, 용기, 책임 등의 가치수준을 높이고 복무규율을 철저히 이행하여 단결된 결속력이 유지되어야 한다.

(2) 위계적 구조

국군은 국민의 군대로서 국가를 방위하고 자유민주주의를 수호하며, 조국의 통일에 이바지함을 이념으로 한다. 대한민국의 자유와 독립을 보전하고 국토를 방위하며, 국민의 생명과 재산을 보호하고 나아가 국제평화의 유지에 이바지함을 사명으로 한다(「군인의 지위 및 복무에 관한 기본법」 제5조). 이를 위해 군 조직은 계급과 직책, 권위를 바탕으로 운영되며, 강력하고 철저한 상하 서열의 위계질서를 통해 관리한다.

군은 직책과 계급에 따라 권한과 책임이 명확히 부여되고 조직 내의 직무역할도 분명하게 구분하여 운영하고 있다. 또한, 조직구성원으로 하여금 개인의 욕구나 목적이 달성되지 않더라도 조직에 복종하는 자세가 요구되며, 국가방위와 민족 생존을 위해 소중한 생명까지 바치도록 하는 희생적 가치관의 내면화가 요구되는 조직이다.

(3) 집단적 특징

군은 명령에 의해 행동하는 집단임과 동시에 지휘관과 부하의 관계가 중시되는 집단이다. 대규모 군 조직을 운영하기 위해서는 상급자와 하급자 간의 원만한 인간관계가 바탕이 되어야 한다. 그 이유는 계급을 매개로 집단적으로 이루어져 있어 집단별로 주어진 임무를 달성해야 하는 조직이기 때문이다. 어느 군 조직이든 그 임무를 달성하기 위해서는 개인의 역할과 더불어 분대 · 소대 · 중대 · 대대 · 연대 · 사단 · 군단 등 집단별 임무와 목표를 명확히 부여한다.

특히, 군은 동일한 규칙, 기준, 가치관에 따라 움직이는 집단이다. 다른 조직에 비해 구성원의 이질성이 강한 조직인 관계로 대규모 군 조직의 질서유지를 위해 집단적 가치관에 따라 행동할 것을 요구한다. 그러나 이러한 요구사항이 이행되지 않으면 부하에 대한 지휘통솔이 어려워지고 조직의 집단응집력이 약화되며, 조직구성원의 사기마저 저하되는 현상이 초래된다.

(4) 관계적 특징

군 조직은 지휘관과 부하 간의 긴밀한 심적 유대가 강하게 형성되어야 목표달성이 가능한 집단이다. 이는 군 조직 목표의 특수성에서 비롯되는 것으로 지휘관과 부하가 일체감을 형성하여 단결하지 않으면 목표달성이 곤란하다는 것을 의미한다. 군 조직은 상명하복의 관계가 절대적으로 필요하다. 하지만 이는 어디까지나 인간존중과 원만한 인간관계가 바탕이 되어야 한다. 상 · 하의 돈독한 인간관계는 명령복종의 관계가 합리적으로 유지되는 데 영향을 미치며, 조직구성원 간 신뢰관계를 유지하여 화합과 단결을 강화하는 데 크게 기여한다.

(5) 정신적 특징

군 조직은 고도의 정신적 통일성이 요구되는 집단이다. 군 장병 개개인은 각자 자기 자신의 개인적 목표를 지니는 동시에 군인으로서 적을 무찌르고 승리해야 하는 정신적 목표를 지닌다. 이를 위해 군은 국가의 이념을 신봉하고 국가를 위해 충성해야 할 것을 요구하는 정신교육을 실시한다.

2) 군대문화의 특징

군대문화는 일반 사회문화와 다른 점을 많이 지니고 있다. 군대문화는 군 구성원들에게 조직의 일체감을 형성하고 집단행동을 이끌며 집단적 몰입을 촉진할 뿐만 아니라 조직구성원의 안전을 위한 도구로 작용한다(심윤기, 2016). 따라서 군에 입대한 장병은 누구 할 것 없이 명령에 대한 복종, 엄정한 군기 유지, 화합과 단결 등을 위해 특정한 행동을 요구받게 되는데, 이러한 군 조직의 요구는 개인에 따라 복무부적응을 유발하기도 한다. 이러한 측면에서 군대문화의 특수성에 대한 개념과 특징, 내용을 정확히 이해하는 것은 장병의 위기문제 해결에 중요하게 작용한다.

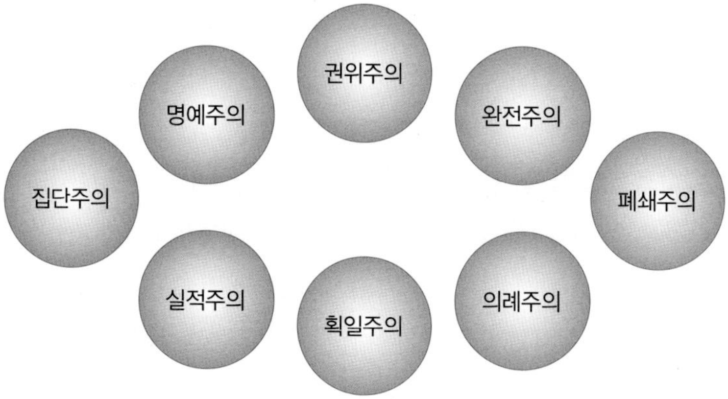

[그림 2-1] 군대문화의 특징

출처: 심윤기 (2017).

(1) 완전주의

군대는 항상 전쟁이 일어날 것을 염두에 두고 전투준비를 완벽하게 할 것을 강조한다. 군의 목표를 달성하기 위해서는 치밀하고 계획성 있는 업무수행이 요구되고 조직구성원이 전력을 다해 노력해 줄 것을 요구한다. 이렇게 군대의 완전주의는 개인과 부대의 직무와 관련한 책임에 관해서 엄격한 기준을 제시하는 것을 의미한다.

군대의 완전주의는 임무수행을 위해 꼭 필요한 문화다. 그렇지만 완전주의로 인해 많은 장병들이 부여된 업무를 기피하고, 나아가 자신의 보직변경을 요구하며, 업무 스트레스로 인해 사고로 이어지기도 한다. 이러한 점을 고려해 본다면 완벽한 임무수행의 요구와 더불어 이에 합당한 휴식 보장이 이루어질 필요가 있다. 완벽한 업무수행과 더불어 적절한 휴식이 보장된 워라밸(work & life balance) 병영이 조기에 정착되어야 하는 이유가 여기에 있다.

(2) 명예주의

군은 조직 규범에 의해 그 형식과 절차가 정해져 있으며, 이에 대한 가치평가도 규범으로 평가된다. 군인은 국토방위의 선봉자적 위치에서 일하고 있다는 자부심과 명예심을 비롯하여 용기와 희생에 대해 높은 정신적 가치를 부여한다. 명예는 군 임무와 관련하여 죽음을 초월한 의로운 삶을 살도록 이끌어 주는 역할을 제공한다. 그래서 「군인의 지위 및 복무에 관한 기본법」에서는 명예를 존중하는 이상적인 군인의 삶을 강조하고 요구한다.

필자가 사관생도 시절 '사관생도 명예신조'를 충성연병장에서 전 생도가 함께 제창한 바 있는데 이것 역시 사관생도의 명예를 높게 인식하도록 만들어진 제도라고 볼 수 있다. 이처럼 군은 명예를 중시하는 문화를 바탕으로 한다.

(3) 집단주의

집단주의란 집단의 목표와 이념을 개인의 목표나 가치보다 우선하며 개인의 인격이나 인권, 권리 등을 집단에 예속시키는 것을 의미한다. 군 조직은 근본적으로 개인보다 집단을 중요시하는 집단적 성격을 지닌다. 국가방위라고 하는 목표의 절대성으로 명령과 복종체계, 권위주의적 요소가 접목된 집단주의적 성격이 강하게 요구되는 조직이다. 군에서는 이러한 집단의식을 고취시키기 위해 많은 노력을 기울인다. 개인의 이익에 우선하여 집단의 이익을 더 중시하도록 강조하고 집단을 위해 자기희생을 감수할 것을 요구한다.

군은 위기장병이 경험하는 심리적 고통과 갈등을 해결하고, 자살이나 자해와 같은 비전투손실 사고로 이어지지 않도록 예방하기 위해 집단의 힘을 적극적으로 활용한다. 친하게 지내는 동료 장병을 편성하여 위기에 처한 동료를 24시간 관찰하며 보호하기도 하는데 이러한 활동이 집단주의의 강점이라고 할 수 있다.

(4) 획일주의

획일주의란 개인의 사고, 정서, 행동을 일정한 구조적인 틀에 인위적으로 규격화하는 것을 말한다. 군인의 복장과 두발 상태, 언어, 제식행동 등을 통일하는 것이 이에 해당한다. 군 조직의 획일성이 요구되는 이유는 군이 추구해야 하는 목표와 가치, 싸워야 할 적이 누구인지에 대한 통일성이 필요하기 때문이다. 지휘관을 중심으로 한 방향 한목소리를 내야 하는 단일체계와 정확한 업무수행을 위한 통제의 용이성 차원에서도 필요하다. 그러나 획일주의는 다양한 의견 수용을 어렵게 하고 이해관계에서 충돌이 발생하는 원인으로 작용한다. 따라서 개인이 가진 다양성을 고려하여 적절한 균형점이 유지되도록 하는 것이 무엇보다 중요하다.

(5) 권위주의

권위주의란 다른 사람의 의견에 관용적이고 수용적인 태도를 취하지 않고 오히려 지배하며, 부하들이 복종적인 태도를 취할 것을 기대하는 문화를 말한다. 군대는 그 어떤 조직보다도 강한 관료적 성격의 권위주의 문화를 바탕으로 한다. 특수한 대규모 군 조직을 효율적으로 관리하기 위해서는 규율과 통제가 필요하고, 전투상황에서는 임무수행의 효율성이 촉진되어야 하기 때문이다.

하지만 과도한 권위주의하에서는 부하의 자율성과 창의성, 책임감이 위축되고 제한되는 위험성이 공존한다. 따라서 권위주의는 군 임무수행을 위해 반드시 필요한 군대문화인 동시에 명랑하고 활기찬 병영생활을 유지하기 위한 자유시간과 자율성 보장 측면에서는 유연하게 적용될 필요가 있다.

(6) 폐쇄주의

폐쇄주의란 외부에 자기 내부 조직의 개방을 억제하여 보안과 비밀을 중시하는 것을 의미한다. 전투에서 승리할 수 있는 여러 조건 중 하나는 아군의 작전의도가 적에게 노출되지 않도록 하는 것이다. 만약, 아군의 작전계획이 적에게 알려진다면 그 작전은 실패할 가능성이 커진다. 군이 개방적이지 못하고 폐쇄적으로 유지되어야 하는 이유가 이러한 보안 때문이다.

군의 폐쇄주의는 군의 특수한 임무수행을 위해 필요한 문화다. 하지만 그 정도가 지나칠 경우에는 장병의 군 복무에도 부정적인 영향을 미친다. 이러한 점을 고려하여 군에서는 2019년부터 사병들에게도 일과 이후 개인 휴대폰 사용을 개방하고 있다.

(7) 실적주의

군은 실적주의 문화를 중시한다. 실적주의란 업무수행의 과정이나 절차보다는 결과와 형식을 더 중시하는 것을 의미한다. 군이 실적주의 문화를 가지는 이유는 가시적이고 분명한 목표를 실적주의를 통해 인식할 수 있으며, 동시에 강한 추진력을 발현하게 하는 원동력이 되기 때문이다. 이러한 실적주의는 업무수행의 기한 엄수를 중요하게 생각하므로 단기간 내 임무완수를 자랑스럽게 여긴다. 반면, 실적과 결과를 중시하는 관계로 정상적인 방법을 통해 일하는 것이 아니라 편법이나 요령을 동원할 위험성이 있으며, 내용과 과정, 절차 등을 간과하기 쉬운 양면성이 있다.

2. 신세대 장병의 특징

군 조직구성원은 서로 다른 다양한 인격체로 구성되어 있다. 입대 전 개인의 성장 배경과 연령, 성격, 종교, 경제적 수준, 사회적 지위, 가정교육, 생활습관 등이 서로 다르다. 특히, 군 조직 대부분을 차지하는 병사들은 독특한 개성을 지닌 20대 중심의 신세대로 기성세대가 지닌 세계관과 다른 점이 많다.

1) 신세대 장병의 가치관

군인의 가치관은 개인 행위와 태도를 결정하고 군 생활의 의미와 보람을 찾는 데 크게 영향을 미친다. 뿐만 아니라, 공동체 생활을 원만하게 하고 성공적인 군 생활을 하는 데 기여하는 원동력으로 작용한다(국방대학교, 2009).

(1) 국가관

신세대 병사들의 국가관은 분명하게 드러나지 않는 특징이 있다. 국가적 이상이나 목표에는 공감하지만 국가에 대한 봉사나 희생에는 다소 소극적인 부분이 있다. 일부는 국가에 대한 충성이나 조국을 위한 헌신과 같은 단어를 낯설어하기도 한다. 대체로 권력지향적인 성향에서 벗어나 있으며, 권위주의적인 것에는 매우 도전적이나, 인류공동체 의식에서는 비교적 강한 편이다.

통일에 대한 생각도 기성세대와 다른 점이 많다. 그들은 개인의 희생이 수반되는 통일은 원치 않는다. 2017년 개최된 평창 동계올림픽에서 여자 아이스하키 남북단일팀 구성을 반대하는 모습에서 이를 이해할 수 있다. 이와 같은 신세대 젊은 이들의 모습은 감상적인 통일지상주의가 설득력이 없음을 잘 보여 준다.

(2) 사회관

신세대는 사회 전반의 문제에 깊이 인식하고 고민하기보다는 진보적 성향의 시각을 바탕으로 모험적인 변화가 이루어지기를 기대하는 성향을 보이는 특징이 있다. 이들은 대체로 감각적이고 감성적으로 사회문제를 대하는 편이다. 요즘 젠더 갈등, 소수자, 난민 문제 등이 사회적 이슈로 대두되는 가운데 이들은 개인에게 희망을 주는 사회와 더불어 자신들과 잘 소통하는 사회가 되기를 바란다. 이러한 영향을 받고 군에 입대한 신세대 병사들은 군 조직의 과도한 권위주의와 비인권적 요소의 배격을 요구하며, 위계적인 병영문화에 대한 의견에서도 당당한 목소리를 낸다.

(3) 인생관

신세대의 인생관은 미래보다 현실을 중시하는 편이다. 서구화된 사고방식을 바탕으로 자기중심적이고 현실주의적인 시각을 가지고 있다. 대면적인 인간관계보다 다양한 미디어에 의해 이루어지는 관계를 더 선호하기도 한다. 또한, 개성을 존중하는 감각적인 성향보다 감정을 선호하는 경향을 보이기도 한다. 특히, 충 · 효 · 예의 중요성에 대해서는 대체로 인정하지만, 일방적인 강요는 적극적으로 거부하는 모습을 보인다.

이러한 영향을 받은 신세대 병사들은 주위의 눈치를 보지 않고 자신의 의사 표현을 분명히 한다. 독립적인 개인행동을 선호하며, 자기만의 공간에 있는 것을 좋아한다. 미래를 위해 현재를 희생하며 살아가는 기성세대와 달리 일정한 틀에 얽매여 사는 것을 싫어하는 특징을 보인다.

〈표 2-1〉 신세대 장병의 특징

① 사고방식과 행동양식이 독립적이고 자기중심적이다. ② 이성적이기보다는 감성적으로 행동하는 경향이 있다. ③ 권위적이고 위계적이며 지시적인 것을 좋아하지 않는다. ④ 비합리적인 지시를 거부하고 자유로운 분위기를 선호한다. ⑤ 실용적이기보다는 외형적인 것을 더 중시하는 경향이 있다. ⑥ 자기의 권리를 적극적으로 표현하며 불공정한 처우 개선을 당당히 요구한다.

출처: 해군본부 (2009).

2) 신세대 장병의 강 · 약점

(1) 강점

신세대 장병은 교육 수준이 대체로 높은 편이며, 합리적이고 진취적인 사고를 지니고 있을 뿐만 아니라 부여받은 업무를 훌륭히 수행해 낼 수 있는 잠재력이 풍부하다. 개성이 뚜렷하고 의사 표현이 분명하여 합리적인 동기가 부여되면 창의적이고 능동적인 임무수행이 가능하다.

❶ 열정과 집념

신세대 장병은 스스로 발전하고 성장하려는 열정과 집념이 강하다. 자기성장 목표에 대한 합리적인 동기를 바탕으로 스스로 목표를 수립하고 이를 강하게 추진한다.

❷ 도전정신

신세대 장병은 과거에 의존하지 않고 늘 새로운 것에 도전하며, 현재를 보다 나은 상태로 발전시키려는 의지가 강하다. 매년 실시되는 해외파병 지원자의 경쟁률이 높은 것은 바로 이러한 신세대 장병들의 도전정신으로부터 비롯되고 있음을 잘 보여 준다.

❸ 낙관주의

신세대 장병은 대체로 낙관적이고 개방적이며, 긍정적인 마인드로 군 생활 자체를 즐기려고 노력한다. 이들의 긍정적인 낙관주의 성향은 워라밸 병영문화를 만드는 데 크게 기여하고 있다.

❹ 소신

신세대 장병은 외부의 비합리적인 압력에 굴하지 않고 행동하는 소신이 뚜렷하다. 자기 생각이나 의견이 옳다고 믿으면 자신감을 잃지 않고 소신 있게 추진한다.

❺ 통찰력

신세대 장병은 복잡한 현상을 다양한 각도로 풀어서 논리적으로 설명하는 능력이 있다. 사물의 본질을 꿰뚫어 구별해 내는 능력이 탁월할 뿐만 아니라, 건전한 비판과 대안을 제시한다. 이러한 능력은 과학화 · 첨단화된 국방력을 건설하고 발전시키는 데 크게 기여한다.

(2) 약점

신세대 장병들이 지닌 약점은 자기중심적인 사고와 개인주의 행동이다(해군본부, 2009). 이는 공동체적 집단생활을 하는 군의 특성에 비추어 볼 때 단결과 화합을 저해할 수 있다. 절제되지 않은 강한 자기표현은 위계질서와 상명하복의 군 조직체계에 부정적으로 작용할 수 있으며, 약한 체력과 정신력은 극한 상황에서 임무를 수행하는 데 부정적인 영향을 미친다.

❶ 자기중심주의

신세대 장병은 자기 자신에 대해 높은 관심을 가지며, 개인의 이익과 행복을 중시하는 경향이 있다. 동료 및 선 · 후임과의 양보와 협조를 구하는 일도 과거에 비해 약화되고 있어 전우애가 필요한 공동체 생활에 부정적으로 작용하기도 한다.

❷ 인내심

신세대는 기성세대와 달리 괴로움이나 어려움을 참고 견뎌내는 인내심이 다소 약한 편이며, 하던 일을 쉽게 포기하는 경향이 있다. 기성세대는 인생목표를 추구함에 있어 인내라는 덕목을 중요한 가치로 삼지만, 신세대는 인내보다 즐거움을 추구하는 경향이 높은 편이다. 군대에서 자살로 사망하는 비율이 기타 사고로 사망하는 비율보다 높게 나타나는 통계는 이를 간접적으로 잘 말해 준다.

❸ 경쟁심

신세대 장병은 상대와 경쟁하여 이기려는 의지가 약한 편이다. 그동안 경쟁학습의 환경에서 살아오면서 심리적 소진이 일어나 약화되었을 수도 있고, 경쟁학습 과정에서 긍정성보다는 부정적인 영향을 받은 이유도 있겠지만 대체로 경쟁심이 약한 것은 분명하다. 부대별 사격대회나 체육대회, 왕 선발대회 등에서 경쟁상대를 악착같이 이기려는 모습은 이전과 비교해 약한 편이다.

❹ 충·효·예 의식

신세대 장병은 충 · 효 · 예 의식이 비교적 약하다. 가정과 학교 현장에서 사회규범에 어긋나는 행동을 엄격히 통제하지 않는 자유방임적인 교육 환경의 영향도 있지만 대체로 이들의 충 · 효 · 예 의식은 약한 편이다.

앞에서 언급한 신세대 장병이 지닌 여러 가지 강 · 약점을 종합해 보면 다음과 같다.

〈표 2-2〉 신세대 장병의 강 · 약점

강점	약점
• 강한 열정과 집념	• 자기중심적인 성향
• 강한 자신감과 소신	• 인내심과 경쟁심 부족
• 강한 도전정신과 모험	• 수평적인 대인관계 욕구
• 변화에 대한 긍정적인 수용 자세	• 공동체적 삶보다 개인생활 선호
• 신속한 업무처리능력과 예리한 통찰력	• 충 · 효 · 예 의식 부족
• 과학화 군에 필요한 다양한 잠재능력 보유	• 즉각적인 비판과 강한 이의 제기

3) 장병의 특성이 군에 미치는 영향

세상은 변해도 군이 존재하는 이유와 목표는 변할 수 없다. 군 조직은 일반사회나 여타 기업의 조직과는 여러 측면에서 차이가 있다. 군은 상명하복의 엄격한 위계질서가 유지되어야 하고, 부여된 임무는 어떠한 악조건 상황이더라도 완벽하게 달성되어야 한다. 그러나 군을 구성하는 대부분의 신세대 장병은 군 조직이 요구하는 이러한 조건을 이행하는 데 어려움을 호소한다.

(1) 전투력에 미치는 영향

군 조직의 목표를 달성하기 위해서는 개인의 의견과 욕구가 제한될 필요가 있다. 국방의 임무를 완수하기 위해서는 개인의 의견이나 주장보다는 집단적인 노력과 화합이 더 필요하다. 신세대 장병의 특성이 군 전투력에 미치는 영향을 살펴보면 다음과 같이 몇 가지로 정리할 수 있다.

첫째, 신세대 장병은 비합리적이고 강압적인 상명하복의 체계보다 누구나 납득할 수 있는 합리적인 명령체계를 기대한다. 이러한 그들의 바람은 군 내 새로운 리더십의 창출과 병영문화 혁신을 추진하는 동력으로 작용하여 국가관 정립에 기여한다. 그러나 권위주의에 대한 비판의식과 부정적인 인식은 군의 명령체계를 이행하는 데 좋지 않은 영향을 미치기도 한다. 군 조직의 강한 통일성과 일관성을 요구하는 조직체계를 부정하고 나아가 이념적 갈등으로 이어져 전투력의 약화가 초래될 수 있다.

둘째, 신세대 장병이 지닌 강한 도전정신과 낙관주의, 예리한 통찰력 등은 한 단계 격상된 전투력을 창출하는 데 요구되는 근원적인 힘으로 작용한다. 또한, 흥미를 느끼는 일에 대한 집념과 열정은 군 본연의 임무를 완벽히 수행하는 데 필요한 추진력이 되기도 한다. 그러나 공동체의 삶보다 개인적인 생활을 선호하며, 인내심과 경쟁심이 다소 부족한 것은 군의 사기를 높이고 단결심을 배양하는 데 부정적인 영향을 미치기도 한다.

셋째, 신세대 장병은 자신에게 주어진 임무를 완벽하게 수행해 낼 수 있다는 자신감과 의욕이 충만하다. 이는 무에서 유를 창조해야 하는 절박한 전투상황이나 위기상황에서 방황하지 않고 슬기롭게 대처하는 데 크게 기여한다. 그러나 신세대 장병의 과도한 자기중심적 성향은 오히려 상명하복의 군인정신과 화합, 단결, 상 · 하의 계급 간 의사소통을 어렵게 하여 전투력의 약화를 초래하기도 한다.

(2) 병영생활에 미치는 영향

신세대 장병이 지닌 다양한 특성은 그들이 지닌 탁월한 능력을 적극적으로 발휘함으로써 군 전투력 증강에 기여하는 반면, 그렇지 않은 경우에는 병영생활 전반에 부정적인 영향을 미쳐 복무부적응으로 이어지기도 한다.

신세대 장병의 특성이 병영생활에 미치는 영향은 다음과 같다.

첫째, 신세대 장병은 자신의 의견을 소신 있게 제시한다. 자신에 대한 처우와 대우가 불공정하고 불합리하다고 판단하면 주저 없이 시정해 줄 것을 요구한다. 이렇게 군 생활에서의 비합리적이거나 불공평한 요소에 대해 강력히 이의를 제기하는 주장은 병영생활에서 나타날 수 있는 여러 갈등요인을 사전에 예방하는 긍정적인 요인으로 작용한다. 뿐만 아니라, 합리성에 대한 강한 동기는 비합리적인 병영생활을 배척하여 가치 있는 군 생활이 되는 데 기여한다.

둘째, 신세대 장병은 변화에 대한 긍정적인 수용 자세와 객관적이고 합리적인 조치에 순응하는 성향이 강하다. 이같은 특성이 병영생활에 긍정적으로 영향을 미칠 때에는 그들의 강한 열정과 자신감이 결합하여 끈끈한 전우애로 이어진다. 반면, 공동체적 삶보다 개인생활을 선호하고 수평적인 대인관계 욕구가 과도하게 표출되는 경우에는 비합리적인 현실 부정과 함께 화합과 단결의 약화를 초래한다.

셋째, 신세대 장병의 탈권위주의적인 성향은 개방적이고 화목한 병영생활을 유지하는 데 긍정적으로 기여한다. 과거의 관습에 얽매이지 않는 자유분방한 특성은 병영문화 혁신을 위한 창의성 발현에 긍정적으로 작용하며, 다양한 잠재능력은 군의 과학화 · 첨단화 발전에 기여한다. 또한, 합리성에 기반을 둔 도전적인 가치 추구 자세는 위기상황에서 위기극복의 촉매제 역할을 제공한다. 반면, 무분별한 탈권위주의 주장과 정제되지 않은 과도한 개인욕구 추구는 병영생활 내 인간관계 갈등을 일으키고 군 기강의 약화로 이어지게 한다.

3. 장병이 바라는 기대

신세대 장병이 군 조직에 기대하는 바람은 다양한 의견이 존재한다(심윤기, 2014). 신세대 장병이 군에 바라는 기대는 크게 두 가지인데 그것은 21세기에 적합한 새로운 병영문화에 대한 기대, 합리적인 리더십에 대한 기대이다.

1) 새로운 병영문화에 대한 기대

(1) 워라밸 병영문화

신세대 장병은 자기발전과 자아실현을 위해 노력하는 생산성 있는 군 복무가 되기를 원하고, 일과 휴식이 조화된 행복한 워라밸 병영이 되기를 바라는 욕구가 강한 편이다. 이 같은 신세대 장병의 기대는 우리나라의 경제적 여건이 풍족해지고 개인의 욕구가 다양화 · 고급화되면서 국민의 삶의 수준과 질이 높아졌기 때문이다.

그동안 군은 장병들이 바라는 기대를 관철시키기 위해 장병 복지를 위한 체육시설을 확충하고 독서 카페를 설치하는 등 기본적인 병영문화시설을 확충하기 위해 많은 노력을 기울여 왔다. 하지만 신세대 장병의 눈높이와 기대수준에 맞는 여가 콘텐츠의 다양성 확보와 그들의 특성에 적합한 문화 활동에 대한 보장은 아직 기대수준에 못 미치고 있는 것이 현실이다.

(2) 인간존중과 배려

사람은 누구나 인정과 존중받기를 원한다. 신세대 장병 역시 국방의 의무를 묵묵히 수행하는 자신의 존재 가치를 높게 인정해 주기를 바란다. 우리 사회는 시간이 지날수록 인간에 대한 존중과 배려, 권리를 중요하게 여기는 민주화 사회로 성큼 다가가고 있다. 이러한 변화의 영향을 받고 자란 신세대 장병은 인격을 존중하는 군대가 되기를 원하고 서로 배려하는 병영이 되기를 원한다. 이들이 요구하는 인간존중과 배려 문화의 정착은 부대 화합과 단결을 강화하여 궁극적으로 전투력이 향상되는 효과를 가져온다.

(3) 개인의 다양성 존중

기성세대는 개인의 가치 추구보다는 자신이 몸담고 있는 가족이나 회사, 국가의 목표를 더 중시하는 경향이 있다. 그리고 이 같은 목표를 달성하기 위해 개인의 욕구와 가치는 기꺼이 희생되어도 좋다는 의식이 지배적이다. 또한, 자신을 독립적인 존재로 인식하기보다는 집단의 한 일원으로 생각하며, 다른 사람과의 조화를 중시하고 사회적 규범의 틀이 허용하는 범위에서 자신의 위치를 찾고자 노력한다. 그러나 신세대 장병은 가치 추구의 중심을 자기 자신에게 맞추고 개인이 지닌 다양한 개성과 능력, 특성이 존중받는 병영이 되기를 바란다.

(4) 새로운 부대 환경

신세대 장병은 사회적인 통념이나 인습에 얽매이지 않으려 노력한다. 자기 자신을 소중히 여기며, 당당한 자기주장과 솔직한 자기표현을 선호하고, 주체적이고 독립된 자기만의 생활을 영위하고 싶어 한다. 그래서 그들은 병영 내에서 개인의 권리가 존중되고 계급에 따른 차별 대우가 사라지기를 원한다(국방부, 2013). 특히, 2019년부터 평일에도 병사들의 개인 외출이 허용됨에 따라 자유시간에 대한 합리적인 통제가 이루어지기를 기대하며, 개인의 건의사항을 적극적으로 해결해 주는 합리적인 병영문화가 정착되기를 바란다.

2) 합리적인 리더십의 기대

(1) 의사결정과정 참여

신세대 장병의 학력 수준은 대체로 높은 편이다. 군에 입대하기 전 합리적인 의사결정과정에 참여했던 경험도 많이 가지고 있다. 이러한 신세대 장병들의 잠재능력을 부대임무 수행의 의사결정과정에 참여시키면 큰 성과를 나타낼 수 있다. 합리적인 병영육성을 위해서는 의사결정과정에 참여하는 수준을 넘어 의사결정 권한까지 최대한 위임할 필요가 있다.

신세대 장병이 바라는 합리적인 리더십의 기대는 앞서 언급한 바와 같이 평소에 자신을 의사결정과정에 적극적으로 참여시켜 줄 것을 원하고, 필요시에는 권한까지 위임해 주기를 바란다. 소소하고 작은 일까지 일일이 자기에게 지시하지 말고, 의사결정과정과 권한을 적절히 부여해 주면 스스로 책임지는 행동으로 부대목표를 효율적으로 달성할 수 있다고 말한다.

(2) 간부의 솔선수범

부대의 전투력은 간부의 솔선수범 행동이 적극적으로 실천될 때 상승한다. 신세대 장병은 구태의연한 관습과 구습, 관행, 형식에서 탈피한 새로운 병영육성을 위해 간부의 솔선수범을 기대한다. 구태의연한 관행과 형식으로부터 탈피한 자유로운 병영 분위기 속에서 간부의 언행일치 모습을 원하는 것이다.

어렵고 위험한 위기상황에서는 간부의 능동적이고 적극적인 솔선수범이 더욱 필요하다. 자신에게는 늘 엄격하게 대하되 부하에게는 관대한 행동이 요구되며, 병사의 입장에서 생각하고 그들의 불만과 고충을 깊이 이해하는 노력이 필요하다. 자신의 잘못을 변명하거나 합리화하지 않고 솔직하게 인정하는 간부의 의연한 모습은 장병들의 군 생활에 본보기가 된다.

(3) 잠재능력계발 보장

신세대 장병은 자신의 의견이 옳다고 생각하면 소신 있게 말한다. 그렇다고 해서 타인에게 자신의 의견을 따르라고 강요하지는 않는다. 또한, 자신의 잠재력과 가능성을 발견하려는 의지가 강하며, 특히 미디어 정보에 대한 관심이 크다. 새로운 것에 대한 탐구욕구가 높을 뿐만 아니라 긍정적인 가능성과 자신감으로 모험에 도전하는 특성을 지니고 있다(육군본부, 2013).

신세대 장병은 군 복무기간이 자기발전을 정지시키고 잠재능력계발의 기회마저 박탈하는 시간이 되지 않기를 바란다. 군에 입대해서도 자신의 성장과 발전이 계속 이루어질 수 있는 의미 있는 시간이 되기를 기대한다. 2019년부터 부대 내에서 병사들의 휴대폰 사용이 개방된 것은 잠재능력계발 차원에서 매우 잘된 일이다.

4. 장병의 위기행동유형

군 생활을 하다 보면 여러 위험한 상황에 놓이는 경우가 있다. 위기를 경험하는 장병들은 대부분 스스로 위기를 극복하고 전역하지만, 일부 장병은 군무이탈이나 자살 등 불미스러운 사고를 일으키기도 한다. 장병이 겪는 위기의 발생 원인과 이들에게서 나타나는 위기행동유형은 다음과 같다.

1) 위기장병의 개념

위기장병이란 군 복무 중 위험한 상황에 처한 장병을 의미하며, 크게 두 가지 유형으로 구분한다.

첫째, 개인의 성격특성이나 가정환경, 군대문화의 특수성 등으로 인해 군 부적응으로 이어져 각종 사고와 자살 가능성이 있는 복무부적응 장병을 뜻한다.

둘째, 자연 및 인적 재난과 같은 충격적이고 끔찍한 외상사건을 경험한 장병을 의미한다. 산사태와 같은 자연재난이나 총기사고와 같은 인적 재난을 직접 경험하여 군 복무기능이 정상적이지 못한 장병이 이에 해당한다. 훈련 중 심한 신체적 부상을 당한 장병이나 폭력 및 가혹행위를 경험한 장병, 군 복무 중 부모의 사망이나 애인의 변심으로 큰 상실을 경험한 장병 등도 이에 포함된다.

이러한 두 가지 유형의 위기장병은 대체로 부대단결을 저해하고 비전투손실을 가져오며, 자신이나 동료, 부대에 부정적인 영향을 끼쳐 전투력 약화를 초래한다. 또한, 군의 가치나 규범에 의한 군인다운 행동을 이행하지 못할 뿐만 아니라 기존의 대처기제로는 문제해결이 어려운 특징이 있다.

2) 위기장병의 특징

(1) 복무부적응 장병의 특징

복무부적응 장병의 심리상태는 군무이탈, 폭행, 군기문란, 근무태만, 명령불복종 등으로 이어져 군의 전투력을 약화시키고 비전투손실을 일으키는 심각성이 있다. 대체로 부적응 장병은 우울하고 불안한 심리적 특성을 보이는데 자살이 가장 큰 문제로 등장한다. 복무부적응으로 위기에 처한 장병의 심리적 특성은 대체로 다음과 같이 나타난다.

첫째, 늘 긴장감을 느낀다.
둘째, 우울과 불안을 느낀다.
둘째, 두려움과 공포를 느낀다.
넷째, 절망감과 상실감을 느낀다.
다섯째, 무력감과 소외감을 느낀다.
여섯째, 다양한 심리적 혼란을 경험한다.

부적응 장병의 위기반응은 빠른 시간 안에 해결하는 것이 무엇보다 중요하다. 그렇지 못하면 심리적 혼란이 가중되어 정신적 병리로 이어질 수 있고, 총기난사사고와 같은 악성사고로 발전할 가능성이 있다. 군 위기상담의 본질은 이러한 상태에 이르지 않도록 빠른 개입과 빠른 해결을 통해 군 장병을 안전하게 지키고 부대 전투력을 유지하는 것이다.

(2) 외상경험 장병의 특징

외상사건이란 삶을 뒤흔드는 충격적인 경험으로 부정적인 심리적 결과를 유발하는 스트레스 사건을 의미한다. 심각한 신체적 손상이나 생명에 위협을 주는 사건 혹은 실제적 죽음이나 죽음의 위협이 가해진 사건을 말하는데 이러한 외상사건은 대체로 사건 자체가 충격적이고 심각하다.

다소 심각성이 덜한 외상사건이라 하더라도 반복적으로 경험한다거나 직접 목격한 것만으로도 심한 공포와 두려움, 무력감을 느낀다면 이 역시 외상사건을 경험한 것에 해당한다. 이러한 외상사건을 경험하면 정신적 충격과 함께 거의 일상생활이 불가능한 상태에 놓인다.

군 복무 중 외상사건을 경험한 장병에게서 나타나는 대표적인 증상은 외상사건에 대한 침투 증상과 자극 회피, 인지와 감정의 부정적인 변화, 각성과 반응성의 변화 등이다(심윤기, 2018). 이러한 증상은 개인마다 조금씩 다르게 나타나는데, 그 내용은 대체로 다음과 같다.

첫째, 침투 증상이다. 침투 증상은 아무리 위기장병이 의식적으로 노력한다 해도 자신의 의지와는 상관없이 불쑥불쑥 자신의 내면으로 들어오는 끔찍한 사건의 장면과 원하지 않는 불쾌한 기억, 생각, 느낌, 이미지 등을 말한다. 이러한 침투 증상은 위기장병 스스로 통제하기 어려우며, 침투적인 사고나 정서, 기억이 떠오를 때마다 심리적인 고통과 불안, 공포를 느끼고 공황을 경험한다.

둘째, 자극을 회피한다. 보통 사람들은 고통스러운 자극을 회피하기 위해 점점 더 정서적인 자극을 멀리한다. 주로 외상사건과 관련한 고통스러운 기억 · 생각 · 감정을 회피하고, 외상사건과 관련된 심리적 고통을 유발하는 단서를 회피한다. 이러한 회피 증상은 처리되지 않은 정보를 억압하려고 과도하게 통제하는 데서 나타나는데, 회피반응이 점점 더 광범위해지면 심리적 마비로까지 이어지고 각성 수준이 증가한다.

셋째, 인지와 감정이 부정적으로 변한다. 외상사건의 중요한 측면을 기억하지 못하고 자신과 타인, 세상에 대한 과장된 부정적 신념이나 기대를 갖는다. 외상사건의 원인이나 결과에 대한 왜곡된 인지와 분노와 같은 부정적인 정서를 보이기도 한다. 또한, 타인에 대한 거리감이나 소외감을 느끼며 행복감, 만족감, 애정과 같은 긍정정서를 느끼지 못한다.

넷째, 각성과 반응성의 변화이다. 자극이 없거나 사소한 자극에도 짜증스러운 행동이나 분노를 폭발하고, 무모하거나 자기파괴적인 행동을 한다. 과도한 경계와 놀람 반응, 집중 곤란과 수면장애 증상이 나타나며, 중요한 활동에 대한 관심이나 참여가 현저히 감소한다.

이와 같은 증상이 나타날 수 있는 군대의 주요 외상사건으로는 폭력(언어폭력, 신체폭력, 성폭력), 총기사고, 전투(연평해전, 천안함 폭침), 자연재난(산사태, 홍수, 폭설), 대인관계 갈등 등이 포함된다.

3) 위기장병의 위기행동유형

위기장병은 공통적으로 내면의 심리적 고통을 크게 경험하여 부적응 행동이 다양하게 나타난다. 명령에 불복종하는 일이 발생하는가 하면 우울, 불안 등 심각한 정신건강의 문제를 드러내기도 한다. 심지어는 폭력과 군무이탈과 같은 군기사고로 이어지기도 하고, 극단적인 경우에는 총기사고와 자살과 같은 악성사고로 이어져 부대 전투력을 약화시키기도 한다. 위기상황에 처한 장병에게서 나타나는 위기행동유형은 주로 다음과 같다.

(1) 군무이탈

위기에 처한 장병은 군무이탈을 시도하는 경향이 있다. 구타나 가혹행위와 같은 외상사건을 경험한 충격으로 현 소속부대에서 현지이탈을 시도하거나 혹은 휴가나 외출 중인 상태에서 정당한 사유 없이 규정된 시간 안에 부대에 복귀하지 않기도 한다. 군무이탈은 부대를 이탈한 범법행위일 뿐만 아니라 자살과 같은 더 큰 사고로 이어질 수 있다는 점에서 위기행동으로 분류한다.

(2) 자살

자살은 국방부 전체 사망사고의 50% 이상을 차지할 정도로 위기장병에게서 나타나는 가장 심각한 부적응 행동이다. 자살을 시도하는 장병은 대체로 개인특성의 문제나 심각한 갈등을 초래하는 이성문제 혹은 가정문제 등을 경험하면서 절망상태에 놓인다. 이러한 위기상황을 경험하는 장병은 공통적으로 심리적 균형이 붕괴되어 군 생활의 의미와 가치, 목표 등을 상실하게 된다. 뿐만 아니라, 자신의 정체성이 흐려지고 군 복무에 대한 부정성이 확대되어 자살로 이어지는 경향이 있다.

(3) 폭행

군대에서의 폭행이란 주로 구타와 가혹행위를 의미한다. 이 중 구타란 고의로 손, 발과 같은 신체 일부와 총기 등의 도구로 타인을 가격하여 통증을 유발시키는 일체의 행위를 말한다. 가혹행위는 법규에 어긋나는 행동이나 일반적인 상식을 벗어난 비상식적인 방법으로 타인에게 육체적 · 정신적 고통이나 인격적 모독을 주는 일체의 폭력적인 행위를 의미한다.

이와 같은 구타와 가혹행위는 선임의 위치에 있는 위기장병에게서 저질러지는 특징이 있다. 애인과의 이별이나 가정문제, 대인관계 갈등 등을 겪으며 받는 심리적 압박감을 스스로 조절하거나 통제하지 못하고 후임병사에게 분출하는 경향이 나타난다.

(4) 사고유발

2005년 경기도 연천 지역에서 발생한 총기난사사고는 선임병사로부터 반복적인 신체 폭력과 인격 모독을 당한 후임병사에 의해 저질러진 사건이다. 자신의 생명을 위협하는 감당하기 힘든 신체 폭력과 인격이 무시되고 유린당하는 경험은 참기 어려운 심리적 고통과 불안, 스트레스 수준을 급격히 상승시킨다.

이러한 심리적 고통을 조기에 해결하지 못하면 불안과 두려움은 감당할 수 없는 수준으로 증가되어 심리적 균형이 붕괴되고 위기상황은 절정에 이른다. 더 이상 자신의 힘이 조금도 남아 있지 않은 절망 상태에 다다르면 최악의 총기난사와 같은 악성사고로 이어진다.

(5) 군기문란

군기는 지휘체계를 확립하고 상명하복의 질서를 유지하여 최상의 전투력을 상시 보전하고 발휘하는 데 기여한다. 복무부적응을 경험하는 위기장병은 비록 고의적이진 않지만 명령 불복종, 지시 불이행, 규정 미준수 등의 군기문란 행위를 저지르는 특징이 나타난다.

중요한 부대활동에 대한 관심이나 참여가 현저히 감소하며, 대개 좋아하던 운동이나 취미활동에도 흥미를 상실하여 참여하지 않으려 한다. 군기 유지를 위한 부대활동에는 아예 관심조차 두지 않으며, 될 대로 되라는 식의 자포자기 행동이 나타나 부대단결과 화합의 약화를 초래한다.

CHAPTER 3

군 위기상담의 개념

군 장병들이 경험하는 위기는 삶의 성숙과정에서 나타나는 발달적 위기와 달리, 전쟁, 파병, 폭력 및 가혹행위, 군대문화의 특수성과 같이 사회에서 경험할 수 없는 상황에서 주로 일어난다. 군 위기상담(Military Crisis Counseling)의 본질은 위기로 발생한 군 장병의 정서적 혼란과 심리적 불균형을 신속히 다루어 위기 이전의 기능을 회복하도록 돕는 것이며, 동시에 심리적 위협감을 제거하여 부대적응에 기여토록 하는 것이다.

이 장에서는 군 위기상담의 여러 특징적인 요소를 개관한다. 그런 다음 위기상담이 진행되는 단계와 절차를 알아본 후, 위기상담의 기법을 다룰 것이다. 마지막으로 군 위기상담관이 갖추어야 할 역량에 대해서 살펴본다.

1. 군 위기상담의 특징
2. 군 위기상담의 단계
3. 군 위기상담의 기법
4. 군 위기상담관의 역량

1. 군 위기상담의 특징

군 위기상담의 핵심은 위기를 촉발한 사건의 구체적인 상황을 고려하여 위기장병이 경험하는 어려움을 즉각적으로 해결함으로써 부대 사고로 이어지지 않도록 하는 것이다. 본 절에서는 군 위기상담의 목적과 원칙, 분야, 방법 등에 대해 살펴보고자 한다.

1) 개요

일반 위기상담은 내담자의 다양한 심리적 증상과 고통을 해소하고, 내담자의 정신적 혼란을 막아 정상적인 상태로의 적응수행능력을 회복하는 것에 목적을 둔다. 위기에 처한 내담자의 정신적 고통이 부정적인 면이 아닌 건설적이고 긍정적인 성장의 기회가 되도록 돕는다.

그러나 군 위기상담은 일반 위기상담의 개념과 다른 점이 있다. 군 위기상담의 일차적인 목적은 위기를 겪고 있는 장병이 자신이나 주위 동료들에게 피해를 주지 않도록 예방하고, 사고 발생을 억제하여 전투력이 약화되지 않도록 하는 것이다. 이차적인 목적은 위기 이전의 기능을 회복하여 군 복무를 정상적으로 할 수 있도록 기여하는 것이다. 더 나아가 위기의 고통과 아픔을 이겨내고 극복함으로써 정신적으로 한 단계 성숙해짐은 물론 미래의 위기에 대처할 수 있는 능력까지 길러주는 것이 군 위기상담의 궁극적인 목적이다.

위기에 놓인 장병은 절망과 좌절에 쉽게 빠지고 무기력해질 뿐만 아니라 통찰력이 상실되는 특징이 나타난다. 따라서 위기장병에게 가장 먼저 도움을 주어야 할 일은 세상에서 가장 따뜻한 격려와 지지를 보내는 일이다. 이는 위기를 이겨내게 하는 힘과 희망, 자신감을 얻게 하는 원동력으로 작용한다.

2) 군 위기상담의 원칙

군 장병이 겪는 위기는 몇 단계의 과정을 거친다. 군 복무 중 폭력이나 가혹행위와 같은 위험한 외상사건을 경험하면 불안과 스트레스 수준이 높아지고 정신적으로 혼란한 상태에 놓인다. 이러한 상태에 이르면 장병 스스로 긴장과 불안, 두려움을 이겨내기 위해 나름 노력한다. 하지만 노력과 달리 위기가 쉽게 해결되지 않아 절망에 빠지며, 정신적 혼란은 더욱 깊어지는 양상으로 발전한다.

한 달 이상 이러한 혼란상태가 지속되면 위기가 절정에 달해 심리적 균형이 무너지고, 무력감에 빠져 자해나 자살로 이어지는 경향이 있다. 군 위기상담은 이러한 상태에 이르지 않도록 사전 예방에 초점을 두는 특수한 상담이다.

군 위기상담은 위기에 처한 장병의 심리적 반응을 정확하고 신속하게 진단 및 평가하고, 장병이 지닌 심리적 강점이나 사회적 자원을 적극적으로 활용하여 위기를 성공적으로 극복하도록 조력하는데, 여기에는 몇 가지 원칙이 적용된다.

(1) 즉각 개입

위기에 처한 장병은 심각한 불안과 두려움을 느끼고 혼란상태에 있어 무엇보다 즉각적인 개입이 필요하다. 위기장병으로 인해 불미스러운 사고로 이어지는 것을 사전에 예방하고 자살과 같은 비전투손실로 이어지지 않도록 해야 하기 때문이다. 이를 위해서는 장병의 위기상황을 초점으로 즉각적인 개입을 통해 현재의 위기상황을 신속히 극복하도록 온 역량을 집중한다.

(2) 단기간 해결

군 위기상담은 즉각적인 개입과 함께 단기간의 해결이 요구된다. 그 이유는 부대 전투력이 약화되지 않도록 신속히 해결되어야 하기 때문이다. 군에서는 주로 단기상담이 이루어지는 특징이 있지만 위기상담인 경우에는 더욱 빠른 해결이 요구된다. 위기상황에 놓인 시간이 길어질수록 자살이나 총기사고와 같은 악성사고로 이어질 가능성이 커지기 때문이다. 따라서 위기상황에 놓여 있는 현재의 시간을 가장 중요한 결정적인 시간으로 인식하고 단기간의 해결이 이루어질 수 있어야 한다.

(3) 신중한 접근

군은 과학화된 첨단 무기와 장비를 관리하고 운영하는 조직이다. 공중에서는 전투기가 전투태세를 갖추고, 해상에서는 함정과 잠수함이 임무를 수행하며, 지상에서는 과학화된 첨단 미사일을 포함한 다양한 형태의 무기가 작동된다. 이러한 무기와 장비를 운영하는 주체가 장병이라는 점에서 한 장병의 위기는 곧 부대 전체의 위기이자 국가의 위기로 이어질 수 있다. 장병의 위기에 신중한 접근이 이루어져야 하는 이유가 여기에 있다.

(4) 24시간 관리

위기자 가까이에 조력자가 있으면 위기해결은 그만큼 효과적이다. 위기장병이 위치한 상황과 공간에 조력자가 가까이 있으면 위기상태를 자세히 관찰할 수 있고 상태가 더 악화되는 것을 예방할 수 있으며, 보호도 가능하다. 자살시도가 예측되는 장병을 위해서는 친한 동료와 선 · 후임 병사가 시간대별로 관리할 수 있도록 편성하여 24시간 관찰과 보호가 함께 이루어져야 한다.

애인과의 관계가 심각하게 손상되어 위기에 처한 장병의 경우에는 부대에서 애인에게 연락하여 만날 수 있도록 조치하는 조력이 필요하다. 이렇게 군 위기상담은 위기장병이 위치한 가까운 곳에서 24시간 관찰과 보호가 함께 이루어지도록 하는 것이 무엇보다 중요하다.

(5) 동료 장병 활용

위기에 처한 장병은 위기를 경험했던 동료의 이야기를 듣는 것만으로도 위기해결에 도움이 된다. 오랜 지휘관 생활을 통해 얻은 필자의 경험을 비추어 보면 과거에 위기를 극복한 경험이 있는 동료 병사를 위기극복 집단 프로그램에 함께 참여토록 하여 서로 위기극복 이야기를 나누도록 하는 등 동료 장병이 경험했던 위기극복 사례를 적극적으로 활용한 것이 큰 도움이 되었던 적이 있다.

3) 군 위기상담 분야와 유형

(1) 군 위기상담의 분야

군 장병들이 겪는 위기는 상황과 여건에 따라 다양한 형태로 나타난다. 현재 군에서는 주로 개인상담 위주로 진행되고 있으며, 집단상담은 힐링캠프와 그린캠프에서 주로 다루어지고 있는 실정이다. 군 위기상담의 분야는 일반 사회에서 이루어지고 있는 분야와 별반 다르지 않다. 그러나 군 위기상담은 일반 사회와 다른 특수한 환경과 상황이 고려되어야 하므로 상담방법론에서는 다르게 적용된다. 군 위기상담은 자살, 폭력, 성, PTSD, 재난, 중독 등 크게 여섯 가지 분야로 구분한다.

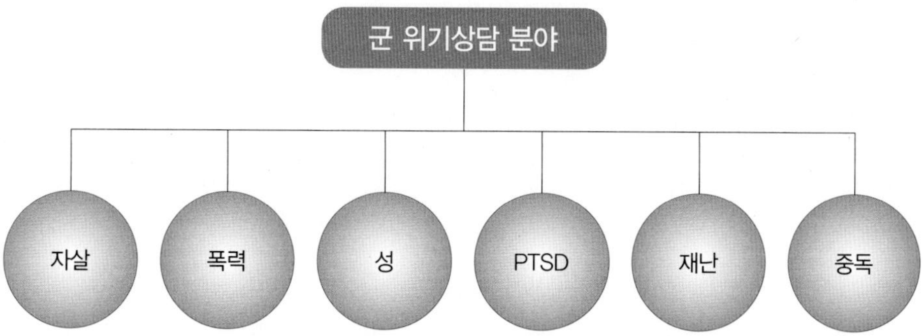

[그림 3-1] 군 위기상담의 분야

(2) 군 위기상담의 유형

시간을 매우 중요하게 여기는 군 위기상담은 장병의 위기문제에 신속히 개입함과 동시에 단기간에 위기문제를 해결하는 것이 핵심이다. 군 위기상담은 분야별로 다르게 적용되기도 하지만 전투력이 약화되는 것을 차단하고, 사고로 이어지지 않도록 예방한다는 측면에서는 모두 동일한 목적을 가진다. 군 위기상담의 유형은 대체로 세 가지 형태로 분류한다.

❶ 개인특성중심 위기상담

개인특성중심의 위기상담은 개인의 심리 내적인 문제를 중점적으로 다루는 모형이다. 위기는 장병 개인이 평소에 사용하던 대처기제로는 해결하기 어려운 사건을 경험하기 때문에 발생한다. 따라서 위기에 처한 장병이 즉각적인 도움을 받지 못하면 오히려 부적절한 대처양식을 습득할 가능성이 있다. 그러므로 위기장병의 심리 내적인 원인을 탐색하고 개입과정에서 적절한 대처양식을 습득하도록 조력한다.

왜 특정 사건이 그 장병에게만 위기로 작용하는지? 과거에 경험한 위기가 있었다면 그 위기를 어떻게 극복하였는지? 이전의 위기해결능력은 어느 정도의 수준인지? 등의 개인특성의 강·약점을 심층적으로 진단하고 평가한다. 진단 후 이루어지는 상담은 위기상황에 처하게 된 원인을 자신 안에서 찾는 탐색과정이 집중적으로 실시되고, 그에 대처하는 방법이 중점적으로 다루어지는데 주로 비지시적인 상담방법을 활용한다.

❷ 과제해결중심 위기상담

과제해결중심의 위기상담은 일정한 기한 내 이루어야 할 과업들을 미리 설정해 놓고, 이를 이행함으로써 문제해결을 시도하는 단기적이고 조직적인 상담이다. 다시 말해, 1주 내지 2주 동안의 일정한 상담기간을 미리 정해 놓고 개입하는 것을 전제로 하는 상담이다. 통상 군 캠프에 입소한 위기장병이나 전역부적합 심의를 앞둔 장병을 대상으로 이루어지는 상담이 주로 여기에 해당한다.

과제해결중심의 위기상담은 장병의 위기문제 해결을 위해 수행해야 할 과업과 설정된 목표를 달성하기 위해 세부적이고 구체적인 과제해결 활동에 중점을 두는 것이 특징이다. 이를 위해 지지와 격려, 허용적인 분위기에서 논리적인 대화와 의사소통이 이루어지도록 협력적인 상담방법을 주로 활용한다.

❸ 사고예방중심 위기상담

사고예방중심의 위기상담은 장병의 심리 내적인 문제를 다루지 않는 것이 특징이다. 총기난사사고나 자살과 같은 부대 악성사고를 예방하고, 비전투손실을 예방하기 위한 목적으로 실시하는 상담유형이 여기에 해당한다. 지금 해결하지 않으면 장차 더 심각한 위기상황으로 이어질 수 있는 현재의 문제를 꺼내 놓고 교육, 정보제공, 논리적인 토론 등이 주로 이루어진다. 사고예방중심의 위기상담은 위기문제를 해결하려는 동기와 의지를 갖게 하는 것이 중요하며, 주로 교육적이고 지시적인 상담방법을 활용한다.

(3) 군 위기상담 방법

군 위기상담은 위기문제에 봉착한 장병이 비록 적응에 어려움을 겪고 있지만, 자신이 처한 문제를 스스로 해결할 능력을 갖춘 건강한 청년임을 전제로 한다. 따라서 위기장병이 현재의 위기를 해결할 수 있다는 희망과 용기를 갖게 하고, 위기상담에 적극적으로 참여하도록 촉진하는 것이 중요하다. 위기장병을 상담할 때는 지시적 상담방법과 비지시적 상담방법, 협력적 상담방법을 이용하게 되는데, 주로 상황과 여건을 고려하여 상담방법을 절충하거나 통합하여 적용한다.

❶ 지시적 위기상담

군 위기상담은 주로 지시적 상담방법으로 이루어진다. 지시적 위기상담은 위기장병이 스스로 아무것도 할 수 없는 무기력한 상태에 놓여 있을 때, 위기 이전의 기능을 빨리 회복하는 데 중점을 두고 이루어지는 상담방법이다. 따라서 군 상담관은 무기력하고 혼란한 상황에 있는 위기장병을 대신하여 위기문제를 규명하고 적절한 대처방안을 찾으며, 구체적인 실행계획과 자세한 행동지침을 알려 주는 친절한 안내자 역할을 주로 한다.

박 이병: 저는 지금 아무것도 할 수 없어요. 제가 무슨 짓을 할지 저 자신도 잘 모르겠어요. 모든 것이 비참하고 절망적이어서 죽고 싶은 심정뿐이에요. 제가 죽어 없어지는 것이 더 나을지도 모르겠어요.

군 상담관: 박 이병은 지금 가장 위험한 상태에 있는 것 같군요. 그래서 하는 말인데 절대로 혼자 있지 않는 것이 중요합니다. 나는 박 이병이 스스로 목숨을 끊는 것을 보고만 있을 수는 없어요. 일단 자살을 하지 않겠다는 서약서를 작성하도록 합시다. 만약, 자살을 하려면 시도하기 전에 반드시 나에게 먼저 알리겠다고 약속을 하고 상담을 계속하는 것이 좋을 것 같군요. 어떻게 생각하십니까?

❷ 비지시적 위기상담

비지시적 상담은 장병이 경험한 위기의 강도가 비교적 약할 때 적용하는 상담방법으로 복무적응에 중점을 두고 이루어진다. 위기장병 스스로 위기대처에 합리적 의사결정을 할 수 있는 상태라서 비지시적 상담을 적용하는 것이 효율적이다. 그러나 비지시적 상담을 한다고 해서 군 상담관이 수동적이 되어도 괜찮다는 말은 아니다. 개방적인 형태의 질문을 자주 하여 위기장병의 말을 경청하는 데 많은 시간을 할애하는 것이 바람직하다.

이러한 비지시적 위기상담은 위기장병이 자신의 내적 감정과 욕구를 알 수 있도록 조력하는 것이 필요하다. 그런 다음 위기장병의 행동, 자율성, 회복력, 대처능력, 에너지 등 다양한 요인을 고려하여 적절한 대처방안을 선택하도록 조력한다. 위기장병이 원래부터 지닌 내·외적 자원과 강점을 적극적으로 활용하도록 조력하되 선택을 강요하는 행동은 바람직하지 않다.

❸ 협력적 위기상담

협력적 위기상담은 위기장병이 비지시적 상담에 응할 수 있을 정도의 심리적 불균형보다 더 안정된 상태일 때 활용한다. 이 방법은 위기장병과 군 상담관이 서로 협력하는 관계가 되어 두 사람이 함께 가능한 대안을 찾고 위기문제를 해결하는 과정으로 진행된다. 협력적 위기상담에서 군 상담관은 위기장병이 위기극복을 위해 첫걸음을 잘 시작하도록 따뜻하게 조력하고, 상담이 진행되는 모든 과정 동안 촉진자 역할에 중점을 둔다.

군 상담관: 김 일병은 지금까지 여러 가지 위기대처방안을 잘 말했어요. 그러나 그것을 실행에 옮기는 것은 부대 여건 때문에 확신하지 못하는 것 같군요. 그러면 우리 함께 이 대안을 놓고 가장 좋은 대안을 골라 보고, 합리적인 실행방법을 구체적으로 찾아보도록 하는 것이 어떨까요?

김 일병: 예. 그렇게 하는 것이 좋을 것 같습니다.

2. 군 위기상담의 단계

위기상담의 과정을 설명하는 이론은 대부분 상담 단계와 상담회기 수를 다양하게 제시하고 있다. 경험한 위기의 강도와 위기경험자의 반응성 그리고 대처자원을 고려하여 상담회기를 포함한 상담계획을 다양하게 수립한다. 그렇지만 군 위기상담은 2주간의 기간이 경과되지 않도록 상담을 계획한다. 사단 또는 군단에서 복무부적응 장병과 위기장병을 대상으로 운영되는 캠프 프로그램이 2주의 기간이 넘지 않게 운영되기 때문이다. 군 위기상담이 이루어지는 단계는 일반적으로 다음과 같이 실시한다.

1) 초기 단계

상담이론가는 위기에 처한 사람을 상담 초기에 어떻게 조력할 것인가에 대해 여러 가지 다양한 상담방법론을 제시한다. 대체로 위기를 맞닥뜨리면 정상적인 기능상태에서 벗어나 충동적이고 비논리적인 사람으로 바뀌게 되는데 군 장병이라고 해서 예외가 되는 것은 아니다.

위기를 경험한 장병을 대상으로 하는 초기상담은 이전에 실시한 일반상담의 관점에서 내담자를 대하는 방식으로 접근하면 위기문제 해결에 도움이 되지 않을 수 있다. 특이한 사례의 위기상담이자 새로운 유형의 위기자로 인식하고 접근할 수 있어야 한다. 군 위기상담의 초기 단계에서는 상담 분위기를 따뜻하게 조성하고 신뢰관계를 형성함은 물론 위기장병의 안전 확보와 상담의 구조화, 위기문제 탐색 등을 주로 다룬다.

(1) 상담 분위기 조성

위기에 처한 장병은 긴장과 불안 수준이 높은 상태이므로 심리적 안정을 느끼고 편안함이 느껴지도록 하는 것이 중요하다. 인간적인 따뜻함을 느낄 수 있는 좋은 상담 분위기 조성을 위해서는 대화를 방해하는 소음이 들리지 않도록 주의를 기울여야 한다. 전화벨 소리나 요란하게 떠드는 소리는 주의를 산만하게 하고, 대화의 소통을 차단하여 상담이 진행되는 것을 방해한다.

상담 분위기가 따뜻하고 수용적이면 위기상담이 성공적으로 진행되는 데 긍정적으로 기여한다. 위기장병의 긴장과 불안이 감소되고, 안전감과 편안함이 느껴져 심리적 균형감을 찾는 데 도움이 된다. 그 구체적인 방법은 다음과 같다.

- 조용한 상담실이 되도록 방음시설을 갖춘다.
- 편안함과 아늑함을 느낄 수 있도록 상담실을 꾸민다.
- 신세대 장병이 선호하는 음료를 준비하고 제공한다.
- 위기에 처한 장병을 이해하는 따뜻한 눈으로 바라본다.
- 위기장병이 앉아 있는 쪽으로 좀 더 가까이 다가가 앉는다.
- 위기장병이 긍정적인 믿음을 갖도록 장병의 말에 자주 반응한다.
- 장병이 처한 위기상황에 대해 개방적인 질문을 자주 한다.

(2) 상담관계 형성

위기를 겪고 있는 장병을 효과적으로 도와주기 위해서는 좋은 상담관계가 이루어지는 것이 필수적이다. 성공적인 상담이 이루어지기 위해서는 위기장병과 도움을 주는 군 상담관 사이에 돈독한 상담관계가 형성되어야 한다. 군 상담관의 말과 태도는 좋은 상담관계를 형성하는 데 큰 영향을 미친다. 군 상담관은 위기장병이 느끼는 슬픔과 분노, 두려움과 공포의 감정을 이해하고 공감하며, 위기장병이 하는 말을 적극적으로 경청할 수 있어야 한다. 또한, 위기장병에게 따뜻한 위로와 지지를 제공하고 희망과 용기를 북돋워 주는 진실한 모습이 필요한데, 이는 신뢰할 만한 상담관계를 형성하고 유지하는 데 촉매제 역할로 작용한다.

군 상담관이 위기장병에 대한 평가적인 태도나 비판적인 모습을 보이면 상담관계 형성에 좋지 않은 영향을 준다. 이러한 모습은 장병의 위기문제 해결을 더욱 어렵게 만드므로 상담 초기 단계에서부터 종결 단계에 이르기까지 군 상담관의 무비판적인 자세와 수용적인 태도는 아무리 강조해도 지나치지 않다.

(3) 안전 확보

군 위기상담의 초기 단계에서 위기장병의 안전을 확보하는 것은 군 상담관에게 매우 중요한 과제인 동시에 그의 의무이자 책임이다. 따라서 군 상담관은 위기장병의 신체적 · 정서적 · 심리적 위험을 감소시킬 수 있는 모든 방법을 강구한다. 만약, 군 상담관이 상담에 집중하지 못하고 시간에 쫓기는 인상을 주거나 지나치게 교육적이며 진부한 내용을 이야기하면, 위기장병은 자신이 겪은 위기상황을 상담관이 무관심하게 대한다고 생각해 상담에 적극적으로 참여하지 않을 수 있다.

안전 확보를 위해서는 응급을 요하는 입원을 시킬 것인가 아니면 사단 및 군단에서 운영하는 캠프로 보내 관리하도록 할 것인가 또는 부대에서 집중적으로 24시간 관리할 것인가를 선택한다. 특히, 안전 확보를 위한 위기반응의 진단과 평가는 다양한 위기반응 사정척도를 사용하는 것이 바람직한데, 병사의 자살위기 상황에는 병사용 자살위험성 진단척도(심윤기, 2014)를 사용하면 효과적이다.

(4) 상담의 구조화

상담의 구조화는 상담 초기에 이루어지는 것이 일반적이지만 그 이후에도 필요한 경우에는 반복적으로 실시한다. 구조화는 상담과정 중 발생할 수 있는 장애요소를 줄이고 상담이 원활하게 진행되도록 관련된 사항을 간단명료하게 전달하는 것이므로 한꺼번에 많은 것을 알려 주기보다는 회기를 나누어 적당히 알려 주는 것이 효과적이다. 상담구조화는 그것이 일반상담이든 군 위기상담이든 상담여건의 구조화와 상담관계의 구조화, 비밀보장의 구조화 등의 내용이 공통으로 포함되어야 한다.

상담여건의 구조화는 상담 시간, 상담 횟수, 상담 장소, 연락수단과 방법 등에 대한 구조화를 말한다. 상담관계 구조화는 상담과 관련된 정보를 설명해 주는 것으로 상담의 진행과정과 상담과정에서 상담자와 내담자가 하는 역할 등을 포함한다. 비밀보장에 대한 구조화는 상담비밀을 지켜 주는 의무에 관한 사항에 해당한다. 내담자의 법적인 문제나 자살, 타살, 전염병과 같은 위험성이 내재된 경우를 제외하고는 비밀보장의 원칙이 지켜져야 한다는 것을 알려 준다.

(5) 위기문제 파악

군 위기상담의 초기 과정에서 간과하지 말아야 할 것은 위기장병의 관점에서 위기문제를 파악하는 일이다. 군 상담관이 위기장병의 관점에서 위기문제를 이해하지 못하면 위기상담의 효과는 기대할 수 없다. '지금-여기'에서 장병이 겪는 위기문제의 본질은 과연 무엇이며, 그 문제를 어떻게 느끼고 인지하는지 파악하는 것은 군 위기상담의 기본이다.

위기문제를 파악하기 위해서는 위기장병의 느낌과 생각에 대해 언어적이든 비언어적이든 적극적으로 반응하는 것이 타당하다. 그 이유는 위기문제를 파악하고 규명하는 데 상담자의 반응이 촉매역할을 제공하기 때문이다. 군 상담관의 반응을 통해 위기장병은 자신에게 무슨 일이 일어났는지를 이해할 수 있고 또 실제로 자신이 무엇을 느끼고 있는지를 알 수 있다.

군 상담관이 파악해야 할 위기문제는 다음과 같다.

- 자살이나 타살, 탈영, 사고를 일으킬 위험성이 있는가?
- 위기로 인해 현실감각을 상실한 정도는 어느 수준인가?
- 자신의 위기를 극복하고자 하는 자신감은 어느 정도인가?
- 위기를 경험한 장병이 느끼는 절망과 희망은 어느 정도인가?
- 군 입대 전 심각한 위기를 극복했던 경험이 있다면 그것은 무엇인가?
- 위기장병 주위에 위기를 해결하는 데 도움이 되는 자원은 무엇인가?

한편, 위기에 처한 장병은 체력이 약해진 상태인데 이는 위기로 인한 심리적 어려움이 체력적인 에너지까지 소진시키고 있기 때문이다. 이러한 상태에서 위기장병의 반응은 크게 부정 반응과 긍정 반응으로 나타난다.

❶ 부정 반응

- 부정적인 감정 표현을 참지 못한다.
- 위기문제 해결을 위한 도움을 거부한다.
- 위기문제 해결을 위한 대안을 찾지 않는다.
- 자신에게 문제가 있음을 거부하고 회피한다.
- 위기문제 해결의 책임을 다른 사람에게 투사한다.

❷ 긍정 반응

- 위기문제를 이해하려고 노력한다.
- 위기문제 해결에 대한 책임을 받아들인다.
- 위기문제 해결을 위해 적극적으로 대안을 찾는다.
- 불안, 분노, 죄책감 같은 부정감정을 조절한다.
- 자기를 돕는 사람과 대화의 장을 열어 놓는다.

2) 중간 단계

군 위기상담의 중간 단계는 위기해결의 핵심 과정으로 주로 위기문제를 규명하는 일부터 시작한다. 위기문제를 규명하는 것은 위기를 극복하기 위한 목표를 수립하는 데 중요한 역할을 제공한다. 위기장병이 과거에 위기를 경험한 일이 있다면 어떻게 대처하여 극복했는지 알아보는 것이 위기문제 규명에 큰 도움이 된다. 만일, 그가 위기를 성공적으로 대처했다면 그 경험이 이번 위기에도 성공적으로 대처할 수 있는 촉진적인 역할이 가능할 것이고, 그렇지 않다면 과거의 실패한 기억 때문에 부정적으로 작용할 수 있다.

이렇게 중간 단계는 위기문제를 명확하게 규명한 후, 이를 바탕으로 상담목표를 구체적으로 설정하며, 위기문제 해결을 위한 여러 대안을 찾는 과정으로 이루어진다.

(1) 위기문제 규명

군 위기상담의 중간 단계에서는 장병의 위기문제를 명확히 규명한다. 군 상담관은 이 과정에서 위기장병에게 자신의 위기상황을 직시하도록 안내한다. 위기에 처한 장병은 온통 자신에만 정신이 집중되어 자신의 외적인 존재를 알지 못하고, 또한 그러한 존재가 위기문제 해결에 도움을 주리라는 사실을 잘 깨닫지 못한다. 군 상담관은 이러한 사실을 인식하여 위기장병 스스로 자신의 위기문제를 직시하도록 촉진자의 역할에 충실한다.

〈표 3-1〉 위기문제 규명 시 군 상담관의 역할

- 위기문제 해결은 작은 것부터 시작하도록 조력한다.
- 여러 가지 다양한 위기해결방법을 생각해 보도록 안내한다.
- 위기장병이 선제적으로 대처해야 할 것이 무엇인지를 찾도록 한다.
- 위기장병 스스로 자신의 문제에 적극적으로 대처하는 방법을 찾도록 한다.
- 주위로부터 어떤 도움을 받을 수 있는가를 생각하도록 조력한다.
- 위기상황을 분석하여 해결 가능한 것과 불가능한 것을 구분하여 조력한다.

(2) 목표 설정

군 상담관이 위기장병과 신뢰할 만한 상담관계를 형성하고 위기문제의 본질을 명확히 파악하였다면 그다음은 군 상담관과 위기장병이 협력하여 위기극복을 위한 목표를 수립한다.

목표 설정은 군 위기상담의 중심에 해당할 정도로 중요하다. 가능한 한 신속히 위기를 해결하는 데 필요한 목표를 명확하고 구체적이며 가시적으로 수립한다. 대개 군 위기상담의 목표는 위기경험에서 발생한 심리적 증상을 제거하여 위기 이전의 기능을 회복하도록 하는 것에 초점을 두며, 자살, 총기사고, 탈영, 구타 및 가혹행위 등과 같은 비전투손실로 이어지지 않도록 예방하는 것에 둔다.

(3) 위기문제 해결

❶ 대안 설정

위기문제 해결은 위기장병이 위기상황에서 취할 수 있는 대안을 찾는 것부터 시작한다. 위기에 처한 장병은 무기력하고 혼란한 상태에 있어 위기극복을 위한 대안을 잘 생각해 내지 못한다. 그래서 위기장병이 대안 설정을 하지 못하거나 힘들어하면 군 상담관은 여러 대안을 강구하고 조력하는 방법을 택하는 것이 효율적이다.

그러나 이것은 단순히 대안을 생각하지 못하는 장병의 관점을 넓혀 주려는 의도에서 시도하는 것이므로 상담관 주도로 일방적으로 이루어지는 것은 바람직하지 않다. 군 상담관은 위기장병에게 제공할 수 있는 여러 위기극복 대안을 다양하게 준비해 놓은 후, 적절한 시기에 적합한 대안을 위기장병과 함께 협력하여 선택한다.

❷ 계획수립

위기극복 대안을 찾은 뒤에는 이 대안을 실행시킬 수 있는 구체적인 계획을 수립한다. 계획수립은 가능하면 위기장병 스스로 직접 하도록 조력한다. 군 위기상담의 목적이 위기장병으로 하여금 구체적인 위기극복 행동이 나타나도록 조력하는 과정이기 때문에 군 상담관이 모든 것을 선택하고 결정하면 장병 스스로 위기를 극복할 가능성은 그만큼 줄어든다. 물론, 위기장병이 지나치게 무기력한 경우에는 구체적인 계획을 세우기보다 간단한 행동을 실천하는 방법을 알려 주는 것이 보다 효과적일 수 있다.

❸ 자원 활용

위기극복 과정에는 위기장병으로 하여금 자신의 강점자원을 최대한 많이 찾도록 하는 것이 바람직하다. 위기장병은 정신적으로 혼란한 상태에 있어 자신이 어떤 강점자원을 가지고 있는지 잘 알지 못하고 또 이를 찾는 것도 어려워한다. 그래서 군 상담관은 위기장병이 자신의 강점자원을 탐색하는 데 적극적으로 안내하며 이끌어 준다.

내적 자원은 이미 자신 안에 지니고 있는 심리적인 것들이 대부분이다. 과거 군에 입대하기 전 해결하였던 위기경험이 있다면 그것이 곧 내적 자원이 된다. 외적 자원은 주로 위기해결에 도움을 지원받을 수 있는 사회적 지지를 말한다. 사회적 지지는 되도록 많은 지원을 받아야 좋은 효과를 거둘 수 있는데, 군 상담관을 비롯하여 부대 지휘관, 동료, 애인, 가족 등이 모두 외적 자원의 좋은 대상이라고 할 수 있다.

3) 종결 단계

군 위기상담의 종결 단계에서는 지금까지 이루어진 상담의 주요 내용을 정리하고 평가한다. 위기극복 실천에 대한 의지와 희망을 갖고 그동안 상담과정에서 마무리 짓지 못한 미해결 과제가 있다면 이를 처리한 후 작별인사를 나눈다. 또한, 소속부대로 복귀해서 병영생활을 하던 중 갑자기 위기반응이 다시 나타나면 이를 스스로 대처할 수 있는 자기지도방법을 구체적으로 알려 준다. 특히, 긍정적이고 현실적인 행동 위주의 위기극복 실천방안을 지휘관(자)에게 조언하여 위기장병을 지속적으로 관찰하고 보호하도록 하는 것이 중요하다.

(1) 행동실천

군 위기상담은 적극적이고 지시적이며 행동실천에 초점을 둔다. 어떤 작은 것이라도 위기극복을 위해 적극적이고 능동적으로 실천하면 증상 해소는 물론 위기 이전의 기능을 빨리 회복할 수 있다. 만약, 두려움이나 불안 때문에 행동하기 꺼리는 장병을 발견하면 이미지 트레이닝이나 복식호흡, 신체이완 등의 방법을 통해 불안을 제거한 후 행동실천이 가능하도록 지도한다.

(2) 동료 장병 활용

군 위기상담의 최종 상태는 위기를 극복하여 위기 이전의 기능상태를 회복하는 것이지만, 더 나아가 개인 발전과 성장이라는 잠재적인 가능성까지 크게 끌어 올릴 수 있다면 최상의 결과가 아닐 수 없다. 이를 위해서는 위기를 경험한 장병 스스로 성장을 이룰 수 있는 행동을 새로운 관점에서 개발하도록 조력하는 것이 필요하다. 주위의 동료 장병을 적극적으로 돕는 동료상담병사 역할을 수행하도록 계획하는 것도 하나의 대안이 될 수 있다.

3. 군 위기상담의 기법

1) 초기 단계 기법

군 위기상담은 두 가지 경로로 신청된다. 위기장병 스스로 상담의 필요성을 느껴 요청한 경우가 있고, 또 하나는 위기장병을 관리하는 소속부대 간부가 상담의 필요성을 느껴 상담을 의뢰한 경우가 있다.

위기장병이 먼저 상담을 요청하는 경우에는 그만큼 상담 필요성을 느끼기 때문에 문제해결 의지가 강하다. 뿐만 아니라, 상담관을 믿고 찾아온 것이기 때문에 상담이 비교적 수월하게 진행된다. 그러나 군 상담관의 호출이나 간부로부터 의뢰된 경우에는 상담의 필요성을 느끼지 못하는 경우가 대부분이라서 상담이 어렵게 진행되는 특징이 나타난다(육군교육사령부, 2007). 군 위기상담의 초기 단계에서 다루어지는 상담기법을 살펴보겠다.

(1) 라포 형성

군 상담은 간부의 의뢰로 상담실에 왔든 장병 스스로 원해서 상담실에 왔든 상담관과 내담자가 처음으로 만나서 해야 할 일은 신뢰관계를 형성하는 일이다. 이때 군 상담관은 어떤 기법을 적용한다기보다 우선 따뜻하고 온화한 태도로 위기장병에게 깊은 관심을 보이는 것이 중요하다. 또한, 위기장병이 경험한 위기사건의 내용과 증상을 좀 더 구체적이고 세밀하게 이야기를 나눌 수 있어야 하는데, 이때 군 상담관의 따뜻한 관심과 진실함이 요구된다.

위기장병 스스로 상담을 원해서 찾아온 경우에는 위기사건으로 인해 발생한 불안과 두려움, 심리적 고통의 정도가 심해 도움을 받기 위한 경우가 대부분이다. 이럴 때 군 상담관은 위기장병에게 어떤 문제로 왔는지 단도직입적으로 묻는 것은 되도록 피하는 것이 좋다. 위기장병 스스로 내면 깊숙한 곳에 있는 이야기를 꺼낼 수 있을 때까지 차분하게 기다려 주는 것이 현명한 행동이다.

군 간부에게 의뢰되어 상담실에 오게 된 경우에는 좀처럼 위기문제를 말하지 않거나 아무 문제가 없다고 말하는 경우가 대부분이다. 특히, 계급이 낮은 장병은 의뢰된 상담으로 인해 앞으로 뭔가 더 잘못되는 방향으로 흘러가는 것은 아닌지 불안한 모습을 보이기도 한다. 이때 군 상담관은 온화하고 따뜻한 모습으로 상담의 이유와 필요성을 차근차근 설명해 주는 것이 신뢰관계 형성에 도움이 된다.

군 상담관의 말투와 몸짓, 표정은 위기장병과의 신뢰관계 형성에 견인차 역할을 제공한다. 군 상담관의 비언어적 표현은 언어적 표현과 일치되어야 하는데, 말로는 위기장병의 심리적 고통과 위기문제를 이해한다고 하면서 몸짓은 '별 대수롭지 않은 이야기', '뭐가 힘들다는 건지 모르겠다'는 식의 비언어적 표현을 보이게 되면 신뢰관계는 실패할 확률이 높아진다.

"나는 지금 당신의 눈과 마음으로 당신의 위기상황을 바라보고 있습니다. 나는 나의 모든 힘을 다해 당신이 처한 위기상황이 해결될 수 있도록 집중하고 있습니다."라는 자세로 임한다.

(2) 적극적 경청

경청이란 내담자의 말과 행동에 상담자가 적극적으로 듣고 있다는 것을 전달하여 내담자가 마음속에 있는 것을 표현하도록 하는 기술이다. 따라서 상담자는 내담자의 말과 행동 하나하나를 그냥 흘려보내지 말아야 한다. 그렇다고 해서 내담자의 모든 말과 행동에 반응할 수도 없는 일이다. 따라서 상담자가 경청할 때의 관건은 상대적으로 더 비중을 두어야 할 말과 행동을 선택하여 그것에 주목해야 한다(이장호, 2000).

특히, 군 위기상담은 위기에 처한 장병이 하는 말에 집중하며 그 흐름을 따라가는 것이 중요하다. 경험이 많은 군 상담관은 잘 들어 주기만 해도 장병이 지닌 위기문제가 해결되는 경우가 있다고도 말하는데, 그것은 상담관이 경청을 잘한다는 것을 의미한다.

적극적 경청을 위해 실천해야 할 중요한 요소는 다음과 같다(Brems, 2001).

- 내담자의 음조를 경청한다.
- 내담자의 감정을 경청한다.
- 내담자 말의 내용을 경청한다.
- 내담자의 표현방식을 경청한다.
- 내담자의 비언어적 표현에 주의를 기울인다.
- 내담자가 말하는 중간에 끊거나 끼어들지 않는다.

경청은 군 위기상담이 성공적으로 이루어지도록 하는 데 중요하게 작용한다. 군 상담관은 위기장병이 생각이나 감정, 증상, 위기경험의 내용을 자유롭게 표현하도록 조력한다. 또한, 군 상담관이 말을 많이 해서 상담을 주도하기보다는 위기장병에게 말할 기회를 많이 주고, 말의 흐름을 끊거나 방해하지 말아야 한다. 위기장병의 세계에 몰입해 집중해서 들으며, 언어적 · 비언어적 표현을 주의해서 들어야 위기장병이 말하고자 하는 전체적인 메시지를 읽을 수 있다.

군 상담관은 위기장병의 말을 자신이 집중하여 듣고 있음을 장병이 인식하도록 할 필요가 있다. 예를 들어, 위기장병이 말을 할 때 자연스럽고 친밀감 있는 자세를 취하며, 깊은 관심을 나타내는 시선과 몸짓을 보여 주는 것이다. 이러한 반응은 위기장병의 불안과 긴장 수준을 낮추고, 당면한 위기문제를 현실적으로 바라보게 하는 데 기여한다. 위기장병의 말을 가로막거나 이야기하는 중에 끼어들어 질문하는 경우가 발생하면 위기상담은 실패로 끝날 가능성이 커진다.

(3) 공감

공감이란 상담자가 마치 내담자인 것처럼 내담자의 내적 준거 틀로 지각하는 것을 말하며(Rogers, 1961), 매 순간 내담자 속에 흐르는 불안, 두려움, 분노, 갈등 등에 대한 민감성을 지각하는 것을 의미한다. 상담자가 마치 내담자의 눈으로 보는 것처럼 보고, 귀로 듣는 것처럼 듣고, 코로 냄새 맡는 것처럼 냄새 맡고, 혀로 맛보는 것처럼 맛보고, 피부로 느끼는 것처럼 지각하는 것이다(박성희, 1994).

군 위기상담에서의 공감도 앞서 언급한 것과 다르지 않다. 군 상담관이 언어를 뛰어넘어 위기장병을 진정으로 이해하는 것을 의미하며, 장병의 몸짓, 메시지, 감정 혹은 행동에 민감하게 반응하는 것이다. 대개 큰 충격을 받아 혼란한 상태에 있는 장병의 말과 몸짓은 서로 일치되지 않을 때가 있다. 이때 상담관이 집중하여 경청하고 진실되게 공감하면 자신의 불일치한 언행을 깨닫는다.

기본 수준의 공감은 상대방에게 자신이 이해한 바를 말로 전달하는 것이다. 이는 군 상담관이 위기장병의 말을 해석하지 않고 얕은 수준에서 그가 경험한 바를 말해 주는 것이다. 그러나 심화 수준의 공감은 위기장병이 진술하고 표현한 것뿐만 아니라 그의 말속에 암시된 것이나 말하지 않은 것까지도 반영하는 것을 의미한다.

(4) 주의집중

주의집중은 위기장병의 말에 심혈을 기울여 관심을 드러내는 기술이다. 위기상담에 임하는 장병은 위기경험의 충격으로 매우 긴장되고 불안해하며 혼란상태에 있게 되는데, 이러한 위기장병에게 집중하여 깊은 관심을 나타내는 것은 무척 중요하다. 편안하고 환하게 미소 띤 얼굴로 고개를 끄덕인다거나 진지한 태도를 보이고, 의자를 당겨 위기장병이 있는 방향으로 가까이 앉는 행동 등은 위기장병으로 하여금 상담관이 자신에게 관심을 기울이고 있다는 것을 알게 하여 안전감을 느끼게 한다.

그러나 지나칠 정도의 진지한 태도나 과도한 표현은 오히려 가식적인 느낌을 받게 하여 주의집중 효과가 반감될 수 있다. 팔이나 다리를 꼬고 앉는다거나 차갑고 냉소적인 반응, 무표정한 표정 등을 보이는 것도 주의집중 태도라고 볼 수 없다. 위계적이고 수직적인 의사소통체계에 익숙한 군 상담관의 권위주의적인 자세는 진심 어린 관심과 주의집중을 하지 않을 때 무의식적으로도 나올 수 있으므로 각별한 주의가 필요하다.

(5) 위기문제 탐색

군 위기상담이 시작되면 다양한 방법과 노력을 기울여 위기장병의 심리적 증상과 기능상의 문제를 탐색하는데 다음과 같은 사항을 주의한다.

- 군 위기상담의 탐색과정은 서둘지 않고 신중하게 진행한다.
- 탐색은 군 상담관과 위기장병 간 라포가 형성되었을 때 시작한다.
- 위기장병의 심중에 숨겨진 감정과 동기를 탐색하려고 노력한다.
- 탐색 중 장병을 평가하는 표현이나 충고하는 말은 하지 않는다.
- 위기상담의 목적에서 벗어난 성격문제의 탐색은 하지 않는다.
- 탐색이 진행되는 동안 불필요한 논쟁과 토론을 피한다.
- 휴가와 같은 복지적인 애로사항은 해결 가능 여부를 즉각 검토한다.

- 자의적 추론을 유도하는 질문이나 폐쇄적 질문으로 탐색하지 않는다.
- 따뜻하고 부드러운 상담자의 태도는 탐색과정 내내 유지되어야 한다.

2) 중간 단계 기법

군 위기상담의 중간 단계에서는 위기장병이 호소하는 증상과 심리적 고통, 부적응의 문제가 해결되도록 실질적인 조력이 이루어진다. 바람직한 대안적인 행동을 학습하고 비효과적인 행동 패턴을 수정하는 작업이 동시에 이루어지게 되는데, 이 과정에서 군 상담관은 자기노출, 반영, 직면, 해석 등의 기술을 적극적으로 활용한다.

(1) 자기노출

자기노출이란 상담자가 언어적으로 자신의 생각, 감정, 신념, 태도를 드러내는 것이다(Vogel & Wester, 2003). 상담자가 자신을 노출하면 내담자에게 친근감이 전달될 수 있고 보다 깊은 이해를 하게 되며, 내담자에게 자기탐색의 모범을 보여주는 효과를 가져온다. 일반적으로 자기노출은 자기 관련 진술과 자기노출 진술로 구분되는데, 자기 관련 진술은 내담자와의 관계에 대한 자신의 감정이나 지각을 이야기하는 것이고, 자기노출 진술은 내담자와 직접적으로 관련되지 않은 상담자 자신에 대한 것을 내담자에게 말하는 것을 의미한다(노안영, 2010).

군 위기상담에 있어 자기노출은 위기장병이 지닌 문제에 대해 군 상담관의 생각과 느낌을 솔직하게 말하는 것에 초점을 두되, 구체적으로 하는 것이 효과가 있다. 그 이유는 상담관의 자기노출을 통해 위기장병 스스로 남들과 다른 위험한 위치에 놓여 있다는 현실을 이해할 수 있기 때문이다. 이러한 자기노출은 군 상담관에 대한 신뢰와 더불어 위기장병이 위기극복에 대해 자신감을 갖게 하는 데에도 도움을 준다.

(2) 반영

반영은 경청을 통해 파악한 내담자 진술의 핵심과 본질을 상담자가 적절한 말과 행동으로 되돌려 줌으로써 상담을 촉진하는 기술이다. 내담자의 말과 행동에서 표현된 기본적인 감정, 생각, 태도를 상담자가 다른 참신한 말로 되돌려 주는 것을 말하는 것으로 이것은 내담자의 자기이해를 도울 뿐만 아니라 자기가 이해받고 있음을 인식하는 데 기여한다(조현춘 외, 2013).

군 상담과정에서 반영을 할 때 주의할 점은 위기장병이 진술한 내용 그대로 반복하는 식으로 이루어지면 위기장병은 자신의 말이 잘못된 것은 아닌가 하고 생각하거나, 상담관의 반복적인 말에 가식을 느끼기 쉽다. 따라서 위기장병이 진술한 말의 본질과 핵심을 살려 되돌려 주는 것에 초점을 두되, 장병이 바라는 기대나 느낌을 잘 정리하여 전해 준다.

사람의 감정은 종종 바다에 비유되곤 한다. 사람의 감정은 수면 위의 잔잔한 물결처럼 겉으로 보이는 표면적인 감정이 있고, 바닷속처럼 보이지 않는 깊은 내면적인 감정이 있다. 군 위기상담에서 주의해야 할 점은 수면 위에 있는 잔물결의 감정만 볼 것이 아니라, 바닷속 깊은 저류에 있는 내면적인 감정을 잘 파악하여 참신한 말이나 긍정적인 메타포(metaphor)로 전달해 주는 것이다.

❶ 반영할 사항

군 상담관이 반영해야 할 위기장병 내면의 감정은 크게 세 가지로 구분할 수 있다. 긍정적 감정과 부정적 감정 그리고 두 가지 감정이 동시에 공존하는 양가적 감정이 그것이다. 긍정적 감정은 잠재력 발휘가 가능한 요인이지만 부정적 감정은 자기파괴적이며, 양가적 감정은 같은 시간과 대상에 대해 상반되는 감정이 공존하는 것을 의미한다.

필자는 군 지휘관 경험을 통해 장병들의 말이나 행동에서 동일한 대상인데도 한 가지 감정이 있는 것이 아닌 양가적 감정을 느끼고 있다는 것을 알 수 있었다. 군 상담관은 이러한 점을 고려하여 서로 일치되지 않는 위기장병의 감정 혹은 불분명하고 모호한 감정을 발견하여 이를 잘 반영해야 한다. 그래서 장병 스스로 동일한 대상에게 양가적 감정을 지니고 있음을 깨닫게 하여 긴장과 불안, 두려움 등을 해소할 수 있어야 한다.

위기장병이 말로 표현한 언어적인 것뿐만 아니라 표정, 말투, 눈빛, 몸짓 등 비언어적인 것에 대해서도 반영이 필요하다. 특히, 장병의 언어와 행동에서 서로 차이가 나고 모순되는 경우에는 꼭 반영한다.

❷ 반영할 때 유의사항

군 상담관은 장병의 말과 행동 중 어떤 것을 선택하여 어느 정도의 깊이로 반영할 것인지 주의가 필요하다. 이러한 선택 기준은 장병의 말과 행동에 담긴 감정 중 가장 의미 있는 것이 어떤 것이냐에 따라 다를 수 있다. 또 하나는 장병이 말한 수준 이상으로 반영하지 않도록 해야 하는데, 그 이유는 장병이 표현하지 않은 것을 되돌려 주는 것은 평가나 해석으로 받아들여질 수 있기 때문이다.

언제 반영해야 하는지도 중요하다. 일반적으로 군 간부가 주도하는 상담이나 군 상담관 중 초심자는 위기장병의 말이 다 끝나기를 기다렸다가 반영하는 경우가 많은데 꼭 그렇게 할 필요는 없다. 경험이 많은 군 상담관이라면 의미 있는 감정을 반영하기 위해 가끔 장병의 말을 중단시키기도 한다. 그렇지만 이는 장병의 감정 흐름을 중단시킬 위험성이 있으므로 주의한다.

(3) 명료화

명료화는 위기장병이 진술한 말에 내포된 뜻을 명확하게 정리하여 전달해 주는 것이다. 위기장병의 반응에서 암시된 감정이나 생각의 의미를 보다 분명하게 정리하여 말해 주는 것을 의미하는데, 이러한 명료화는 위기장병이 미처 생각하지 못한 측면을 다시 생각해 보도록 하는 자극제 역할을 제공한다.

명료화의 내용은 장병이 진술한 말에 포함된 범주 안에서 이루어지도록 한다. 자신이 잘 알지 못하는 의미나 관계 혹은 애매하게 느낀 내용이나 불분명하게 이해한 것들이 명료화되어야 한다. 이러한 명료화는 상담관으로부터 이해받고 있음을 느끼게 하여 상담에 보다 적극적으로 참여하게 하는 효과를 가져온다. 하지만 위기장병이 말하고자 했던 의도와 거리가 먼 부정확한 명료화는 오히려 상담효과를 반감시킬 수 있다.

(4) 직면

직면은 적극적인 상담 개입방법이다. 내담자가 모르고 있거나 인정하기를 거부하는 생각과 느낌에 대해 주목하도록 하는 상담자의 언급이며, 내담자가 자기 자신의 문제점과 생각, 감정, 행동에 대해 더 자각할 수 있게 안내하는 것을 말한다(김환 외, 2006). 직면이 단순히 내담자의 부정적인 측면에 초점을 맞춘다거나 상담자의 좌절과 분노를 표현하는 수단으로 사용되는 것은 바람직하지 않으므로 주의한다.

직면은 위기장병이 지닌 증상 제거와 기능 회복, 위기문제 해결을 따뜻하게 안내하고 존중하는 분위기에서 이루어질 수 있어야 한다. 위기장병을 배려하는 상호 신뢰의 맥락에서 행해져야지 그렇지 않을 경우에는 위기상담에 참여하는 동기가 약화될 가능성이 커진다.

❶ 직면의 유형

직면은 몇 가지의 유형이 있다. 언어의 불일치와 말과 행동의 불일치가 보일 때 실시하고, 두 감정 사이의 불일치와 가치관과 행동 사이의 불일치가 나타날 때 주로 한다. 위기장병 본인이 지니고 있는 것임에도 불구하고 이를 인식하지 못하는 잠재능력과 심리적 강점자원을 지적하여 이를 활용하고자 할 때에도 종종 직면 기술을 사용한다.

❷ 직면의 시기

간부가 의뢰한 비자발적인 위기상담의 경우에는 위기장병이 상담관의 직면에 저항하고 상담을 거부하는 상황으로 전개될 수 있다. 따라서 직면을 할 때는 위기장병이 그것을 받아들일 준비가 충분히 갖추어져 있을 때 하는 것이 바람직하다. 그리고 자신의 의견이나 생각을 고집할 때, 상담관의 의견을 좀처럼 받아들이지 않을 때에도 직면 기술을 사용한다.

(5) 해석

해석은 내담자에게 어떤 의미를 전달하고자 하는 상담자의 의견을 말한다. 내담자로 하여금 과거의 생각과 다른 관점에서 자신의 행동과 내면세계를 파악하도록 조력하는 것이며, 내담자가 자신의 문제를 새로운 각도에서 이해하도록 그의 생활경험과 행동의 의미를 설명하는 것이다(김환 외, 2006).

이러한 해석의 의미나 범위는 전문가에 따라 다르게 설명한다. 예를 들어, 정신분석자는 주로 저항의 본질에 직면시키려는 언급을 해석으로 간주하며, 인간중심 상담 지지자들은 일반적인 해석은 피하고 주로 감정의 명료화나 반영을 주로 해석한다. 이들은 해석이 저항을 조장하고 상담자에게 너무 많은 치료적 책임을 갖게 한다고 주장한다. 그러나 실제로는 감정의 반영도 대부분 온화한 해석의 하나에 해당한다고 볼 수 있다(김헌수, 2001).

❶ 해석의 대상

군 위기상담의 초기 단계에서는 위기장병이 미처 잘 알지 못하는 위기 증상과 위기문제들을 자세하게 해석하는 것에 집중하지만, 중간 단계에서는 위기문제에서 기인된 장병의 부적응적인 복무 태도나 위기를 극복할 대처자원인 강점을 해석하는 데 초점을 둔다. 이러한 해석은 장병 스스로 자신을 좀 더 이해하고, 앞으로 위기극복을 위해 어떤 노력이 필요한지를 알 수 있게 도와준다. 상담이 계속 진행됨에 따라 해석의 범위는 장병 스스로 해석할 수 있도록 해석 횟수를 줄여 나가는 것이 바람직하다.

❷ 해석의 시기

해석을 하는 데 있어 중요한 것은 적절한 타이밍이다. 해석은 앞서 설명한 직면과 같이 장병이 받아들일 준비가 되어 있다고 판단될 때 한다. 위기장병이 어렴풋이 알고 있으나 확실하게 개념화하지 못할 때 해석하는 것이 효과적이다. 위기장병이 받아들일 준비가 되어 있지 않을 때 해석하면 장병의 불안과 정신적 혼란이 더 심해질 수 있다. 따라서 위기장병의 현재 인식 수준과 너무 동떨어진 해석은 주의하고 적당한 기회를 살피면서 조금씩 풀어서 해석해 주는 것이 바람직하다.

3) 종결 단계 기법

군 상담관은 상담이 종결되기에 앞서 상담과정에서 주고받은 내용을 개관하고, 휴가와 같은 복지적인 요구사항 해결을 위한 방안과 후속조치 등을 함께 나누며 상담종결을 준비한다.

(1) 종합평가

군 상담을 종결할 때는 몇 가지의 과제가 이행된다. 첫째, 지금까지 이루어진 상담내용을 정리하고 종합하며 평가한다. 둘째, 상담이 종결된 후 상담을 실시하기 전과 같은 심리적 어려움이 다시 찾아올 경우를 대비하게 되는데, 이러한 경우에는 지극히 자연스러운 일이라는 점을 이해하도록 조력하고, 스스로 이겨낼 수 있다는 점을 상기시킨다. 셋째, 위기를 극복한 자신에 대한 지속적인 탐색과 성장을 위한 정진의 필요성을 주지시킨다.

이등병과 같이 계급이 낮은 장병은 상담과정에서 느낀 안전감과 편안함, 보호받는 느낌이 사라지는 것을 두려워한다. 이러한 경우에는 이등병이 지닌 걱정과 두려움을 수용하고 공감하며 따뜻한 직면을 통해 자신감을 느끼도록 조력한다. 장병의 위기 증상이 감소하고 위기 이전의 기능상태로 회복되어 부적응의 문제가 해결되었다고 판단되면 위기상담을 종결한다.

(2) 후속조치

위기상담이 종결되면 장병은 원 소속부대로 복귀한다. 캠프에 입소한 위기장병의 경우에는 2주간의 상담과정이 모두 종료되었기 때문에 원 소속부대로 복귀한다. 자대에서 이루어진 위기상담이든 캠프에서 실시한 위기상담이든 계획된 상담과정을 모두 마치면 원 소속부대 지휘관(자) 중심의 후속조치가 이루어지는데, 이때 군 상담관은 다음과 같은 사항을 지휘관에게 조언한다.

〈표 3-2〉 원 소속부대의 후속조치사항

- 상담을 마치고 복귀한 장병을 수시로 지지하고 격려하는 일
- 동료 및 선·후임과의 따뜻한 만남의 시간을 마련해 주는 일
- 장병과 약속한 사항을 이행하며 필요시 조치과정을 알려 주는 일
- 적응을 위해 노력하는 과정을 지속적으로 관찰하고 살피는 일
- 작은 것이라도 긍정적인 변화가 발견될 때 직접 불러서 격려하는 일 등

4. 군 위기상담관의 역량

1) 군 상담관의 관심사항

(1) 위기장병의 개인특성

❶ 개인차

아무리 숙련된 군 상담관이라 할지라도 위기장병에 따라 개인차가 있다는 것을 종종 잊어버리는 경우가 있다. 자신만의 독특한 상담방법에 대한 과도한 자신감으로 위기장병의 개인차를 존중하지 않고 진행하는 상담은 매우 위험하다. 상담시간에 쫓겨 위기장병을 더 불안하게 만든다거나, 계속되는 질문으로 심신을 피로하게 하는 것은 위기문제 해결을 더욱 어렵게 만들 수 있다. 위기상담이 성공적으로 이루어지기 위해서는 모든 위기상담자 사례가 동일하지 않다는 사실과 개인차가 존재하는 특수한 경우라는 점을 인식할 수 있어야 한다.

❷ 욕구

위기장병이 간절히 원하는 것이 무엇인지 이해하고, 이에 적절히 반응하는 것은 매우 중요하다. 어떤 위기장병은 부모를 보고 싶어 할 수도 있고 또 어떤 장병은 자신의 위기해결을 위해 휴가를 원하거나 다른 부대로 전출을 가고 싶어 할 수도 있다. 군 상담관은 이러한 장병의 욕구가 충족되도록 적극적으로 돕는 데 관심을 두어야 한다. 휴가나 전출과 같이 상담관의 권한을 벗어나는 지휘관 권한과 관

련된 것을 요구하면 솔직하게 한계를 인정하되, 요구사항 해결을 위해 노력하는 모습을 보여 주는 것이 바람직하다.

❸ 희망

위기장병이 자신의 미래에 희망을 가질 수 있다면 그만큼 위기극복은 빨라진다. 희망은 지금보다 장래가 더 나아질 것이라는 믿음에 근거하기 때문에 절망하지 않고 위기를 극복하는 데 힘이 된다. 이를 위해 과거에 경험했던 위기를 어떻게 극복하였는가를 물어보는 것은 희망을 갖게 하는 데 큰 도움이 된다. 과거의 위기극복 사례를 돌아보게 하는 것은 그것을 해결한 자신의 유능성과 자신감을 인식하게 하여 희망으로 이어지도록 하는 데 긍정적인 영향을 미친다.

❹ 문화

군 상담관은 상담에 참여한 위기장병의 문화적 배경, 성, 종교, 사회경제적 지위, 태도, 가치관, 신념에 대해 평가하거나 차별해서는 안 된다. 동성애 문제와 종교적 가치에 관련한 문제에 대해서도 차별 없이 존중되어야 한다. 2014년 기준으로 현재 우리 군에는 다문화가정 출신 장병 1,000여 명이 입대해서 군 복무 중이다. 2030년경에는 무려 10,000여 명에 이를 것으로 판단하는데 이러한 점을 고려한다면 다문화장병에 대한 차별의식을 차단하고 문화적 다양성을 존중하는 군 상담관의 자질 향상이 더욱 요구된다.

(2) 다양한 위기해결방법론

❶ 안전 수호

군 상담관은 위기장병의 심리적 · 신체적 안전을 최우선으로 고려해야 하는 수호자다. 아무리 좋은 상담전략을 세워도 위기장병이 탈영하거나 악성사고를 유발하면 상황은 크게 달라진다. 동료 장병에게 폭력을 행사한다거나 자살을 시도하는 일이 벌어진다면 군 상담관은 자신의 역할과 책임을 충실히 이행했다고 보기 어렵다. 따라서 군 상담관은 위기장병을 보호하고 지키는 데 방해되는 요소를 제거하는 일에 소홀해서는 안 된다. 늘 자신에게 가장 중요한 책임과 의무는 위기장병의 안전을 지키는 일이라는 사실을 잊지 말아야 한다.

❷ 정서적 지지

위기장병을 돕는 것은 군 상담관만 할 수 있는 일이 아니다. 장병에게 닥친 위기를 극복할 수 있는 대안 가운데 하나는 동료 장병을 적극적으로 활용해야 한다는 점이다. 만약, 위기장병이 지닌 사회적 지지자원이 마땅치 않아 지원받는 것이 제한될 경우에는 군 상담관이 그 역할을 대신할 수 있어야 한다. 위기장병이 의지하고 믿을 수 있는 사람이 유일하게 군 상담관 한 사람으로 인식하는 경우에는 더욱 정서적으로 따뜻하게 대하고, 그가 언제나 자신에게 연락할 수 있는 시간과 방법을 알려 주는 것이 바람직하다.

❸ 따듯한 반응

위기장병에게서 나타나는 민감성이란 자기방어적이고 소극적인 성격특성만이 아니다. 위기장병은 긴장과 불안, 두려움을 느끼고 심리적으로 예민한 상태에 놓이게 되는데, 이때 군 상담관은 위기장병이 불안해하거나 위협을 느끼지 않도록 섬세하고 부드러운 반응을 자주 보인다. 위기장병의 민감한 태도에 따뜻한 공감적 이해와 무조건적 존중의 마음으로 반응하면 그만큼 위기상담은 성공을 거둘 가능성이 커진다.

❹ 신중한 문제해결

위기장병은 대개 하나 이상의 문제가 복잡하게 연결되고, 또 얽혀 있어 문제를 한꺼번에 동시에 해결하는 것은 거의 불가능에 가깝다. 따라서 군 상담관은 위기장병이 지닌 문제를 하나씩 탐색하고 규명하는 일을 신중하게 접근한다. 특히, 자신의 위기문제 해결을 매우 어렵게 생각하여 상담을 회피하는 장병에게는 더욱더 섬세한 접근이 필요하다. 보다 세밀하고 계획적인 방법을 적용하여 위기장병이 지닌 문제를 양파껍질 벗기듯 하나씩 해결해 나가면 어느 순간 위기상담은 성공적인 결과를 얻을 수 있다.

❺ 지지자원 발굴

군 상담관은 위기장병이 과거에 사용했던 대처자원이 무엇인지 잘 알고 있어야 한다. 그 이유는 과거의 위기에 대처했던 기제를 발견하여 이를 적극적으로 상담에 활용하면 좋은 성과를 거둘 수 있기 때문이다. 예를 들어, 어떤 장병은 스트레스가 심할 때 그림을 그리면 불안과 두려움 등 부정적인 증상이 감소된다. 또 어떤 장병은 자신이 좋아하는 운동을 하면 스트레스는 물론 불안과 긴장이 해소된다. 이렇게 군 상담관은 장병의 스트레스 대처기제를 잘 파악하여 활용하는 능력을 구비하고 있어야 한다.

2) 군 상담관의 역할

군 상담관은 위기에 처한 장병이 경험하는 여러 가지 심리적인 어려움을 성공적으로 해결하여 부대 전투력이 약화되지 않도록 온 역량을 집중한다. 위기장병의 다양한 증상과 문제를 정확하고 빠르게 진단하는 능력도 구비하고 있어야 한다. 위기장병의 증상이 악화되지 않고 조기에 제거되도록 촉진하는 기술과 군 상담관의 역할을 살펴보면 다음과 같다.

첫째, 수호자의 역할이다. 군 상담관은 위험한 상황에 놓여 있는 장병을 심신의 위협으로부터 안전하게 보호하는 수호자 역할을 한다. 장병이 처해 있는 위기상황은 장병 혼자서 해결하거나 처리하기 힘든 경우가 많아 무기력하고 절망 상태에 빠져 쉽게 자포자기하는 경우가 발생한다. 이럴 때 군 상담관은 수호자가 되어 위기장병을 보호하고 돌보는 역할을 수행한다.

둘째, 촉진자의 역할이다. 군 상담관은 위기장병이 겪고 있는 심한 불안과 정신적 혼란이 더 이상 악화되지 않도록 다양한 이론과 치료적 개념을 적용하여 심리적 안정과 균형이 유지되도록 촉진한다. 위기장병이 지닌 잠재역량과 강점자원을 적극적으로 발굴하여 위기를 슬기롭게 극복하기 위해 조력하는 촉진자의 역할을 수행한다.

셋째, 안내자의 역할이다. 군 상담관은 위기장병이 위기상황을 객관적으로 인식하고 위기를 성공적으로 해결해 나가는 데 흔들리거나 포기하지 않도록 장병 가까이에서 친절한 안내자의 역할에 충실한다. 안내자 역할은 위기상담의 어느 특정 단계에서만 이루어져서는 안 되며, 상담의 전 과정에 걸쳐 이루어지도록 한다.

넷째, 모범자의 역할이다. 군 상담관은 매 순간 겸손하고 인간적인 모습을 잃지 말아야 하며, 반응이나 행동을 통해 모범자의 모습을 보여야 한다. 위기장병은 이러한 상담관의 모습에서 힘과 용기를 얻고, 위기 이전의 기능을 회복하기 위해 최선의 노력을 다한다.

다섯째, 조언자의 역할이다. 군 상담관은 장병이 겪고 있는 위기상황을 스스로 지혜롭고 슬기롭게 극복하도록 조언자 역할에 충실한다. 이를 위해서는 상담관의 지식과 기술이 바탕이 되어야 하며, 상담관의 신념, 이상, 가치, 도덕, 자아개념, 욕구체계, 과거의 위기극복 경험을 효과적으로 활용할 수 있어야 한다.

여섯째, 격려자의 역할이다. 위기장병에게 격려란 따뜻하고 지지적인 힘이 되는 말을 자주 듣게 하는 것이다. 위기에 직면한 장병에게 따뜻한 위로와 격려의 말 한마디는 그가 처한 위기상황을 객관적으로 바라볼 수 있도록 하고, 위기해결을 위한 새로운 희망을 갖게 하는 데 크게 기여한다.

3) 군 상담관의 자질

군 위기상담관은 상담에 관한 이론적 지식과 전문적 기술을 포함하여 인간적 자질과 윤리적 자질을 갖추어야 한다. 대부분의 학자는 효과적이고 생산적인 상담을 위해 군 상담관이 지녀야 할 자질에 대하여 다양한 관점에서 언급하는데, 군 상담관과 관련된 내용은 대체로 다음과 같다.

(1) 인간적 자질

❶ 긍정적 인간관

인간에 대한 긍정적인 관심과 위기장병의 안녕과 행복에 관심을 갖는 것은 성공적인 상담을 위한 필수 요건이다. 위기에 처한 장병을 진심으로 존중하고 이해하며, 그의 가치를 높이 인정할 때 비로소 위기상담은 성공할 수 있다. 위기상태에 있는 장병 중에는 부정적으로 왜곡된 신념을 가진 장병들이 적지 않다. 이들에게 변함없는 인간적인 존중과 따뜻한 마음을 갖는 것이 군 상담관의 진정한 자세다. 군 생활 중 갑자기 닥친 위기상황 때문에 힘들어하고 절망하고 있을 때, 군 상담관의 따뜻한 정과 인간적인 관심은 그 자체로 위기극복에 크게 기여한다.

❷ 정서적 성숙

군 상담관은 위기상담 과정에서 나타나는 부정적인 심리적 증상과 예민한 정서적 변화에 직면할 수 있다. 그러나 어떠한 경우라도 상담관 자신의 정서는 철저히 통제되어야 한다. 정서적으로 미성숙한 군 상담관은 침묵하는 위기장병을 만나면 자신도 모르게 좋지 않은 표정을 지을 수 있다. 자신의 감정을 숨기고 마치 좋은 감정이 있는 것처럼 위장된 모습을 하기도 하지만 장병은 쉽게 이를 알아차린다.

정서적으로 성숙한 군 상담관이 되기 위해서는 먼저 자신의 미성숙한 정서로 인해 나타나는 행동을 수정하려는 노력이 수반되어야 한다. 자신의 모순되고 미성숙한 감정을 지속적으로 탐색하고 이를 수정하여 침착성과 포용성의 모습을 지니도록 노력해야 한다. 왜냐하면, 정서적으로 성숙한 모습을 보이게 될 때 위기장병은 안심하게 되고, 그로 인해 자신의 위기와 관련된 이야기를 꺼낼 수 있기 때문이다.

❸ 진실한 태도

진실성은 위기상담의 전 과정에 중요하게 작용한다. 모르면 모른다고 하고, 두려우면 두렵다고 하고, 싫으면 싫다고 하는 것이 진실한 태도다. 만약, 상담관의 불일치한 언행과 진실하지 못한 모습이 위기장병에게 보이면 그 상담은 실패할 가능성이 큰 반면, 진실한 모습을 보이면 위기장병은 상담관을 믿고 상담에 적극적으로 참여한다.

진실성을 지닌 참된 한 인간의 모습을 지니기 위해서는 늘 자신에게 다음과 같은 질문을 던져야 한다.

- 나는 진실한 인간인가?
- 나는 겉과 속이 같은 인간인가?
- 나의 생각과 감정, 행동은 일치하는가?
- 나는 가식이 없는 태도로 장병과 마주하는가?
- 나는 나 자신의 감정을 정확하게 지각하고 진실하게 표현하는가?

❹ 자기성찰

군 상담관은 언제나 자신의 한계와 내면의 상태를 잘 알고 있어야 한다. 자기 자신을 돌아보는 것은 상담을 순조롭게 이끌어 가는 내적 역량이 되므로 이를 게을리하지 말아야 한다. 만일, 자신의 내면 상태를 잘 알지 못하거나 성찰이 되지 않은 내적 상태에서 상담을 하게 되면 상담이 제대로 이루어지지 않아 위기장병을 더 힘들게 할 위험성이 있다. 소경이 소경을 이끌고 가는 우를 범하지 않기 위해서는 자기성찰이 이루어져야 한다는 점을 항시 잊지 말아야 한다.

(2) 전문적 자질

군 상담관의 전문적 자질은 위기상담 과정에서 더욱 중요하다. 전문적 자질을 갖춘 상담관은 상담이론을 깊이 이해하고 상담을 효율적으로 진행하는 방법과 절차를 잘 알고 있는 자를 말한다. 또한, 다양한 상담이론과 지식을 바탕으로 충분한 상담실습 경험을 쌓고 수련전문가로부터 훈련 지도를 받아 상담역량이 숙련되어 있는 자를 의미하는데, 이를 자세히 살펴보기로 하자.

❶ 상담이론의 이해

위기상담이론은 장병이 호소하는 위기 증상의 원인을 이해하고 위기문제 해결을 조력하는 틀과 가설을 제공한다. 또한, 상담 방향을 제시하고 이를 토대로 위기극복을 위한 여러 대처방안을 모색할 수 있게 한다. 뿐만 아니라, 위기장병의 문제를 객관적으로 진단 및 평가할 수 있게 하며, 행동 중심의 구체적인 실천방안을 포함하여 위기문제 극복을 위한 다양한 방법을 실천할 수 있게 한다. 군 상담관은 이러한 위기상담이론에서 제시하는 개념과 배경, 과정, 기술 등을 정확히 이해하고 적용할 수 있는 능력을 구비하고 있어야 한다.

❷ 상담역량

군 상담관의 중요한 전문성 중 하나는 상담역량이다. 상담관의 상담역량은 몇 가지로 설명할 수 있다. 첫째, 위기장병을 공감하는 능력과 통찰, 자각능력이다. 내담자의 입장에서 무엇을 경험하고 있는지 느낄 수 있어야 한다. 둘째, 관찰능력이다. 내담자의 말을 잘 경청할 뿐만 아니라 비언어적 표현과 반응이 무엇을 의미하는지 관찰할 수 있어야 한다. 셋째, 내담자의 긴장과 불안, 두려움, 죄책감 등을 야기하는 고통스러운 외상 기억이나 경험을 잘 드러내게 하는 능력을 구비하고 있어야 한다.

❸ 상담기술

군 상담관은 위기상담이론에 대한 지식을 갖춘 것만으로는 부족하다. 구체적인 상담방법과 기술에 대해서도 잘 알고 있어야 한다. 상담기술이란 위기경험으로 나타난 다양한 심리적 증상이나 부정적 반응을 완화하고 제거하는 데 필요한 방법과 위기극복을 위한 여러 가지 대처기제 등을 말한다. 상담관계를 맺는 방법, 위기상담전략, 단계별 상담진행요령, 상담의 제한사항 등을 극복하는 방법에 대해 잘 알아야 한다. 뿐만 아니라, 위기상담의 원리와 과정, 기술 등 군 위기상담 실제에 대한 능력이 구비되어야 한다.

❹ 경험적 지식

군 상담관은 위기상담을 시작하기 전에 구체적인 위기상담 프로그램을 운영할 수 있어야 한다. 위기상황과 상담여건을 충분히 고려하여 전체 위기상담의 회기와 프로그램에 대한 계획을 수립할 수 있어야 한다. 병영캠프에 입소한 장병의 위기상담 목표를 달성할 수 있는 다양한 기법과 전략을 짜는 능력도 갖추어야 한다. 이는 위기장병의 위기해결능력을 높여 궁극적으로 적응력 회복을 가져오게 하는 데 기여한다. 이렇게 군 상담관은 인간의 다양한 위기문제 해결에 필요한 직 · 간접적인 폭넓은 경험적 지식을 지녀야 한다.

(3) 윤리적 자질

전문적인 상담지식과 상담기술을 지니고 상담 경험과 자격 등을 충분히 쌓았다고 하더라도 윤리적 자질을 갖추지 못하면 진정한 상담관이라고 할 수 없다. 군 상담관이 지녀야 할 윤리적 자질은 다음과 같다.

❶ 윤리의식

상담의 윤리규준은 상담과정에서 이루어지는 모든 행위와 결정에 대한 답을 제시하지 않는다. 그러므로 상담관은 윤리적 가치와 정신을 근거로 삼아 자신만의 윤리적 행동기준을 만들어 지켜야 한다. 윤리의식이 높은 상담관이 된다는 것은 단순히 윤리강령이나 제도적 규범, 법을 준수하는 의미만을 포함하는 것이 아니다. 개인 삶의 영역과 상담의 영역에서 인간 존중의 마음이 바탕이 되어야 하며, 한 인간으로서의 행동 또한 모범적이어야 비로소 윤리의식이 높다고 할 수 있다.

❷ 비밀보장

군 위기상담 과정에서 오간 말은 어떠한 일이 있어도 비밀이 지켜져야 한다. 단, 자살 위험성이 있거나 전염성이 강한 질병을 지니고 있을 때와 같이 자기 자신과 주변인에게 위험을 초래할 가능성이 있을 때는 예외로 한다. 법원의 명령이 있는 경우에도 비밀보장은 예외가 된다. 이러한 때에는 비공개를 원칙으로 하되,

정보를 공개해야 할 경우에는 그 사실을 내담자에게 알리고 협조를 구한 후 공개한다.

군 상담은 모든 부대원이 인지하는 부대 내 일정한 장소에서 이루어지고, 결과보고를 중시하는 조직의 특수성으로 말미암아 상담비밀을 유지하기 어려운 실정이다. 부대 전투력 유지를 위해 상담결과가 지휘관에게 보고되어야 하고, 상담 관련 정보들이 참모들과 공유될 필요가 있는 경우에는 장병 내담자에게 자세한 설명과 함께 사전 동의를 구한 후 최소한의 정보만을 공개한다.

❸ 금전적 관계

군에서 이루어지는 상담은 상담료를 지불하지 않아도 되는 관계로 상담료 지불과 관련된 윤리규정을 지키는 문제에 있어서는 대체로 자유롭다. 군 상담관은 상담료 지불 외에 어떠한 금전관계나 채무관계를 장병과 맺어서는 안 된다. 어떠한 작은 물질적인 거래관계를 맺는 것도 윤리규정을 위반하는 것이 된다.

❹ 성(性)적 관계

성(性)의 문제는 매우 민감한 영역이라서 윤리규정에서 깊이 다루는 실정이다. 상담관은 어떤 이유와 어떤 형태로든 상담을 진행하고 있는 내담자와 성(性)적인 관계를 맺지 말아야 한다. 성적인 관계를 맺었던 사람과 상담을 실시하는 것도 비윤리적인 행위에 해당하며, 상담이 종결된 후라도 성적으로 친밀한 관계를 맺는 것은 윤리규정에 어긋난다.

군은 2005년부터 전문상담제도를 도입하여 운영 중에 있다. 그 과정에서 지금까지 상담자와 장병 내담자 간 성적인 문제가 발생한 사례는 아직까지 나타나고 있지 않아 다행한 일이 아닐 수 없다.

CHAPTER 4

자살 위기상담

군 장병의 자살은 자살한 장병의 한 개인과 그 가족에게만 영향을 미치는 것으로 끝나지 않는다. 자살한 장병이 소속된 부대는 순식간에 사기가 저하되고 군기가 약화되며, 각종 안전사고가 발생하는 등 부정적인 파급효과가 크게 나타나 전투력 발휘가 제한된다. 군 장병이 자살하는 이유는 대체로 부대 환경적인 영향을 받아 발생하기도 하지만 부대 외적 요인과 가정적 요인도 영향을 미친다.

이 장에서는 자살의 정의와 개념 등에 관한 이론적 배경을 고찰한다. 그런 다음 군 장병의 자살과 밀접한 연관이 있는 청소년 자살의 특징에 대해서 살펴본 후, 군 장병의 자살을 다룰 것이다. 마지막으로 장병의 자살 위기를 예방하고 극복하기 위한 위기상담방법에 대해 살펴본다.

1. 자살의 이론적 배경

1) 개요

오늘날에는 자살하는 사람들이 계속 증가하여 심각한 사회문제가 되고 있다. 세계적으로 매일 약 1,000여 명이 자살하고, 한 해 동안에는 약 50만여 명이 자살하는 것으로 알려졌다. 우리나라의 경우에는 2014년 기준 고의적 자살로 인한 사망 인구가 13,836명이나 된다. 이는 인구 10만 명당 27.3명에 해당하는 통계인데 OECD 국가 중 가장 높은 수치이다(통계청, 2014).

자살은 자신에게 위해를 가하여 생명을 끊고자 하는 자발적인 행동으로 자신을 향한 살인에 해당한다. 자살을 뜻하는 영어의 suicide는 라틴어 sui(자기)와 cidium(죽인다)의 합성어로 스스로 자신의 생명을 끊어 죽는다는 것을 의미한다. 영국과 프랑스에서는 17세기까지 자살을 시도하는 사람을 중죄로 여겼으며, 자살이라는 용어 대신 자기살해(self-homicide)라는 용어를 주로 사용하였다. 대부분 기독교 중심의 서양에서는 이러한 과거의 영향으로 자살을 금기시하는 풍조가 아직까지 남아 있다.

우리나라도 예로부터 신체발부 수지부모(身體髮膚 受之父母)라는 유교 사상이 사회활동의 근간이 되어 자살을 죄악시하는 문화가 이어져 왔다. 신체와 머리털, 피부는 부모로부터 물려받은 것이니 이를 소중히 여기는 것이 효의 시작이라고 강조한다. 부모로부터 물려받은 귀한 몸을 함부로 여겨 상하게 하거나 죽는 것은 부모에 대한 불효를 저지르는 것으로 가르쳤다.

현대적 관점에서 보는 자살은 개인 자신이 사회에 결속되지 못하고 사회적 고립감을 느껴 발생하는 사회현상의 하나로 여긴다. 이같은 이유로 자살이라는 용어는 학자마다 조금씩 다르게 정의하고 있다. 자살, 자살생각, 자살충동, 자살계획, 자살의도, 자살위협, 자살시도, 자살기도, 자살행동, 자살사망 등 자살과 관련된 여러 가지 용어를 다양한 방식으로 사용하고 있다. 이러한 용어들은 대체로 유사한 의미를 지니고 있지만 조금씩 차이가 있어 사용하는 사람마다 초점을 달리하는 경우에는 혼란이 초래되기도 한다.

과거에는 자살을 시도한 사람이 실제로 죽는 경우에만 자살로 여겼다. 수동적이든 적극적이든 자신의 의도적인 행위에 의한 것이어야 했으며, 자기 자신에게 어떠한 일이 일어날지 그 결과를 스스로 알고 시도한 행동으로 발생한 죽음을 자살로 규정하였다.

그러나 현대에 들어오면서 자살의 정의는 좀 더 구체화되었다. 자살 관련 행동을 세분화하고 개념화하려는 시도가 이루어졌다. 그래서 죽음에 이른 경우가 아니더라도 자살을 시도한 과정까지 자살의 개념에 포함시키고 있다. 즉, 자살은 하나의 고립된 상황에서 이루어진 사망을 의미하는 단순한 개념의 사건이 아니라, 자신의 생명을 끊으려고 시도하기 이전부터 여러 단계를 거치며 나타난 복잡한 과정의 산물로 보고 있다(Fiske, 2008).

레이놀드(Reynolds, 1998)는 오래전부터 자살을 자살생각을 기점으로 자살계획, 자살시도, 자살사망의 4가지 차원으로 설명하였다. 자살생각(suicidal ideation)은 죽음에 대한 일반적인 생각부터 자살수단을 생각하는 것까지 포함한다고 주장하였으며, 자살계획(suicidal plan)은 자해적 행동에는 이르지 않았지만 자살 관련 정보 수집과 유서를 작성하고 소지품을 정리하는 것을 포함한다고 설명하였다. 자살시도(suicidal attempt)는 고의적이고 실제적인 자해를 의미하는 것으로 죽으려는 명백한 의도를 가진 자기파괴적인 행동으로 자살사망에는 이르지 못한 경우라고 말하고 있다. 아울러 이러한 자살시도는 종종 자신의 삶을 완전히 끝내기보다는 자신의 아픔과 고통을 주변인들이 알아주기를 바라는 신호이거나 도움을 절실히 바라는 의도에서 행해진다고도 주장하였으며, 자살사망(suicidal completion)은 자살을 실행하여 죽음에 이르는 실제적 자살로 규정하였다.

앞서 언급한 레이놀드의 주장을 정리해 보면 자살은 자살생각, 자살계획, 자살시도, 자살사망이라는 연속적인 과정으로 이루어지고 있음을 알 수 있다. 자살하려는 생각으로부터 시작하여 자살계획을 세우고, 이러한 자살계획을 바탕으로 자살시도에 이르게 된다. 하지만 자살생각을 하다가 그 생각을 철회하는 경우도 있고, 자살계획은 수립하였으나 자살시도로 이어지지 않을 경우도 있으며, 자살생각에서 시작하여 자살계획, 자살시도, 자살사망에 이르는 경우도 발생한다.

이렇게 자살은 한 가지 용어만으로 간단하게 설명할 수 없는 특징이 있으며, 자살과정 또한 단선적으로 이루어지는 것이 아니라 복잡한 과정이 연속적으로 이루어진다는 것을 알 수 있다. 따라서 군 장병의 자살위기를 정확하게 진단하기 위해서는 자살이 연속적으로 이루어지는 과정을 객관적으로 측정할 수 있는 척도를 사용하는 것이 무엇보다 요구된다(심윤기, 2014).

2) 이론적 관점

자살 원인에 대한 이론은 다양하다. 가족력의 유전적 취약성이 원인이 되기도 하고 공격성과 충동성 같은 기질적인 변수가 원인이 되기도 한다. 자살한 사람을 모방하여 발생하기도 하고, 가정 내 갈등이나 괴로운 삶의 문제가 원인이 되기도 한다. 알코올 중독과 약물남용, 사회적 고립, 신체적 · 성적 학대 경험 등의 특정한 사회적 요인이 원인이 되어 발생되기도 한다.

자살 원인에 대한 관점은 20세기부터 몇 가지의 큰 흐름이 있었다. 프로이트(Freud)의 정신분석을 포함한 심리학적 이론과 뒤르켐(Durkheim)이 주장한 사회학적 이론, 유전적 취약성으로 자살을 이해하고자 하는 생물학적 이론이 이에 해당한다. 본서는 이러한 여러 자살이론 중 청소년 및 군 장병의 자살과 연관성이 높은 이론으로 한정해 살펴보고자 한다.

(1) 생물학적 관점

생물학적 관점에서 보는 자살은 뇌에서 작용하는 신경전달물질의 대사에 문제가 있는 것으로 본다. 정신병이나 심한 우울증 상태에서는 뇌의 뉴런체계에 변화가 일어나는데 도파민, 세로토닌과 같은 신경전달물질이 부족하거나 과다 분비되어 불균형을 이룰 때 자살충동을 억제하기 어렵다고 설명한다. 이러한 주장은 자살자의 혈액이나 뉴런의 변화를 통해 간접적으로 증명되고 있다.

자살과 관련된 신경전달물질은 세로토닌, 노르아드레날린, 도파민, 코르티솔

등이다. 인간의 뇌는 수많은 신경세포로 이루어져 있으며, 각 신경세포는 신경전달물질을 통해 서로 정보를 교환하게 되는데, 그중 하나가 세로토닌이다. 자살자의 뇌를 해부하여 관찰한 결과 뇌에서 세로토닌이 평균치보다 낮은 수치로 검출되는 것이 확인되었고, 세로토닌의 대사물질인 5-HIAA(5-히드록시인돌) 역시 낮게 검출된 것으로 밝혀졌다.

뇌척수액 중에서 5-HIAA의 수준이 낮은 사람을 대상으로 추적조사도 이루어졌는데, 이들 중 약 20% 정도가 자살한 것으로 보고되었다. 낮은 양의 5-HIAA 수치를 보이는 우울증 환자 가운데서는 약 50% 정도가 자살을 시도하였고, 정상 수치를 보인 우울증 환자 중에서는 단 15% 정도만이 자살을 시도한 것으로 밝혀졌다. 이러한 연구결과는 세로토닌의 수치가 자살행동과 밀접한 관련성이 있다는 것을 말해 준다.

똑같은 스트레스를 경험하더라도 모두가 불안이나 신체 증상을 일으키는 것은 아니며, 개인이 지닌 생물학적 특성에 따라 다르게 나타난다. 이렇게 사람에 따라 우울증과 편집증이 발생하고, 주의집중이 곤란한 심리적 변화가 일어나는 등 개인차가 나타나는 것은 생물학적 요인이 작용하고 있기 때문이다. 특히, 자살과 관련한 신경전달물질의 분비량이 부족하거나 불균형을 이루고 이와 더불어 스트레스, 우울 등이 겹쳐지는 경우에는 심각한 자살위기 상황으로 전개될 가능성이 커진다(Träskman, 1981).

생물학적 관점의 이론 중에서 눈여겨보아야 할 또 다른 하나는 유전이다. 자살과 유전과의 연관성을 살펴보기 위한 일란성 쌍둥이와 이란성 쌍둥이에 대한 연구에서는 일란성 쌍둥이에게서 자살행동에 대한 상관이 유의미하게 나타난 것으로 보고된 바 있다(김용구, 2005).

덴마크에서는 생물학적 취약성 요인이 있는 일반 가족의 일란성 쌍둥이와 생물학적 취약성이 없는 일란성 쌍둥이를 입양한 가족을 찾아 연구를 실시한 결과, 생물학적 취약성이 없는 일란성 쌍둥이를 입양한 가족보다 생물학적 취약성을 가진 일반 가족에게서 우울증이 8배나 높았고, 자살률은 15배나 높게 나타난 것으로 조사되었다. 오스트리아에서 실시된 연구에서도 일란성 쌍둥이에게서 자살위험이

17배나 높게 나타난 것으로 보고되었다. 유전과 관련된 자살연구는 유전적 요인이 자살의 약 43% 정도를 차지하고, 나머지 57% 정도는 환경적 요인에 의한 것으로 설명하고 있다(이홍식 외, 2009).

한편, 19세기 프랑스의 유명한 정신과 의사였던 에스퀴롤(Esquirol)은 자살이 정신병의 모든 특징을 보여 준다고 주장하였다. 자살은 인간이 미쳤을 때에만 시도하는 미친 자의 행동이라고 언급도 하였는데, 그는 자살이 그 자체로 독립적인 질병이거나 아니면 하나 이상의 정신장애에서 비롯된다고 주장하였다. 그가 이러한 주장을 펼치게 된 이유는 자기 가족에게서 나타난 자살행동을 계속 가까이에서 보아 왔기 때문이다.

에스퀴롤의 막내아들은 26~27세가 되었을 때 우울증을 심하게 앓았는데 결국 자기 집의 지붕에서 몸을 던져 사망하였다. 그의 형은 동생의 죽음이 자신 때문이라고 자책하며 여러 번 자살을 시도하였고, 결국 오랫동안 음식을 거부한 끝에 사망하였다. 또 다른 형은 의사였는데 늘 깊은 절망감에 빠져 있었고 결국 그도 자살로 생을 마감하였다. 이렇게 에스퀴롤의 자녀들이 계속해서 자살한 이유는 자살에 취약한 유전적 소인이 원인이 되었을 가능성을 생각해 볼 수 있다.

자살의 원인에 대한 고찰은 그동안 주로 심리적 · 사회적 원인이 전통적인 지지를 받아 왔으나 21세기에 들어오면서 유전적 요인이 자살에 영향을 주는 중요한 요인이라는 연구결과가 계속 보고되는 추세에 있다.

(2) 심리학적 관점

자살에 관한 대표적인 심리학적 이론은 프로이트의 정신분석학이다. 프로이트는 인간이 궁극적으로 가지고 있는 자기파괴적인 죽음의 본능인 공격성이 가장 극단적으로 분출되어 나타난 현상이 곧 자살이라고 여겼다. 인간이 가진 삶의 본능과 죽음의 본능이 균형을 이루지 못하고 죽음의 본능이 보다 더 강해졌을 때 나타나는 현상을 자살로 본 것이다. 결국, 프로이트는 자살행동이 정신이상자의 행위로 간주하지 않고 정상인의 심리기제로 보았다는 점에서 그 의미를 찾을 수 있다.

메닝거(Menninger)는 프로이트가 말한 죽음의 본능이라는 관점에서 자살을 더욱 정교하게 구체화하였다. 그는 자기파괴적인 자살행위는 인간 본래의 본성으로 세 가지의 심리적인 요소를 가진다고 주장하였다. 첫째는 자기에 대한 살인이고, 둘째는 죽임을 당하고 싶은 기대이며, 셋째는 죽고 싶다는 바람이라고 언급하였다. 자살은 본능적인 죽음에 대한 열망이 상존하여 누군가 자신을 죽여 주었으면 하는 바람이 영향을 미쳐 자신이 직접 자신을 죽이는 자살로 이어진다고 주장하고 있는 것이다.

인지적 접근에서는 인간의 인지, 정서, 행동의 세 영역 중에서 자살과 관련된 인지적 왜곡이나 역기능을 중요하게 다루고 있다. 인지적 관점에서 자살하는 사람들의 특징은 인지의 경직성과 이분법적 사고, 대인관계문제의 해결능력이 결여된 것으로 설명한다. 이들은 공통적으로 자신의 삶에서 정서적이고 대인관계적인 스트레스를 견디거나 이겨내는 능력이 다른 사람에 비해 약하다고 주장한다.

벡(Beck)은 사람들의 부정적인 인지가 우울을 느끼게 한다고 주장하였다. 어릴 때 부정적인 인식이 내면에 뿌리내리면 그것이 자기의 신념으로 강화되고, 결국 미래의 삶을 부정적으로 살게 한다는 입장을 견지하였다. 그가 주장한 자살과 관련된 중심 개념은 절망감이다. 절망감은 미래에 아무런 희망이 없을 것으로 여기고, 어떠한 변화도 존재하지 않을 것이라는 자신에 대한 부정적 인식과 신념을 의미한다. 절망감을 가진 환자 중 약 91% 정도가 자살했다는 연구결과는 벡의 주장에 설득력이 있음을 보여 주는 증거이기도 하다(조보행, 2013).

바우메이스터(Baumeister)는 인지적 몰락(cognitive deconstruction)이라는 개념으로 벡의 절망이론에서 설명하지 못한 자살의 심리기제를 체계화하여 설명하였다. 인지적 몰락은 사건에 대해 의미 부여를 거부함으로써 모든 것을 무가치한 것으로 인식하고 해석하는 정신상태를 말한다(박명실, 2005). 결국, 바우메이스터는 부정적 감정으로부터 도피하기 위해 자살을 선택한다고 설명하는데, 이는 자살행동을 막아 주는 인지적 억제력이 약화되었기 때문으로 여기고 있다.

대인관계적 자살이론은 인간의 기본욕구인 대인관계 욕구와 소속감 욕구가 충족되지 못하고 사회적 고립감을 느낄 때 자살한다고 주장하고 있다. 조이너(Joiner, 2005)는 대인관계 욕구가 왜곡되거나 충족되지 못하면 짐이 되는 느낌과 좌절된 소속감으로 자살생각을 하게 되고, 여기에 습득된 자살 잠재력까지 더해지면 결국 자살하게 된다고 주장하였다.

여기서 짐이 되는 느낌이란 자신에 대해 스스로 무능하다고 생각하거나 가족이나 사회에 자신의 존재가 짐이 된다고 여기는 것을 의미한다. 좌절된 소속감은 타인이나 가족, 친구로부터 소외감을 느끼고, 집단에서 가치 있는 일원이 되지 못하는 느낌을 경험하는 것을 뜻한다. 습득된 자살 잠재력은 신체적 통증, 두려움에 대한 대응의 과정이 반복되고 습관화되면 신체적 통증의 내성이 증가하고, 죽음에 대한 두려움이 감소하여 잠재적인 자살능력이 획득된다는 뜻으로 설명하고 있다.

(3) 사회학적 관점

뒤르켐은 1897년에 『자살론(*Le Suicide*)』을 집필하면서 자살전문가로 등장하였다. 그는 처음으로 19세기 유럽 각국의 사망 원인에 대한 통계를 체계적으로 수집하였으며, 나라별로 상이한 분포가 나타나는 것을 근거로 자살을 설명하는 사회학 이론을 발전시켰다.

사회학적 관점의 이론은 자살문제를 자살자 개인이 아닌 사회적 차원에서 접근한다. 이 이론에서는 삶의 고통을 받고 있는 사람들에 대한 사회적 지원체계가 얼마나 잘 발달되어 있는가에 따라 자살에 영향을 미친다고 설명한다. 자살은 개인적 행위로 보이지만 실제로는 사회적 환경이 반영된 것이라고 주장하면서 사회적 병리와 모순이 자살 원인이 된다고 말한다. 그래서 자살 연구를 실시함에 있어서는 개인이 아니라 사회가 그 대상이 되어야 한다고도 주장한다.

뒤르켐은 가톨릭과 유대교의 자살률이 낮고, 개신교의 자살률이 높다는 통계를 근거로 사회적 유대감, 일체감, 가치관 등이 자살에 영향을 미친다고 주장하였다. 여성보다 남성이, 농촌보다 도시가, 저학력자보다 고학력자가, 비전문가보다 전문가가, 민간인보다 군인이, 결혼한 사람보다 결혼을 하지 않은 사람이, 자녀가 있는 사람보다 없는 사람이, 겨울철보다 여름철에 자살률이 높게 나타나는 것을 분석하여 설명하기도 하였다(Durkheim, 2008).

한편, 뒤르켐은 자살론에서 개인이 어떠한 형태로 자살하는지에 따라 이기적 · 이타적 · 아노미적 · 숙명적 자살 등 네 가지 유형으로 분류하여 설명하였는데, 이 네 가지 유형의 자살은 모두 사회의 구조적인 문제와 연결된다.

먼저, 이기적 자살(Egoistic suicide)은 사회적 유대감과 가치 부재가 원인이 되며, 자기 자신만 생각하는 이기적인 생각에서 비롯된다고 주장한다. 이타적 자살(Altruistic suicide)은 사회적 유대감이 강하고 가치가 확고한 것이 원인이며, 자기를 희생하고 공동체를 위하고자 하는 이타적인 생각에서 결행된다고 설명한다. 아노미적 자살(Anomic suicide)은 가치가 붕괴된 상태에서 규율과 연대가 없을 때 나타나며, 숙명적 자살(Fatalistic suicide)은 억압과 규율이 강하고 연대가 튼튼할 때 발생한다고 설명한다.

이 같은 네 가지 자살 유형 중에서 가장 흔하게 발생하는 자살 형태는 이기적 자살이라고 주장하였다. 가족이나 친구와 친밀하고 가깝게 지내려고 하지 않거나 사회에 적응하려고 노력하지 않으면서 오히려 자신이 소외되었다고 믿고, 쓸모없는 인간이라고 착각하게 되면 이기적인 자살을 선택하게 된다고 설명한다. 또한, 정신질환이나 상실에서 오는 자살도 사회적 문제가 본질적인 원인이라고 주장하고 있다.

이렇게 사회학 이론은 자살의 원인이 사회의 구조적인 문제로부터 기인된다는 것을 밝히고 있다. 자살하는 이유가 개인의 심리와 정신, 감정이나 기질로 발생되는 것이 아니라 사회적인 문제가 궁극적인 원인이 된다고 보고, 사회의 모순되고 잘못된 문제를 추출하려 했다는 점에서 높이 평가되고 있다.

(4) 생태체계학적 관점

생태체계학적 이론은 환경 속의 인간(The person in situation)이라는 개념으로 설명하고 있는데, 그 이유는 개인과 환경은 한 체계로서 상호작용한다는 이유 때문이다. 이 이론은 개인특성에 초점을 두는 것뿐만 아니라 그가 속한 가족, 집단, 지역사회의 영향을 모두 고려함으로써 자살을 둘러싼 다양한 환경체계 간의 상호작용에 중점을 두는 이론이다. 생태체계학적 이론은 일반체계이론에 생태학적 관점을 결합시킨 것으로 브론펜브레너(Bronfenbrenner)가 인간발달에 관련된 환경을 조직화하는 틀을 제공하였다는 점에서 의의를 가진다.

이 이론은 인간을 매우 복잡한 존재로 규정한다. 인간은 사고, 감정, 행동의 기능을 가진 생물학적 · 심리적 · 영적 · 사회적 · 문화적 존재로서 환경에 영향을 줄 뿐만 아니라 환경으로부터 영향을 받는 상호 교환적인 위치에 있다고 말한다. 인간과 환경은 지속적인 상호작용과 상호 교류를 통해 서로에게 영향을 미치고, 서로를 형성하며 상호 적응하는 호혜적 관계를 유지한다고 설명한다.

인간과 환경은 분리될 수 없으며, 이 둘을 모두 고려해야 한다는 것이 생태체계이론에서 주장하는 기본 가정이다. 따라서 환경을 이해하지 못하고 개인의 미래를 예측할 수 없으며, 개인을 이해하지 못하고 환경의 미래를 예측할 수 없다고 주장한다. 각 개인은 동일한 환경에 각각 다르게 반응하며, 유사한 특징을 지닌 사람조차도 환경에 따라 다르게 상호작용한다고 주장한다. 특히, 개인의 능력은 사회체계 자원과의 조화에 따라 좌우되며, 개인과 사회 환경 간의 불일치는 역기능적인 행동을 유발한다고 설명하고 있다. 즉, 인간행동은 개인과 환경 간의 상호작용에서 나온 산물로 여기고 있다.

이렇게 생태체계학적 관점에서 보는 자살은 개인과 환경 간 상호작용의 결과로 설명한다. 개인과 환경과의 관계를 각각 개별적인 요인으로 보지 않고 이 둘의 상호작용에 초점을 둔다. 그러므로 자살은 개인의 대처능력과 사회 지지체계와의 상호작용 속에서 선택된다고 주장한다. 개인의 특성뿐만 아니라 지역적 · 사회적 요인까지 전체적으로 살펴보고, 이러한 요인들의 통합적인 관점에서 자살을 설명하고 있음을 알 수 있다.

2. 청소년 자살의 특징

1) 청소년 자살률

전 세계의 자살률은 그 추이가 점점 낮아지는 모습을 보이고 있다. 우리나라의 자살률도 세계적 추세에 따라 감소하는 국면에 있지만, 아직도 OECD 주요 회원국 중 여전히 1위를 차지하고 있다.

〈2017년 자살예방백서〉(중앙자살예방센터, 2017)에 따르면 10~30대 사망 원인 1위는 자살로 나타났다. 2015년 기준으로 10대 자살률은 10만 명당 2.3명이었으며, 20대 자살률은 16.4명으로 나타났다. 2017년 기준으로는 10~19세까지의 자살률이 10만 명당 4.9명이었으며, 29세의 자살률은 16.4명으로 나타났다. OECD 통계에 의하면 우리나라 청소년 중 10~24세까지의 자살률은 10만 명당 14.2명(2010년)에서 10.7명(2013년)으로 다소 하락한 것으로 발표되었다.

2016년도에 실시한 조사에 따르면 전국 중·고등학생 중 여학생의 30.5%, 남학생의 20.9%가 우울증 경험이 있다고 보고되었다. 자살생각 여부에 대한 조사에서는 여학생의 14.9%, 남학생의 9.5%가 자살생각을 경험해 본 것으로 나타났다. 자살시도에 대한 조사에서는 여학생의 2.7%, 남학생의 2.0%가 실제 자살을 시도해 본 것으로 조사되었다(중앙자살예방센터, 2017). 2015년의 연령별 자살률을 살펴보면 [그림 4-1]과 같다.

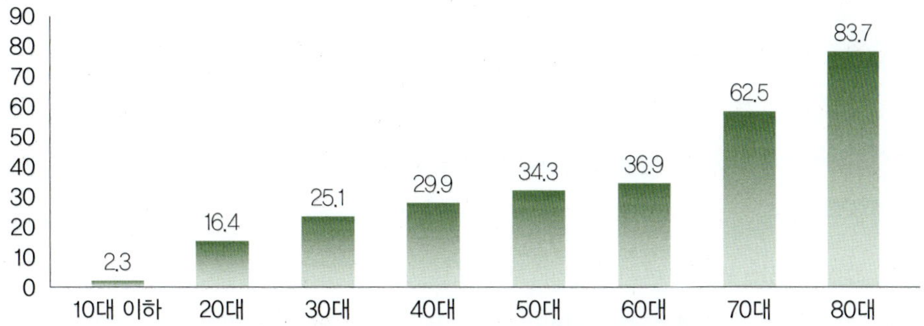

[그림 4-1] 2015년 기준 10만 명당 연령별 자살률

출처: 중앙자살예방센터 (2017).

2) 청소년 자살의 특징

청소년 자살은 청소년기 발달단계와 밀접하게 관련되어 있다. 청소년기 발달이 진행되는 시기에 자살이 이루어진다는 점에서 성인 자살과는 차이가 있다. 청소년기는 아동기에서 성인기로 성장하는 전환기에 놓여 있어 신체적 · 심리적 발달이 급격하게 일어난다. 또한, 자신에게 부여된 인지 · 정서 · 행동 발달과업을 수행하며 자신만의 정체성을 형성해 나가는 시기이기도 하다.

그렇기 때문에 청소년기는 인지적으로 미성숙한 상태이며 동시에 정서적으로도 충동성이 높은 시기에 해당한다. 이는 청소년의 폭발적이고 공격적인 행동특성이 자살로 이어질 수 있는 위험성이 크다는 것을 의미한다. 이렇게 청소년기는 그 자체가 매우 불안정한 시기이며, 이러한 시기에 위험한 자극이나 심리적 갈등이 발생하면 합리적인 의사결정과정을 거쳐 바람직한 방법으로 문제를 해결하기보다는 자살이라는 현실도피적이고 충동적인 방식으로 해결하려 든다.

청소년 자살의 특징을 살펴보는 일은 이들이 멀지 않아 군에 입대한다는 점에서 중요한 의미를 갖는다. 이들의 자살은 대체로 다음과 같은 특징이 있다.

첫째, 청소년 자살은 분명한 원인이 존재한다. 부모와의 갈등이나 친구와의 다툼, 애인과의 이별, 학교 성적 저하, 왕따, 신체 비관, 경제적 빈곤, 외모에 대한 고민 등과 관련이 깊다. 이와 같은 문제가 지속되는 경우에 청소년은 이를 해결하기 위해 다양한 시도를 하지만 힘에 부치고 난관에 봉착되면 자살을 선택하는 경향이 있다.

둘째, 청소년 자살은 충동적이다. 청소년은 성취해야 할 발달과업이 많은 것에 비해 인지적으로 미성숙하고 정서적으로도 충동성이 높은 상태에 있다. 이러한 이들이 심리적 변화를 크게 경험하면 자살을 선택하는 경향이 있다. 평소에 정상적으로 생활하던 청소년이 갑작스러운 생활상의 변화가 찾아오면 스트레스를 포함한 심리적 어려움을 피하려는 충동으로 자살한다. 예를 들어, 학교 성적이 좋지 않아 지적하고 꾸중하는 부모님을 이해하지 못하고 욱하는 마음으로 아파트 옥상에서 떨어져 사망하는 경우가 이에 해당한다.

청소년의 자살을 예측하거나 예방하기 어려운 점이 이러한 충동성 때문인데, 대부분의 청소년 자살이 사전에 계획되지 않은 충동성에 의해 기인되고 있다는 연구결과는 이를 잘 말해 주고 있다. 이렇게 청소년의 자살은 성인의 자살과 달리 충동성이 높아 언제라도 사망으로 이어질 가능성이 크다는 점에 유의해야 한다.

셋째, 청소년은 모방자살과 동반자살을 한다. 청소년은 연예인, 가수, 스포츠 선수 등에 대한 동경심이 큰 특징이 있다. 그래서 자신이 좋아하는 유명인사가 자살하면 그 사람의 자살을 미화하거나 모방하는 경향을 보인다. 우리나라에서는 1996년에 가수 서○○이 자살하자 3명의 여학생 팬이 모방자살을 한 바 있으며, 2005년에는 영화배우 이○○가 자살하자 여러 명의 청소년이 모방자살을 시도한 경우도 있다. 일본에서도 1998년에 가수 '히데'가 자살하자 10대 팬 3명이 잇따라 모방자살을 하는 일이 벌어진 적이 있다.

청소년은 모방자살뿐만 아니라 누군가와 함께 동반자살을 하는 특징도 나타난다. 원룸, 팬션, 승용차, 숙박시설 등지에서 동반자살을 하는 청소년의 안타까운 소식을 언론 매체를 통해 접하는 것은 이제 낯설지 않은 현상이 되고 있다. 자살을 원하거나 실제로 이를 꾀하고자 하는 사람들이 모여 만든 인터넷 사이트에서 서로 연락을 취한 다음, 일정한 장소에 모여 동반자살을 시도하는 사례가 자주 발생하고 있다.

넷째, 청소년 자살은 신호수단의 특징이 있다. 청소년은 실제 죽고자 하는 의도에서 자살하는 것이 아니라, 자신의 아픔과 고통을 극단적인 방법으로 표현하여 도움을 얻기 위한 신호수단일 수 있다고 주장한다(한국청소년상담원, 2008). 실제로 자살행동을 한 청소년 중에는 다시 자살을 시도한 청소년이 10%에 불과하며, 나머지 90% 정도는 자살을 반복해서 시도하지 않은 것으로 보고되고 있다(Hawton, 1986). 이는 청소년 자살행동이 삶을 완전히 포기하려고 선택한 행동이기보다는 괴로운 현실을 일시적으로 도피하기 위한 수단이며, 가정과 학교, 사회에 도움을 요청하기 위한 것이라고 설명하고 있다(고재홍 · 윤경란, 2007).

다섯째, 청소년은 죽음에 대한 환상을 가진다. 청소년이 죽음에 대한 환상을 가지는 것은 인터넷 게임이나 판타지 소설류 등의 영향을 받은 이유가 크다. 현실세계에서의 스트레스와 압력, 위기를 느낄 때 죽음을 일종의 도피수단으로 보고, 자살로 문제를 해결해 보려는 의존성이 영향을 미치는 것으로 알려져 있다(한국청소년상담원, 2008).

여섯째, 청소년 자살은 사소하고 단순한 문제에서 기인한다. 청소년 자살은 대부분 지엽적이고 사소한 것이 많다. 간단하고 단순한 것임에도 불구하고 이에 쉽게 충격을 받아 자살하는 특징이 있다. 학교 성적이 떨어져서, 부모에게 꾸지람을 받아서, 죄책감으로, 친구와의 관계가 틀어져서 자살하는 등 아주 사소하고 지엽적인 문제가 원인이 되어 나타난다.

3) 청소년의 자살심리

청소년의 자살은 다양한 영역에 부정적인 결과를 초래한다. 더 심각한 것은 실제로 자살을 시도하는 청소년에 비해 우울과 스트레스를 경험하고 있는 청소년이 더 많다는 점이다. 심리적 고통과 갈등을 겪고 있음에도 불구하고 이를 덮어 두고 생활하는 청소년이 더 많다는 사실은 그만큼 자살 우려의 심각성이 크다는 것을 시사한다. 청소년기의 자살심리는 성인기의 자살심리와 다른 양상을 보이는데 이를 살펴보면 다음과 같다.

첫째, 욕구좌절 심리이다. 청소년은 어른이 보기에 대수롭지 않은 작은 일로 자살하는 경향이 있다. 이는 청소년이 아동기에서 벗어났다고는 하지만 아직 소아적 욕구가 남아 있음을 보여 주는 것이다. 청소년은 자신의 욕구가 좌절되면 충동적이고 공격적인 행동을 하는데, 이는 마치 새장에 갇힌 새가 새장을 탈출하기 위해 창살에 머리를 부딪치는 모습과 유사한 행위라고 할 수 있다. 욕구좌절에 의한 심한 분노와 공격적인 행동은 성질이 급한 청소년에게서 더 흔하게 나타난다.

둘째, 소외 심리이다. 소외 심리는 경쟁 사회에서 살아가는 것이 힘들고 지친 나머지 먼저 세상을 떠난 부모나 형제를 따라 죽고자 하는 특성을 의미한다. 불공평하고 고통이 있는 지금의 세상보다 먼저 세상을 떠난 사람이 사는 저세상으로 가서 함께 살기 위한 의도로 자살하는 심리다. 청소년의 경우에는 친구의 죽음과 유명 연예인의 자살영향을 크게 받는데, 이들은 대개 정신적으로 의지할 대상이 없는 소외된 결손가정의 청소년에게서 흔히 나타난다.

셋째, 도피 심리이다. 친구의 괴롭힘으로 학교에 가기 싫은데 그렇다고 학교를 안 가자니 부모에게 죄송하고, 나쁜 짓을 한 것이 있으면 그것이 부모에 탄로가 날까 봐 이러지도 저러지도 못하는 갈등 상황에 놓이면 도피 심리로 자살하려고 한다. 대개 타인과 의사소통이 단절된 수동적인 청소년에게서 주로 나타난다.

넷째, 보복 심리이다. 학업 성적과 관련된 부모의 꾸중에 대한 반발 혹은 남의 물건을 훔쳤다고 지적하는 교사의 추궁에 결백을 주장하기 위해 죽음을 선택하는 자살심리이다. 이 경우에는 심리 저변에 부모나 교사에 대한 복수심과 적개심이 강하게 내재되어 있는 것이 특징이다. 죽음이라는 극단적인 수단을 사용함으로써 타인에게 고통과 죄책감을 받게 하려는 보복 심리이다. 대개 가족 내 갈등을 경험하는 청소년에게서 흔히 나타난다.

다섯째, 자기학대 심리이다. 성취욕이 높은 청소년은 자기의 기대수준에 못 미치는 결과를 보게 되는 경우, 자기학대 심리가 발현되는 것으로 알려지고 있다. 자신의 능력에 대한 회의와 절망으로 못난 자기 자신을 처벌하기 위해 유서를 남기고 자살하는 경우가 이에 해당한다. 입시 경쟁이 심한 우리나라 현실에서 자식에 대한 과잉기대를 갖는 경우에 자주 발생하는 특징이 있다.

4) 청소년 자살의 유형

청소년 자살은 발달적 · 정서적 · 사회문화적 특징과 관련이 깊다. 청소년은 감정이 자주 변하고 강한 공격성, 충동성, 질투심, 시기심 등을 보인다. 행복하고 자신감이 넘치다가도 갑자기 열등감과 우울증에 빠지기도 하는 등 자신의 감정을 조절하거나 제대로 통제하지 못하는 특징이 있다. 이성에 대한 관심이 많고, 이성에 대한 흥분된 감정과 사랑의 감정이 강렬하게 나타나기도 한다(김만홍, 1998).

이러한 특성을 지닌 청소년 중에는 친구에게 모욕을 당했다고 자살하기도 하고, 선생님에게 꾸중을 들었다고 건물 옥상에서 투신하기도 하며, 시험을 못 본

압박감 때문에 목을 매기도 한다. 아버지에게 뺨을 맞았다고 가출하고, 좋아하는 가수가 자살했다고 따라 죽는 학생들도 발생하고 있다. 이렇게 청소년의 자살은 평소 정상적으로 생활하던 상태에서 갑작스럽게 나타나는 특징이 있는데, 대체로 청소년의 자살 유형은 다음과 같이 구분하여 설명한다.

(1) 문제행동형 자살

문제행동형 자살은 약물남용, 가정폭력, 학교폭력, 집단따돌림과 같은 문제가 발생할 때 이를 해결하지 못하고 청소년 스스로 자살을 선택하는 유형이다. 이 유형은 청소년을 이해하지 못하는 어른들의 평가적이고 규범적인 행동이 오히려 문제행동형 자살에 영향을 미치는 것으로 알려져 있다.

예를 들어, 부모와의 갈등이나 친구와의 다툼, 애인과의 이별, 학교 성적 저하 등의 문제가 발생하면 어른들은 청소년의 행동을 청소년의 입장에서 바라보지 못하고 어른의 관점에서 문제행동을 엄하게 다루는 경향이 있다. 이때 청소년은 심리적 갈등을 이겨 내지 못하고 자살을 선택한다.

(2) 내향형 자살

어른이 보기에는 대수롭지 않은 사소한 문제인데 청소년은 이를 단순하게 보지 않고 고민하다 자살하는 경우가 내향형 자살에 해당한다. 보통 행동이나 태도가 내향적이고 소심한 청소년에게서 나타나는 유형이다. 부모는 학교나 가정에 자녀가 고민할 만한 문제가 있다고 생각하지 않으나 당사자인 청소년은 고민하고 해결할 것이 많아 심리적인 어려움을 느낀다. 여기에 학교 성적과 진로 문제까지 겹치면 고독과 소외감이 커져 자살로 이어진다.

(3) 감정형 자살

감정형 자살은 자신의 감정이 격해질 때 스스로 감정을 이기지 못해 생명을 끊는 유형이다. 이 유형은 감정을 다스리지 못해 앞뒤를 생각하지 못하고 충동적으로 자살하는 특징을 보이며, 언어적 · 비언어적인 방식으로 자살을 암시하기도 한다. 냉철한 이성과 자신의 의지로 감정을 억제할 수 없어 자신의 내부로 공격성이 향하여 자살하게 되는데, 잘 아는 친구에게 모욕을 당하거나 교사에게 꾸중을 들었다고 목숨을 끊는 경우가 이에 해당한다.

(4) 신체장애형 자살

청소년기에는 자신의 외모나 신체에 매우 민감하게 반응한다. 이 같은 이유로 자신의 열등한 신체를 비관해서 자살하는 경우가 발생한다. 신체의 열등한 특징 외에도 몸이 너무 뚱뚱하다든지, 키가 너무 작다든지, 얼굴이 못생겼다든지 하는 생각을 자주 하게 되면 자신감이 낮아지고 열등감이 생겨 대인관계를 기피하게 된다. 이러한 신체적 열등의식이 부모의 사업 실패나 입시 실패, 애인과의 이별 등과 맞물질 경우 흔히 자살을 선택한다.

(5) 정신장애형 자살

정신장애가 있는 청소년에게서 흔히 나타나는 유형이다. 청소년의 정신장애로는 주로 불안장애, 우울장애, 강박장애, 히스테리, 조현병, 기분장애(우울증), PTSD 등이다. 청소년의 자살은 조현병이나 조울증 초기에 나타나는 특징이 있으며, 불안이나 강박을 보이는 신경증에서 시작되기도 한다. 청소년기는 일반적으로 정서가 불안정한 상태에 놓이게 되는데, 여기에 정신장애까지 겹치면 심리적 불안이 더욱 높아져 절망감을 느끼고 결국 자살로 이어진다.

3. 군 장병 자살의 특징

1) 장병 자살률

군대에서도 해마다 자살하는 장병이 발생한다. 군에서는 장병 자살을 예방하기 위해 구타 및 가혹행위를 금지하고, 전문상담을 제도화하는 동시에 여러 가지 자살방지 시스템을 가동하는 등 다각도로 노력을 기울이고 있지만 매년 자살자가 발생하는 것은 막지 못하고 있다. 2014년도부터 지금까지 군 자살자는 군 내 사망자의 절반을 넘어 줄곧 사망 원인 1위를 차지하고 있다. 해마다 발생한 군 자살자 수를 살펴보면 2011년 97명, 2012년 72명, 2013년 71명, 2014년 67명, 2015년 57명, 2016년 54명으로 나타났다(심윤기, 2018). 특히, 총기에 의한 자살자도 2006년부터 2010년까지 5년 동안 56명이나 발생하였다(육군본부, 2011).

군 자살자 대부분은 입대 후 6개월 이내인 이등병 또는 일병 진급 직후에 가장 많이 발생하는 것으로 조사되고 있다. 주로 신변비관과 복무부적응, 업무과중 등의 이유가 자살 원인으로 분석되고 있으나, 간부의 경우에는 금전 부채와 관련된 자살이 가장 많이 발생하고 있다.

2) 장병 자살이 미치는 영향

군 장병은 입대하기 전부터 다양한 사회문화적 영향을 받고 자라온 자들이다. 군 장병의 자살은 자살한 한 개인에게만 국한되는 문제로 끝나지 않는데, 그 이유는 사회에 있는 그의 친구, 애인, 지인들에게 심각한 상처와 후유증을 주고, 함께 군 생활을 하는 전우에게 깊은 정신적 상처를 주며, 자식을 군에 보낸 부모에게는 평생 군에 대한 불신과 불만을 지닌 채 살아가도록 만들기 때문이다.

자살사고가 발생한 부대는 급속도로 사기가 낮아지고, 부대 분위기는 순식간에 침체되어 부대원들의 복무의욕이 크게 저하된다. 간부와 병사 사이에는 서로 신뢰하지 못하는 불신의 벽이 높아지고, 그로 인해 부대 군기가 문란해져 크고 작은 안전사고들이 지속적으로 발생하기도 한다. 장병 자살이 불러오는 부정적인 파급

효과는 주로 다음과 같다.

첫째, 비전투손실을 가져온다. 비전투손실은 전투가 벌어지는 전시 상황에서 전사하거나 장비가 손실되는 것이 아니라, 평시 부대관리 중이거나 비전투 중인 상황에서 일어나는 병력과 장비의 손실을 의미한다. 장병 자살은 비전투손실의 가장 큰 비중을 차지하는 대표적인 유형이다. 2010년 육군에서 발생한 각종 사고로 사망한 장병은 87명으로 집계되었는데, 이 중 자살한 장병은 무려 64명이나 되는 것으로 보고된 바 있다(육군본부, 2011).

둘째, 군기를 약화시킨다. 군 장병은 각각 개인의 몸임과 동시에 국가로부터 부름을 받아 숭고한 임무를 수행하는 존엄한 국가의 몸이다. 그러므로 자신의 몸을 함부로 대하는 것은 「군인의 지위 및 복무에 관한 기본법」에 어긋나는 짓이자 군기를 문란케 하는 행위에 해당한다. 군 자살자에게는 순직처리를 하지 못하게 되어 있는데 그 이유가 여기에 있다. 장병 자살은 그 자체로 부대의 기강을 약화시키고 질서를 어지럽히는 군기문란 행위에 해당한다. 국가의 부름에 정당한 이유 없이 불복종한 행위일 뿐만 아니라 군대의 합리적인 지시를 불이행한 처사이며, 상관에 대한 하극상의 행위가 된다.

셋째, 군의 사기를 저하시킨다. 장병이 자살하는 동기는 개인적인 특성과 환경적인 요인, 부대 요인 등이 복합적으로 작용하여 발생한다. 군대는 사기를 먹고 사는 집단인데 부대에 자살사고가 발생하면 그 부대는 순식간에 사기가 저하되고 부대 분위기가 침체된다. 뿐만 아니라, 부대 지휘관(자)에 대한 부대원의 불신이 이어지고 상관에 대한 불평불만이 고조되며, 크고 작은 부대의 취약점이 노출되어 각종 안전사고가 이어지기도 한다.

넷째, 대군 불신을 초래한다. 자식을 군에 보낸 부모는 항상 자식이 무사히 전역하기만을 기다리며 지낸다. 자녀 하나만 두는 요즘 가정에서 군에 보낸 아들의 자살사망은 대를 끊게 하는 반인륜적인 처사로 순탄하고 행복했던 한 가정을 파탄에 이르게 한다. 이렇게 군에 보낸 자식의 자살은 평생 부모에게 비통하고 처절한 고통을 안겨 줌과 동시에 군에 대한 불신과 분노를 지니며 살아가게 만든다.

3) 장병 자살의 원인

군 장병이 자살하는 원인은 크게 부대 내적인 문제와 외적인 문제로 구분한다. 부대 내적인 문제는 복무부적응, 처벌 우려, 구타 및 가혹행위 등의 요인이 해당하며, 부대 외적인 문제는 가정환경, 염세비관, 신변비관, 애인관계, 개인특성 등의 요인을 포함하고 있다.

(1) 부대 내적인 요인

부대 내에서 장병들의 욕구가 제대로 충족되지 못하거나 저지되고 억제되면 그들의 불만과 갈등은 자살의 직 · 간접적인 동기로 작용한다. 군 복무 중 상급자로부터 인격적인 모독과 동료들로부터 따돌림을 당하고, 선임병사로부터 신체적인 폭력을 경험하면 자살을 선택하는 경향이 나타나고 있다(육군본부, 2008).

❶ 간부 질책 및 선임병사 횡포

신세대 장병은 대부분 자유로운 사회 분위기에서 성장하였다. 그래서 이들은 권위주의에 매우 부정적이다. 군의 위계적인 시스템과 상관의 강압적인 질책, 잦은 꾸중을 받으면 이에 적극적으로 적응하기보다는 자살을 선택하는 경향이 있다. 특히, 선임병사에 의한 구타 및 가혹행위와 인격적인 모독, 성추행, 집단따돌림 등은 장병 자살의 직접적인 원인으로 작용한다.

> [사례 1]
> 평소 선임병사의 잦은 질책과 욕설, 장난식으로 때리면서 자존심을 상하게 하자 컨테이너 화장실 창문 잠금장치에 목을 매 사망함
>
> [사례 2]
> 선임병사로부터 운전 미숙 및 군기가 빠졌다는 이유로 수차례 폭행 및 질책을 받게 되자 트럭 적재함 후미에 목을 매 사망함

❷ 업무 부담에 따른 복무부적응

신세대 병사는 자존심이 강한 반면 정신력은 다소 약한 편으로 개인에게 주어진 업무는 어떻게든 완벽하게 처리해야 한다는 과중한 정신적 부담과 책임의식을 갖는 경향이 있다. 이러한 상황이 지속되는 장병은 정신적 · 육체적 스트레스가 가중되고 복무의욕은 급격히 감소하여 복무부적응으로 이어져 결국 자살을 선택하기도 한다.

[사례 1]
업무 미숙으로 자주 질책을 받던 한 병사가 행정반에서 일반전화를 사용했다는 이유로 선임병사에게 욕설과 질책을 받은 후, 영내 소나무 가지에 야전상의 허리끈으로 목을 매 사망함

[사례 2]
평소 업무 부담을 느껴 오던 중 선임병사로부터 후임병사 교육을 제대로 시키지 못했다는 이유로 욕설과 질책을 당한 후, 영내 창고 선반에 전투화 끈으로 목을 매 사망함

❸ 대인관계 갈등

후임병사가 선임병사를 무시하거나 혹은 후임병사에게 대우받기를 바라는 선임병사로부터 부당한 요구가 지속적으로 이루어지면 병사 간 갈등의 골은 깊어진다. 이러한 대립적인 관계는 부대 분위기를 경직되게 하고 원활한 의사소통을 차단하며, 계급 간 반목과 불신이 팽배해져 총기사고와 같은 악성사고로 이어지는데 영향을 미친다.

[사례 1]
2007년 횡성 지역에 주둔하는 한 부대의 탄약고에서 총기사고에 이은 자살사고가 발생하였는데, 필자가 직접 사고 현장에 다녀온 사건이다. 선 · 후임 병사 간 대립적인 관계가 원인이 되어 선임병사가 후임병사를 탄약고 근무 중 총기로 사살한 후, 자신도 총기로 자살함

[사례 2]
총기 손질 시 공이를 분실하였다는 이유로 선임병사로부터 욕설과 질책을 받아오던 한 병사가 "죽고 싶다"는 이야기를 주변에 말한 후, 야외창고 전신주에 전투화 끈을 사용해 목매어 사망함

❹ 열악한 부대 환경

열악한 부대 환경이 개인의 문제와 결부되어 자살로 이어지는 사례도 있다. 신세대 장병은 대부분 다양한 사회문화적 영향을 받으며 생활하다 군에 입대한 자들이다. 그래서 부대의 열악한 시설이나 환경은 이들에게 심각한 스트레스로 작용한다. 병영생활관의 노후, 운동 및 자유 시간의 부족, 다양한 취미 생활 등이 제대로 보장되지 않아 스트레스가 높아지면 자살로 이어지기도 한다.

[사례 1]
장기간의 병원 후송으로 소속부대 복귀 후 적응하지 못하다가 휴가 중 민간인 친구들에게 "부대에 복귀하기 싫다, 죽고 싶다"는 등의 자살징후를 보이다가 휴가 복귀 당일 자신의 집 방에서 목매어 사망함

(2) 부대 외적인 요인

군 장병의 자살은 단일한 동기만으로 발생하지 않는다. 개인의 특성과 부대 환경적 요인, 가정적 요인 등이 복합적으로 작용한다. 부대 외적인 측면에서 나타나는 자살 동기는 대체로 다음과 같다.

❶ 가정환경 비관

부모의 이혼이나 가족구성원 간의 갈등 등 가정환경이 원만하지 못해 자살하는 장병이 있다. 특히, 사업 실패 및 부채 등으로 가정의 경제적 어려움이 가중되면 휴가 중에 자살하는 경향이 있다.

> [사례]
> 모친의 음독자살, 지적 장애 3급인 계모와의 가정생활, 부친의 일용직 생활, 형의 안전사고로 인한 사망 등 중첩된 불우한 가정환경으로 고민하다 휴가 중 자신의 집에서 농약을 먹고 사망함

❷ 신체 비관

군 장병은 누구 할 것 없이 신체적으로 건강한 상태에서 동료들과 똑같이 먹고 자고 훈련하며 생활한다. 그러나 특정 질환이나 허약한 체질로 동질 집단 내에서 정상적인 군 생활이 곤란해지면 심한 좌절감을 경험한다. 여기에 애인과의 이별이나 좋지 않은 가정적인 문제 등이 겹치면 이를 비관하여 자살하기도 한다.

❸ 우울증, 자신감 결여

우울 증상이 있는 장병은 늘 자신을 자책하고 무가치하게 보는 경향이 있다. 입대 전 대학 진학 실패와 전역 후 삶의 진로에 어려움을 겪는 장병은 자신감이 부족해 복무부적응으로 이어진다. 군대조차도 자신을 받아들여 주지 않고 관심조차 기울이지 않는다는 비합리적 신념과 소외감, 고독감, 절망감 등으로 자살한다.

> [사례]
> 주변 동료들과 잘 어울리지 못하는 내성적인 성격과 우울증 증세의 악화, 평소 긴장하면 말을 더듬는 신체 비관 등으로 휴가 중 유서 작성 후, 아파트 옥상에서 투신 사망함

❹ 애인과의 결별

군 장병은 대부분 20대 초반의 나이로 이성문제에 매우 민감한 시기를 군에서 보낸다. 입대 전 사귀던 애인의 변심으로 관계가 단절되거나 일방적인 결별을 요구받으면 이를 비관하여 자살하는 경우도 종종 발생하곤 한다.

(3) 부대지휘 결함요인

군은 그동안 장병의 자살 원인을 개인특성의 결함과 열악한 가정환경, 애인관계 등 부대 외적인 측면에서 찾으려는 경향이 많았다. 군 조직의 구조적인 시스템과 지휘 결함의 문제에서 비롯되는 원인은 비교적 간과하는 모습을 보이는 경향이 있었다. 도움배려병사를 선정하고 관리하는 시스템이 문제가 될 수 있고, 지휘관리의 결함 요소와 총기 · 탄약 관리가 부실한 요인도 군 장병의 자살에 직 · 간접적으로 영향을 미치고 있으나 이러한 요인들은 깊게 분석하지 못하였다.

군의 이러한 접근방식은 자살사망에 이르게 된 과정에 대한 납득할 만한 설명을 어렵게 하고, 군 의문사로 남게 하는 원인을 초래하기도 하였다. 뿐만 아니라, 부대 차원에서는 병영 부조리와 부대관리 개선책을 마련하는 데 도움을 주지 못하는 결과를 가져다주었다. 다행히 군은 이러한 문제점을 인식하고 구조적인 시스템의 문제를 비롯하여 지휘통솔의 문제들도 군 장병의 자살 원인에 포함시켜 분석하고 있는데 다행한 일이다.

4. 군 자살예방 상담전략

군 장병은 상급자로부터 인격적인 모욕이나 무시를 당하고 동료들로부터 집단따돌림을 당하면 자살을 생각한다. 선임이나 상급자에게 구타 및 가혹행위나 성추행을 당했을 때, 부대업무나 훈련이 감당할 수 없을 만큼 과중할 때도 자살을 생각한다. 부모의 이혼이나 가정경제의 악화, 애인과의 관계가 단절되는 경우에는 어떻게 난관을 헤쳐나가야 할지 몰라 절망감과 무력감으로 자살을 생각한다. 이렇게 장병의 자살은 비정상적인 병영생활에서 발생하는 스트레스와 가정적인 변화, 개인특성 등 여러 요인이 복합적으로 연결되어 발생한다(국방부, 2013).

군 장병의 자살은 상황이 발생된 후에는 이미 치료적 개입이 불가하다는 점에서 자살시도 전의 예방적 조치가 무엇보다 중요하다. 자살시도가 실패로 돌아가 사후적인 접근이 이루어질 수도 있겠지만 그런 상황이 도래되지 않도록 사전 예방하는 것이 더욱 중요하다. 군 자살예방 상담전략은 크게 응급적으로 개입하는 방법과 단기적으로 개입하는 방법 등 두 가지를 적용하고 있다.

1) 응급 자살위기개입

응급 자살위기개입은 자살위험성이 높은 장병을 발견하게 될 경우, 소속부대 지휘관(자)을 중심으로 이루어지는 응급적인 관리를 말한다. 자살위기장병을 캠프에 입소시키거나 군 상담관의 전문 개입이 이루어지기 전에 실시하는 방법이다. 응급개입 방법에는 적극적인 자살예방활동과 자살하지 않겠다는 자살금지서약서 작성, 위기장병에 대한 24시간 관찰 등의 방법이 이루어진다.

(1) 자살예방활동

지휘관(자)은 소속부대 장병 중 자살위험성이 있는 장병을 발견하면 신속하고 신중하게 대처한다. 자살위기장병을 다루는 경험이 부족하면 지체 없이 인접부대 군 전문상담관이나 사설 상담소의 자살예방전문가에게 자문을 구하여 적절한 대책을 강구하는 것이 필요하다. 자살예방과 관련한 활동은 효과적인 의사소통과 응급 대처방법을 모색하는 것이 무엇보다 중요하다. 만약, 자살위기를 성공적으로 극복한 경험이 있는 장병이 같은 소속부대에서 근무하고 있다면 또래 상담병사 역할을 수행하도록 조치하여 자살위기장병을 집중 관리하는 것이 바람직하다.

(2) 자살금지서약서 작성

자살위기장병에게 취할 수 있는 또 다른 응급조치 방법은 자살하지 않겠다는 약속을 받아 내는 것이다. 만약, 자살을 시도하려면 실행하기 전에 반드시 지휘관(자)에게 먼저 알리겠다는 약속을 받아낸다. 이러한 약속은 구두로 행해질 수도 있으나 문서로 작성하는 것이 더 효과적이다.

통상적으로 군 장병은 부대에 전입할 때 자살금지서약서를 작성한다. 그러함에도 불구하고 재차 서약서를 작성하는 이유는 현재의 심리적 고통과 정신적 혼란으로 이미 작성한 자살금지서약서를 잘 기억하지 못하기 때문이다. 자살금지서약서 작성은 위기장병의 생명에 부대구성원들이 지대한 관심을 가지고 있다는 것을 느끼게 만들어 자살을 예방하는 효과가 크게 나타난다.

맥브라이언(McBrien)은 자살충동을 호소하는 600명에게 자살금지서약서를 작성하게 한 다음, 이후 시간이 지나 조사한 결과 단 한 명도 자살하지 않았다는 보고를 제시하기도 하였다(박상칠 · 조용범, 1998). 이렇게 자살금지서약서를 작성하는 것은 죽음에 이르지 않고 삶의 희망을 바라는 긍정적인 메시지를 전달하는 효과가 있어 자살위기장병에게 큰 도움이 된다.

(3) 24시간 행동관찰

자살위기장병을 위해서는 친한 동료와 선 · 후임 장병을 편성하여 24시간 관찰하고 보호하는 것이 매우 중요하다. 위기상황에 가까이 있을수록 위기해결이 수월하다는 점을 고려하면 위기장병이 위치한 곳에 가까이 있는 것이 자살예방에 매우 효과적이다. 위기장병이 생활하는 공간에 늘 동료가 함께 있으면 자살위기장병의 행동관찰이 가능하여 적절히 보호할 수 있고, 위기상태가 더 악화되는 것을 예방할 수 있다.

예를 들어, 주간에는 동료 상담병사를 편성하여 자살위기장병과 함께 생활하도록 관리하고, 야간에는 한 시간 단위로 불침번에게 임무를 부여하여 자살위기장병의 취침 상태를 관찰하며, 화장실까지 동행하여 행동을 확인할 수 있어야 한다. 주간과 야간 단위로 이루어진 행동관찰 결과는 수시로 지휘관(자)에게 보고하고, 그 결과에 따라 다양한 대처방법을 지속적으로 모색할 수 있어야 한다.

2) 단기 자살위기상담

단기 자살위기상담은 군 캠프에 입소한 위기장병을 대상으로 군 상담관에 의해

2주 동안 이루어지는 상담방법이다. 자살위기장병의 자살문제를 전문가가 직접 개입하는 것으로 위기장병의 자살위험성에 대한 즉각적이고도 직접적인 개입방법이다. 앞서 언급한 응급적 개입방법은 자살위기장병을 캠프에 입소시키기 전 주로 소속부대에서 위기장병을 관리하는 방법인 데 반해, 단기 자살위기상담은 캠프에서 보다 전문적으로 위기장병의 자살문제에 개입한다는 점에서 차이가 있다.

(1) 캠프 입소

일반부대에서는 자살위험성이 있는 장병을 대상으로 시간을 정해 놓고 상담을 진행하기 어려운 실정이다. 군 상담관도 편성되어 있지 않을 뿐만 아니라 상담실 여건 등이 미흡하기 때문이다. 이러한 여건을 고려하여 자살위기장병을 군 캠프에 입소시키는 조치는 매우 효과적인 대안이 된다. 군 캠프에 위기장병을 입소시키면 평소 자살충동을 자극하는 환경에서 격리될 뿐만 아니라 캠프에서 지속적인 보호와 치료를 받을 수 있다는 장점이 있다. 또한, 자살위기장병의 자살충동 완화에 도움이 되는 전문상담과 다양한 집단 프로그램을 적용하는 데에도 이점이 있다.

사단에서 운영하는 힐링 캠프에 입소하여 2주간의 치료를 받았음에도 불구하고 자살위험성이 낮아지지 않는 경우에는 군단 비전 캠프에 재입소하는 것이 바람직하다. 자살위기장병의 상태가 호전되어 캠프에서 퇴소하면 원래 소속된 부대로 복귀하게 되는데, 자대 복귀 후에도 언제든지 자살충동이 다시 재발할 수 있다. 그러므로 캠프에 입소시킨 것만으로 문제가 모두 해결되었다고 만족해서는 안 되며, 캠프 퇴소 후 자살충동의 재발문제를 어떻게 다룰 것인지에 대한 대안을 미리 준비하는 것이 현명하다.

만약, 캠프에 여러 번 입소했는데도 치료적 효과가 나타나지 않는다거나, 캠프 퇴소 후 자살위기가 반복해서 재발하는 경우에는 최종적으로 현역복무 부적합심의를 통해 전역조치를 시키는 것이 바람직하다.

(2) 캠프 상담방법

❶ 자살동기 탐색

위기장병의 자살동기 탐색은 효과적인 개입을 위해 반드시 필요한 과정이다. 어떤 위기장병은 군 생활이 너무 힘들고, 전역 후의 삶에 대한 의미와 가치마저 상실하여 자신의 모든 것을 끝내기를 원한다. 이러한 상황에 놓여 있는 장병의 정서적 고통은 견디기 어려울 만큼 최고조에 이른다. 그동안 힘든 삶과 고통스러운 군 생활에서 벗어나는 방법을 나름 찾아보려고 노력하였으나 끝내 찾지 못하고 지칠 대로 지쳐, 이제 모든 것을 포기하려는 상태이다.

이렇게 위기장병의 목적이 자살을 통한 삶의 포기에 있다면 그의 절망과 희망의 부재가 상담의 초점이 되어야 한다. 만일, 위기장병의 절망감이 군 복무부적응이나 빈곤한 가정환경, 애인 변심, 집단따돌림과 같이 현실에 근거한 것이라면 적절한 환경 변화를 통한 개입이 필요하다. 그러나 절망감이 자신과 세상에 대한 왜곡되고 잘못된 관점에 기초한 것이라면 비합리적 신념체계 개선에 상담의 초점을 맞출 필요가 있다.

만약, 위기장병이 타인에게 영향력을 행사하기 위해 자살하고자 한다면 군 상담관은 그의 행동과 생각 속에 은폐된 다양한 조종 동기를 가려내는 데 초점을 둔다. 자살을 함으로써 타인에게 영향력을 행사하려는 목적이 자신의 대인관계 결함과 관련된 것이라면 위기장병의 부적응적인 대인관계행동을 파악한 후, 동료들과 관계를 맺는 보다 적응적인 방법을 가르치는 데 중점을 두어야 할 것이다.

특히, 위기장병의 자살목적이 자신에게 상처를 준 조직구성원들에게 증오의 복수를 하려는 동기와 관련되어 있다면 복수하고자 하는 마음이 왜 생기게 되었는지를 우선 살펴보도록 하는 것이 중요하다. 타인으로부터 받은 상처가 직접적인 자살 이유가 된다면 죽음을 통한 복수보다 그 상처를 해결할 수 있는 보다 건전하고 합리적인 방법을 찾는 것이 더 효과적이다.

❷ 질문하기

자살위기장병에게는 무엇보다 그의 자살관념을 알아보는 것이 필요하다. 흔히 경험이 적은 군 상담관은 위기장병의 자살문제를 논하는 것이 그의 자살관념을 더욱 강화하는 것이 되지 않을까 하고 염려하는 경향이 있다. 또한, 위기장병에게 자살에 대한 생각을 묻는 것은 그의 자살에 대한 실행계획을 더욱 확고하게 만들지 모른다고 우려하기도 한다. 군 상담관이 갖는 이러한 염려와 걱정은 어찌 보면 당연할 것일 수 있으나, 위기자의 자살생각을 다루어서 더 큰 문제로 발전된 경우는 찾아보기 힘들다.

자살에 대한 논의는 대상자가 누구이던 간에 자살에 대한 객관적인 검토를 가능하게 한다. 위기장병과의 자살논의는 자신이 생각하는 자살에 대해 좀 더 현실적으로 인식할 수 있게 하고, 합리적 의사결정에 도움을 준다. 자살에 대한 객관적인 논의를 할 수 있는 효과적인 방법은 질문이다. 질문은 자살위기장병이 처한 어려움에 어떻게 개입해야 하는지 실마리를 찾게 해 주며, 그가 처한 어려움을 해결하는 방법이 과연 자살 외에 다른 방법은 없는지 검토할 수 있게 한다.

따라서 질문을 통해 위기장병이 생각하는 자살의 이유와 자살하고자 하는 마음의 강도, 자살방법 등에 대한 정보를 이끌어 낼 수 있어야 한다. 여기서 주의해야 할 사항은 질문이 중요하다고 해서 위기장병을 추궁하거나 일방적으로 몰아붙이는 식으로 질문이 이루어져서는 결코 상담이 성공할 수 없다.

❸ 절망감 다루기

절망감은 자살충동의 가장 직접적인 동기로 작용할 만큼 자살과 관련이 깊다. 절망의 이유가 사람에 따라 다른 것처럼 자살위기장병이 절망하는 이유도 여러 가지다. 절망하는 이유가 사람에 따라 다양한 것에 반해 절망하는 장병에게서 나타나는 공통적인 특징은 자살을 선택하는 것 외에 다른 대안적 해결책이 있다는 것을 잘 인식하지 못한다는 점이다. 현재와 미래에 대해 내린 절망적인 결론 외에 다른 선택이 있다는 것을 잘 인식하지 못한다. 따라서 캠프 상담관은 자살위기장병이 내린 결론을 당연한 것으로 받아들여서는 안 되며, 위기장병이 내린 결론을 입증할 수 있는 증거와 모순되는 증거를 그와 함께 양파 껍질 벗기듯 하나씩 찾아보는 것이 중요하다.

자살위기장병이 내린 절망적 결론이 과연 충분한 사실에 근거를 둔 타당하고 합리적인 결론인지 검토가 필요하다. 이러한 과정을 통해 위기장병은 자신이 내린 자살선택 결론과 모순되는 증거를 찾아낼 수 있다. 이렇게 찾아진 모순되는 증거들은 절망적인 결론을 변화시키는 데 유용하게 활용된다.

절망감 다루기는 자살위기상담에서 매우 힘든 작업이다. 군 캠프에 입소해 치료받는 2주간의 시간을 충분히 활용해 자살위기장병이 현재 절망하는 이유와 미래 희망의 이야기를 하나씩 찾아가는 노력이 동시에 필요하다. 이러한 과정을 통해 위기장병은 자신의 미래 삶의 이야기를 희망과 비전으로 재구성할 수 있게 된다.

❹ 현실문제 다루기

자살을 결심한 위기장병은 자살결심에 관여되는 여러 가지 현실적인 문제가 결부되어 있는 것이 공통점이다. 인격적인 모욕이나 무시, 구타 및 가혹행위, 성폭력, 부모의 이혼이나 가정경제의 악화, 애인 변심 등이 장병의 극단적인 자살을 이끄는 현실적인 문제들이다. 위기장병은 그가 겪는 이러한 현실적인 문제의 대안적 해결방법이 전혀 없다고 단정해 버리는 특징이 있다. 그래서 오직 자살만이 유일한 해결책이라는 비합리적인 신념을 갖고 실행에 옮기려고 한다.

부모의 이혼이나 가정경제의 파탄, 애인 변심 등과 같이 군 복무 중인 자신이 직접 관여할 수 없는 현실적인 문제가 그의 자살결심에 영향을 미친 것이라면 위기장병이 바라는 기대수준을 낮추는 데 상담의 초점을 두는 것이 합당하다. 현실적으로 달성할 수 없는 기대수준이 문제라면 그러한 기대수준을 좀 더 현실적으로 조정하는 것이 보다 효과적일 수 있다.

다른 형태의 현실적인 문제에 대해서도 비슷한 방법으로 적용이 가능하다. 전역 후 복학이나 진로 선택으로 기인한 자살문제라면 그의 기대수준과 현재 상태 간의 불일치를 줄여 주는 것이 필요하다. 특히, 업무수행 미숙과 대인관계 갈등과 같이 위기장병의 현재 수행이 문제가 되는 것이라면 수행능력을 향상시킬 수 있는 대안적인 방법이나 기술을 모색하여 함께 연습하는 것이 필요하다.

❺ 조망 확장하기

위기장병이 보이는 또 다른 공통적인 특징은 시간 조망의 축소이다. 위기장병은 과거 군 입대 전의 삶과 현재의 군 생활, 전역 후 전개될 미래의 자기 모습에 균형 잡힌 통합된 조망을 갖지 못한다. 자살위기장병을 압도하는 것은 현재의 고민과 고통, 갈등이 대부분이며, 미래에 대한 합리적이고 융통성 있는 생각은 제대로 하지 못한다. 과거에 대해서는 부정적인 견해가 많으며, 미래를 비관적으로 바라보고 불안하게 생각하여 현재의 순간에만 초점을 맞춘다. 이렇게 비관적인 자살관념에 위기장병이 쉽게 빠져드는 이유는 시간 조망의 축소에서 기인한다.

이를 해결하기 위해서는 위기장병과 함께 현재의 고통이 미래에도 계속될 것이라는 부정적인 생각을 객관적으로 검토할 수 있어야 한다. 위기장병이 현재 겪고 있는 고민과 고통, 갈등을 구체적으로 나열하고, 그것들이 미래에 어떻게 전개될 것인지를 구체적으로 검토하며, 동시에 미래에 고통이 계속되리라고 믿는 이유를 탐색한다. 물론, 이 과정에서 부정적인 반응을 자주 보이기도 하지만 과거를 검토하고, 미래를 탐색하는 과정에서 시간 조망이 확장되고 균형 잡힌 통합된 조망을 가질 수 있게 된다.

❻ 환경 변화시키기

위기장병이 처한 환경과 상황을 변화시키는 것은 단기 자살위기상담에 꼭 필요한 과정이다. 부대의 환경 변화에 초점을 둔 개입은 위기장병의 복무 환경에 대한 구체적이고도 세밀한 분석으로부터 시작한다. 부대 환경에는 병영시설과 같은 물리적인 환경뿐만 아니라 상 · 하 대인관계의 상황, 가족관계와 같은 심리적 환경까지 포함한다.

이러한 환경적 상황들 중에서 위기장병의 고통과 갈등을 촉발하는 장면이 구체적으로 어떤 것이 있는지 탐색이 필요하다. 문제가 되는 환경적 장면이 확인되면 그 장면이 왜 문제가 되고, 어떻게 하면 그 문제를 해결 또는 변화시킬 수 있는지 함께 논의한다. 특히, 병영생활 개선이 문제가 되는 경우라면 생활관에서 동고동락하는 전체 인원을 대상으로 집단 프로그램을 실시하는 방법이 효과적이다.

CHAPTER 5

성폭력 위기상담

우리 사회의 성폭력 범죄는 과거에 비해 급격히 증가하고 있는 추세다. 엄격한 위계와 규율로 통제되고 있는 군(軍)에서조차 성(性)과 관련된 범죄가 꾸준히 증가하여, 한 해 평균 200여 건에 이른다. 장교와 부사관, 군무원, 병사, 사관생도에 이르기까지 특정한 신분을 가리지 않고 모든 계층에서 발생하고 있다는 점에서 심각성이 있다. 군 장병들의 성 군기 위반사고는 대군 불신을 초래하고, 군대의 성문화를 왜곡시킬 뿐만 아니라 군의 사기를 떨어뜨리는 요인으로 작용하여 중하게 다루어질 필요가 있다.

이 장에서는 성폭력에 대한 전반적인 개념과 이론적 배경을 고찰한다. 그런 다음 군에서 남군 동성 간 발생하는 성폭력과 여군에게 가해지는 성폭력의 특징을 살펴본 후, 군 성폭력 피해자를 대상으로 한 상담전략을 다룰 것이다.

1. 성폭력의 개념
2. 남군 동성 성폭력의 특징
3. 여군 이성 성폭력의 특징
4. 군 성폭력 위기상담 방법

1. 성폭력의 개념

1) 개요

성(性)은 역사적으로 생식을 위한 기능에 국한시켜 보는 것으로부터 출발하였다. 이후 심리사회적 측면에 중점을 둔 포괄적인 개념으로 발전하였으며, 현대에 이르러 성에 대한 주체성과 성적 자기결정권 등이 강조되었다.

성(sex)의 어원은 라틴어의 'Sexus'에서 유래된 것으로 전해진다. 'Sexus'는 'Seco'란 단어가 변형된 것으로 영어 'Cut'(자르다)과 같은 뜻이다. 모성으로부터 탯줄을 자르면서 온전한 성이 된다는 의미로 사용되었다.

성(性)은 생물학적 · 심리적 · 사회문화적 측면을 포함한 다차원적인 개념을 지니고 있으며, 윤리적인 잣대와 터부(taboo)의 기제로도 취급되고 있다. 성은 선천적으로 결정된 남성 또는 여성이라는 생물학적인 성(sex)이 있고, 남성 혹은 여성다움의 특성과 역할을 상징하는 사회문화적인 성(gender)으로 구분한다. 그리고 이와 같은 두 가지의 개념을 포괄하는 전인적이고 인격적인 개념의 성의식(sexuality)으로 구분하고 있다(김상원, 2001).

생물학적 차원의 섹스(sex)는 개인이 태어나면서 남녀로 구분되는 선천적 성별을 의미한다. 사회문화적 차원의 젠더(gender)는 출생 이후 심리적 · 사회문화적 환경에 학습된 남녀의 후천적인 특성을 말한다. 성의식인 섹슈얼리티(sexuality)는 선천적 · 후천적 성별은 물론 이와 관련한 개인의 성격, 행동, 태도, 인간관계까지 포괄하는 가장 넓은 차원의 성에 대한 개념으로 사용되고 있다(윤가현, 1998).

2) 용어의 이해

(1) 성역할

인간은 태어날 때부터 생리적 차이를 기준으로 남자와 여자로 구별한다. 성역할(gender)의 개념은 한 개인이 속해 있는 사회에서 남자 또는 여자로 특정 지어질 수 있는 행동양식과 태도, 가치관, 인성을 의미한다. 과거에는 성역할의 개념을 남성성과 여성성의 단일 차원으로 보고, 남성성과 여성성이 각각을 대표한다고 보는 양성 개념으로 이해하였다. 이러한 개념은 사회화 과정을 통해 남성과 여성 각각이 하나의 성역할을 하도록 영향을 미쳤다. 여성은 결혼하면 아들을 낳아 후대를 이어가는 책임을 져야 하고, 남성은 가족이 먹고사는 문제를 책임져야 한다는 것이 그 예다.

우리 사회에서는 전통적으로 남존여비의 차별적인 성역할 고정관념이 뿌리 깊게 박혀 있다. 전통적인 성역할을 이상적인 것으로 보고 지금까지 그 관념을 고수하고 있으며, 이러한 영향으로 남존여비 사상에 따른 성역할이 아직까지 사회 전반에서 발견되고 있는 실정이다(민경자, 2000).

(2) 성의식

성의식은 성에 대해 가지는 의식으로서 흔히 섹슈얼리티(sexuality)라고 말한다. 이는 단순히 성적 충동이나 애욕을 뜻하는 것이 아닌, 개인이 성에 대해 가지는 전반적이고 복합적인 관념을 의미하며, 성에 대한 감정과 사고뿐만 아니라 성에 대한 가치관이나 신념 등을 포함한다. 개인이 이성을 대할 때 보이는 감정, 태도, 행동은 바로 이러한 개인의 성의식에 대한 하나의 표현이라고 할 수 있다.

성의식은 육체적 · 정신적 · 사회적인 성의 기능을 바탕으로 이성에게로 향한 욕구를 충족시키고자 하는 마음의 상태이며, 그로 인해 드러나는 성의 지식, 태도, 행동을 말한다. 이러한 성의식은 일반적으로 2차 성징의 발달과 함께 나타나지만 출생, 학령기, 사춘기, 결혼, 부모가 되는 과정 등 일생을 통해 일정한 발달과정을 거쳐 나타난다.

(3) 성적 자기결정권

인간은 다른 사람의 권리를 침해하지 않는 대신 자기 생각대로 결정하고 행동할 권리를 가진다. 이러한 자기결정권은 인간이면 누구에게나 있는 것으로 성(性)과 관련해서도 예외가 아니다. 성적 자기결정권은 이성과의 관계에서 평등하고 주체적으로 관계를 만들어 갈 수 있는 능력을 말한다.

다른 사람이나 사회의 간섭 또는 강요 없이 자신의 의지와 판단에 따라 자율적으로 성적 행위를 결정할 수 있는 권리로 자신이 원하지 않는 성적 행위에 대해서는 분명하게 거부하고 저항할 수 있는 권리다. 상대방의 말이나 행동으로 성적 수치감이나 모욕감을 느끼는 경우에 이에 대하여 분명하게 반대 의사를 밝히는 것이 곧 성적 자기결정권을 행사하는 것이다.

성적 자기결정권을 행사할 때는 나의 성적 자기결정권이 소중한 기본 권리로 존중되어야 하듯, 타인의 성적 자기결정권도 이와 동등하게 존중되어야 한다는 점을 명확히 인식하는 것이 중요하다.

(4) 성인지 감수성

성인지 감수성(gender sensitivity)이라는 용어는 2018년 4월에 처음 등장하였다. 이 용어는 아직 명확한 정의가 내려지지 않은 상태이지만, 대체로 성별 간의 차이로 인해 나타나는 일상생활 속에서의 차별과 유 · 불리함 또는 불균형을 인지하는 것을 의미한다. 특히, 성폭력 · 성희롱 사건에서는 가해자가 아닌 피해자의 입장에서 사건을 바라보고 이해해야 한다는 의미를 내포하고 있다.

성인지 감수성을 거론한 대한민국 최초의 대법원 판례(2014년 4월)가 있는데 그 내용을 소개하면 다음과 같다.

> 법원이 성희롱 관련 소송의 심리를 할 때에는 그 사건이 발생한 맥락에서 성차별 문제를 이해하고, 양성평등을 실현할 수 있도록 성인지 감수성을 잃지 않아야 한다(「양성평등기본법」 제5조 제1항). 그리하여 우리 사회의 가해자 중심적인 문화와 인식, 구조 등으로 인하여 피해자가 성희롱 사실을 알리고, 문제로 삼는 과정에서 오히려 부정적 반응이나 여론, 불이익한 처우 또는 그로 인한 정신적 피해 등에 노출되는 이른바 2차 피해를 입을 수 있다는 점을 유념해야 한다.

피해자는 이러한 2차 피해에 대한 불안감이나 두려움으로 인하여 피해를 당한 후에도 가해자와 종전의 관계를 계속 유지하는 경우도 있고, 피해 사실을 즉시 신고하지 못하다가 다른 피해자 등 제삼자가 문제를 제기하거나 신고를 권유한 것을 계기로 비로소 신고를 하는 경우도 있으며, 피해 사실을 신고한 후에도 수사기관이나 법원에서 그에 관한 진술에 소극적인 태도를 보이는 경우도 적지 않다.

이와 같은 성희롱 피해자가 처한 특별한 사정을 충분히 고려하지 않은 채 피해자 진술의 증명력을 가볍게 배척하는 것은 정의와 형평의 이념에 입각하여 논리와 경험의 법칙에 따른 증거판단이라고 볼 수 없다[대법원 2018. 4. 12. 선고 2017두74702 판결(주심: 권순일 대법관)].

출처: 법률나무 (2019).

3) 성폭력의 구분

성폭력은 개인의 자유로운 성적 자기결정권을 침해하는 범죄다. 강간과 추행, 성희롱 등 모든 신체적 · 언어적 · 정신적 폭력을 포괄하는 광범위한 개념으로 정의한다(국가인권위원회, 2004). 상대방의 의사를 침해하여 이루어지는 성적 접촉은 모두 성폭력이다. 강간뿐만 아니라 성추행, 성희롱, 성기노출, 음란전화, 온라인 성폭력 등 상대방이 원하지 않고 거부하는데도 불구하고 불쾌한 성적인 언어나 행동으로 상대방에게 굴욕적인 감정, 신체적 손상, 정신적인 고통을 느끼게 하는 행위는 모두 성폭력에 해당한다(이미경, 2000).

사회적 지위와 우월한 신체적 조건을 이용하여 남성이 여성의 성적 자기결정권을 침해하는 행위도 성폭력이며, 동성 간 이루어지는 성적 자기결정권 침해, 한 가정에서 어느 일방에 의해 강제적으로 행해지는 성적 행위도 성폭력이다. 상대방으로 하여금 막연한 불안감이나 공포감을 조성하고, 그로 인한 행동 제약을 유발시키는 것도 간접적인 성폭력에 해당한다.

일반적으로 성폭력에 대한 구분은 다음과 같이 하고 있다.

〈표 5-1〉 성폭력의 구분

구분	내용
성희롱	타인에게 정신적·신체적으로 성적인 불쾌감과 피해를 주는 행위를 말하며, 상대방의 의사와 관계없이 성적 수치심을 주는 말이나 행동을 의미한다.
성추행	일반적인 강제추행을 뜻한다. 성추행은 폭행이나 협박을 수단으로 한다는 점과 일정한 성적 수치심을 야기하는 신체적 접촉이 이루어진다는 점에서 성희롱과 차이가 있다.
성폭행	성폭행은 두 가지 의미로 사용된다. 넓은 의미로는 폭행을 수반한 성적인 행위로서 강간과 강제적인 유사 성교 등을 포함하며, 협의의 의미로는 강간의 완화된 표현으로 강간미수와 강간치상을 의미한다.
성범죄	성과 관련된 모든 범죄행위를 의미하는 것으로 성폭력 범죄뿐만 아니라 성 풍속에 관한 범죄, 성매매 관련 범죄, 음란물 관련 범죄 등이 포함된다.

(1) 성폭력의 유형

❶ 강간

강간은 원하지 않는 사람을 대상으로 강제로 성행위 하는 것을 말한다. 법률적 해석에 있어 강제의 의미는 자의로 성행위를 조정하지 못하는 자를 대상으로 육체적인 힘을 사용하고, 심리적인 협박을 통해 자기만의 성적 욕구를 만족시키는 행위를 말한다.

❷ 데이트 성폭력

데이트 중 한 개인의 성적 의사와 무관하게 상대방의 일방적인 강제에 의해 이루어지는 성폭력을 말한다. 주로 10~20대에 집중되어 나타나며, 의사소통의 문제나 가해자의 요인이 크게 작용한다. 데이트 성폭력은 애정이 목적이기 때문에 피해 당사자조차 강간으로 인식하기 어렵고, 가해자와의 사적인 관계 때문에 법적 처벌도 어려운 것이 특징이다.

❸ 친족 성폭력

친족이란 혈연과 혼인에 의해 성립된 친인척 관계를 포함하는 개념으로, 친족 성폭력은 가족 사이에서 일어나는 강제적인 성적 행위를 말한다. 2013년 6월 19일부터 바뀐 「성폭력범죄의 처벌 등에 관한 특례법」에서는 친족에 의한 성폭력 처벌

수위가 높아졌다. 이는 대다수의 성범죄가 지인이나 이웃, 동거가족 사이에서 벌어지는 것을 고려한 것인데, 개정안은 친족의 범위에 동거 개념이 추가되었다.

❹ 부부 성폭력

과거에는 부부간의 강제적 혹은 위협에 의한 성행위를 강간이라는 개념으로 받아들이지 않았다. 그러나 점차 여성의 성에 대한 권리와 성에 대한 개인의 의사를 존중하는 사회적 인식이 높아지면서 성폭력의 하나로 취급되었다. 또한, 동거형의 결혼이 늘어나면서 이들에 대한 보호의 필요성이 제기되어 성폭력 범주에 부부 성폭력을 포함하였다.

❺ 직장 내 성폭력

일반적으로 직장에서 일어나는 성폭력을 직장 내 성폭력이라고 한다. 이는 직장 상사, 동료, 계열사 혹은 거래처 직원 등이 채용 과정이나 근무기간 중 상대방의 의사에 반하는 성적 언동을 함으로써 피해자에게 불쾌감과 모욕감을 주는 행위를 말한다. 업무를 매개로 계약에 의해 노동을 제공하는 사업장에도 여러 종류의 직장 내 성폭력이 일어나며, 군대에서 일어나는 상관에 의한 성폭력도 직장 내 성폭력에 해당한다.

4) 성폭력에 대한 이론적 관점

(1) 정신병리적 관점

정신병리적 관점에서는 성폭력 발생 원인을 가해자의 생물학적 · 정신병리적 특성에서 찾고자 한다. 이 관점에 따르면 가해자의 심리발달 이상이 병리적 성충동으로 이어지고, 왜곡된 성적 욕망을 충족시키기 위해 성폭력을 일으킨다고 설명한다. 이렇게 정신병리적 관점은 성폭력을 폭력적인 성행위로 보기보다는 일종의 병리적 이유로 발생하는 일탈적인 성행위로 간주한다.

다시 말하면, 성폭력은 일부 남성의 정상적이지 않은 정신상태에서 비롯된 일탈의 문제로 바라본다. 따라서 이 이론은 성폭력에 의한 피해자의 반응이나 피해자에게 일어난 결과가 갖는 의미를 간과하는 경향이 있으며, 성폭력이 갖는 사회문화적 맥락을 중요하게 다루지 않고 개인적 문제로 취급한다는 단점이 있다.

(2) 자기통제이론

자기통제이론은 다양한 종류의 범죄나 비행이 서로 다른 특질이 원인이 되어 나타나는 것이 아니라, 한 가지 공통된 기질이 원인이 된다고 설명하는 이론이다(Gottfredson & Hirschi, 1990). 서로 상이한 종류의 범죄나 비행은 범죄가 발생할 때의 상황적 요인이 다를 뿐이지, 기본적으로는 동일한 기질적 특성인 자기통제력의 부족에서 기인한다고 보는 입장이다. 자기통제력이 낮은 사람은 대체로 충동적일 뿐만 아니라 무모한 행동을 시도하고 범죄를 저지르며 여러 일탈행위를 한다고 주장한다. 자기통제이론 지지자들은 어린 시절 부모 자녀와의 원만한 관계가 이루어지지 않을 경우, 자녀의 자기통제력에 부정적인 영향을 미친다고 주장한다. 자기통제력이 낮은 아이는 부정적인 자극에 노출될 때 강압적 성행위의 유혹에 더 취약하게 반응하며, 실제 성폭행을 저지를 확률도 높아진다고 언급한다. 이와 같은 자기통제이론은 성폭력의 원인을 가해자 개인의 특성에서 찾는다는 점에서 정신병리적 입장과 유사하다.

(3) 문화적 파급확산이론

문화적 파급확산이론은 한 사회가 폭력 전반에 대한 허용 정도가 성폭력 발생에 커다란 영향을 미친다는 사회이론이다. 문화 전반에 걸쳐 폭력 사용이 합법적으로 간주되고, 목적 달성을 위한 폭력 사용이 용인될수록 성폭력도 이에 비례하여 증가한다고 설명한다. 문화적 파급확산이론 지지자들은 폭력적 성향을 보이는 미디어 프로그램이 성폭력을 조장한다고도 주장한다. 정부에 의한 합법적인 폭력 사용이 묵인되거나 허용되고, 법적 또는 사회적으로 용인된 폭력적인 활동에 참여하는 것이 성폭력 발생에 영향을 준다고 말한다.

(4) 여성주의적 관점

여성주의적 관점에서는 가부장제 사회에서 여성에 대한 남성의 통제력을 강화하고 유지하기 위한 하나의 방편이 곧 성폭력이라고 주장한다. 그래서 가해자의 특성보다는 피해자 보호에 더 초점을 두는 특징이 있다. 여성주의자가 주장하는 성폭력의 주요 원인은 남성 중심의 가부장제, 성차별적인 고정관념, 이중적인 성윤리, 성교육의 부재 등이라고 언급한다. 이들은 우리가 사는 사회에는 남성에게 적용하는 성윤리와 여성에게 적용하는 성윤리가 각각 다르게 적용되고 있다고 말한다.

5) 성폭력 피해자의 증상

성폭력 피해자의 후유증은 성폭력을 당한 후 곧바로 나타나는 경우도 있지만, 시간이 지나면서 천천히 나타나기도 하는데, 다음과 같은 심리적 변화가 일어난다.

(1) 심리적 변화

성폭력 피해자는 일반적으로 다음과 같이 단계별 심리적 변화를 겪는다.

〈표 5-2〉 성폭력 피해자의 심리적 변화

단계	내용
1단계	충격과 혼란을 경험하는 단계다. 이제 나는 끝났다고 무력감을 호소한다.
2단계	성폭력을 부정하는 단계다. 성폭력 사건이 발생하지 않았다고 부인한다.
3단계	우울과 죄책감을 느끼는 단계다. 자신을 더러운 사람으로 왜곡하여 인식하며 분노, 절망감, 자괴감을 표출한다.
4단계	공포와 불안이 엄습하는 단계다. 앞으로의 삶에 대한 비관과 악몽을 꾼다. 주변 사람을 피하고 만나지 않으려고 한다.
5단계	분노하는 단계다. 자기 자신이나 가족, 친구, 상담자 등 주변인에게 저주와 악담을 퍼붓는다.
6단계	자기를 수용하는 단계다. 자신이 겪은 성폭력 사건을 재조명하며, 성폭력이 자신의 잘못이 아니라고 인식한다.

(2) 우울과 불안, 두려움

성폭력 피해자는 사건 발생 후 1개월 동안에는 약 75% 정도가 정상 상태의 수준을 벗어나 심한 우울증을 경험하는 것으로 알려져 있다. 첫 몇 주간은 매일 같이 울고, 죄책감과 무가치감에 사로잡히며, 섭식장애와 수면장애를 겪을 뿐만 아니라 자살을 시도하는 경우가 발생되기도 한다. 사회활동 또한 이전보다 활발하지 못하고 회피하는 경향을 보인다.

특히, 성폭력 피해자는 두려움과 불안으로 힘들어하는데 성폭력을 당한 직후에는 정신이 혼란하고, 히스테리 증상을 보이기까지 한다. 수 주일간 초조감과 악몽, 공포, 소스라치게 놀라는 반응, 집중력 저하 등도 나타난다.

(3) 외상 후 스트레스 장애

외상 후 스트레스는 일상적인 범위를 넘어서는 심리적 충격을 주는 사건을 경험한 후 일어나는 만성적인 심리적 · 행동적 · 인지적 · 생리적 증상이다. 연구에 의하면 성폭력 피해를 당한 지 1주 이후에 피해자의 약 95%가 외상 후 스트레스 장애 증상을 겪으며, 대략 3개월 후에는 약 47% 정도가 증상을 겪는 것으로 보고되고 있다(국가인권위원회, 2004). 일반적으로 성폭력 피해자는 고통스러운 성폭력의 외상경험을 회상하게 만드는 자극으로부터 회피하려는 증상이 강하게 나타난다.

(4) 사회생활 부적응

성폭력을 경험한 직후에는 가정, 직장, 학교, 활동, 친구 등을 회피하는 경향을 보인다. 여가 생활이나 경제적 활동은 비교적 빨리 적응하지만, 사람을 만나는 대인관계 활동에 있어서는 제대로 적응하지 못한다. 성폭력 피해자가 결혼을 했거나 사랑하는 애인이 있는 경우에는 그들의 관계에 깊은 손상을 가져오며, 피해 회복이 느려지는 특징이 나타난다.

특히, 성폭력 피해자 가까이에 있는 가족이나 지인이 피해자의 행동을 이해하지 못하는 경우에는 부적응 증상이 더욱 심각하게 나타난다. 주위 사람이 오히려 화를 내고 피해자를 비난하거나 가해자에게 보복하려고 할 때는 더욱 큰 정신적인 혼란과 갈등을 경험하게 되는데, 이러한 상황이 지속되면 자살로 이어지기도 한다.

2. 남군 동성 성폭력의 특징

군 동성 성폭력 사건이 사회적 관심을 가지게 된 것은 2003년 발생한 몇 가지 동성 성폭력 사건으로부터 기인하고 있다. 첫 발단은 같은 남성인 선임병사의 성폭력을 견디다 못해 자살한 김 모 일병의 사건이 세상에 알려지면서부터인데, 이 사건으로 말미암아 군대의 동성 성폭력 사건이 사회적 반향을 크게 불러일으켰다. 비슷한 시기에 육군 대대장(중령)이 당번병을 여러 차례 성추행한 혐의로 구속된 사실이 세상에 알려지면서 군대 내 남군 간 이루어지는 동성 성폭력을 바라보는 인식이 새롭게 변화되었다.

1) 동성 성폭력 실태조사

군대 내 남군 동성 간 성폭력의 실상이 세상에 알려지면서 이에 대한 외부기관의 실태조사가 간헐적으로 이루어졌다. 최초의 군 성폭력 조사는 2000년에 정대철 국회의원이 실시하였는데, 이 조사는 2000년을 기준으로 이전 3년간의 이성 및 남성 군인 간 발생한 성폭력과 성희롱 사건을 대상으로 이루어졌다. 그 결과 군대 내 성폭력은 모두 666건이 발생한 것으로 조사되었다. 휴가병을 대상으로 이루어진 조사에서는 약 10.5% 정도가 성폭력 피해를 받은 것으로 조사되었다(국가인권위원회, 2004).

2003년에는 남성 군인 간 발생한 동성 성폭력에 대한 실태조사가 이루어졌다. 2003년에 일어난 김 모 일병의 남군 동성 성폭력 사건을 계기로 국가인권위원회로부터 의뢰를 받은 한국성폭력상담기관에서 병사들만을 대상으로 조사가 이루어졌다.

조사결과 남성 군인 간 발생한 성폭력 실태조사에 참여한 병사 671명 중 동성 성폭력을 당한 피해경험이 있다고 응답한 병사는 15.4%(103명)로 나타났다. 직접 동성 성폭력을 가한 경험이 있다고 응답한 병사는 7.2%(48명)였으며, 이 중 듣거나 목격한 경우도 24.7%(166명)나 되었다. 이 조사에서 특이한 사항은 전체 가해 건수 중 동성 성폭력 피해를 당한 병사가 다시 성폭력의 가해자가 되기도 하였는데, 그 비율은 무려 전체 가해자의 83%나 되는 것으로 조사되었다.

이 외의 남성 군인 간 동성 성폭력 실태조사 결과를 살펴보면 다음과 같다.

첫째, 남성 군인 간 이루어진 동성 성폭력 피해자는 가해자가 성폭력을 가하는 이유에 대해 '장난삼아'라고 54.2%(58명)가 응답하였고, '애정 표현'이라고 응답한 병사는 29%(31명)로 나타났다. 이러한 조사결과는 동성 성폭력 피해를 당했다고 말하는 것은 곧 자신의 나약함을 드러내는 결과가 되기 때문에 피해자로서의 나약한 정체성을 보이기 싫어, 피해 자체를 친밀감이나 장난과 같은 행동으로 보이려는 심리가 작동된 것으로 분석한다.

둘째, 군대 내 남성 간 동성 성폭력은 주로 선임병사가 가해자로 밝혀졌으며, 피해자는 주로 후임병사로 드러났다. 동성 성폭력 피해자의 71.1%는 선임병사를 가해자로 지목하였으며, 부사관을 가해자로 지목한 것은 7.0%, 장교를 가해자로 지목한 것은 3.1%였다. 자신보다 계급이 높은 자가 강제적으로 성적인 접촉을 한 비율은 81.2%로 밝혀졌다.

셋째, 남성 간 발생한 동성 성폭력이 구타와 가혹행위와 같은 폭력을 동반하여 이루어지는지 혹은 벌이나 기합과 같은 통제수단으로 사용되는지를 알아보기 위해 동성 성폭력 피해 당시의 물리적 폭력에 대한 유무 조사가 이루어졌다. 이 조사에서 물리적 폭력이 동반되었다고 응답한 비율은 21.4%(22명), 듣거나 목격한 경우는 12%, 모르겠다고 응답한 비율은 44%로 조사되었다.

넷째, 군대 내 남성 간 이루어지는 동성 성폭력의 또 다른 특성은 공개적인 장소에 일어나고 있다는 점이다. 동성 성폭력 가해 당시 주변 동료가 보고 있었다고 가해자가 응답한 비율은 90.7%나 되었으며, 피해자가 응답한 비율은 71.8%로 나타났다. 이렇게 주변 동료가 보고 있는데도 공개적으로 동성 성폭력이 일어나고 있는 것은 군대 내에서 동성 성폭력이 암묵적이고 일상적으로 일어나고 있음을 시사한다.

종합적으로, 이와 같은 조사결과는 군대의 동성 성폭력을 도구로 가해와 피해가 맞물려 돌아가고 있음을 알 수 있다. 남성 군인 간 동성 성폭력이 공개적으로 일어나는 이유는 권력관계의 확인 욕구와 병사 계급의 위계적 서열을 유지하는 도구로 사용되고 있을 뿐만 아니라 남성성을 확인하려는 욕구에서 비롯되고 있다. 선임병사가 후임병사를 자유로이 통제하기 위한 목적으로 동성 성폭력이 이용되고 있다(국가인권위원회, 2004).

2) 남군 동성 성폭력이 발생하는 원인

군대는 힘, 권력, 서열과 같은 위계적인 요소가 선망의 대상이 되고 이를 달성하기 위해 행동이 실천되는 곳이다. 가장 전통적인 남성 중심의 공간이라고 할 수 있으며, 특유의 남성성이 고양되는 곳이기도 하다. 이러한 군대의 기본 속성인 서열과 위계, 남성 중심의 힘의 구조를 고려하면 남성 간 동성 성폭력이 발생될 여지는 충분하다. 특히, 신세대의 젊은 장병은 20대 초반의 나이로 성욕이 왕성한 시기이다. 그러나 그들이 생활하는 병영생활 여건은 이러한 욕구를 다양한 방법으로 해소할 수 있는 문화적 콘텐츠가 갖추어지지 않은 것이 현실이다. 남군 동성 간 발생하는 성폭력의 원인은 대체로 다음과 같다.

(1) 남성성 과시욕구

군대는 힘센 남성성의 이미지가 격려되는 곳이다. 그래서 그에 부합하지 못하는 왜소한 남성성을 가진 장병은 심리적으로 위축된 행동을 하게 된다. 이러한 남성성의 우열 경쟁은 남성성의 기준에 못 미치는 사람을 벌함으로써 자신의 힘을 과시하고 확인하려는 특징을 보인다. 왜소한 남성성을 지닌 동료를 여성화시킴으로서 자신의 우월한 남성 지위를 확보하려는 것이다.

군대는 이러한 남성성이 위계를 유지하는 데 유리하게 작용하는 곳이다. 결국, 군대에서 발생하는 남성 간 동성 성폭력은 군 조직의 위계질서를 강화하고, 자신의 힘센 남성성을 확인하려는 심리가 작동하여 나타나는 현상이라고 볼 수 있다.

(2) 권력적 지배욕구

남성 군인 간 발생하는 동성 성폭력은 성적 욕구 때문이 아니라 권력적 지배욕구를 그 원인으로 분석하기도 한다. 모욕과 수치심을 주어 자신의 힘센 권력을 과시하고 행사하려는 권력적인 지배욕구에서 비롯된다고 설명한다. 규율과 통제가 강한 교도소에서 동성 간 성폭력이 더 많이 자주 발생하는 이유는 이러한 권력적인 지배욕구 때문으로 분석하고 있다.

자신이 지닌 힘 있는 권력과 지위를 잃어버린 무기력한 상실감도 남성 간 동성 성폭력이 발생하는 이유라고 설명한다. 심리적 무력감은 역설적이게도 힘 있는 인간으로 살아가게 하는 동기와 자신의 존재 가치를 높이려는 강한 본능을 유발하는 특징이 있는데, 이러한 욕구 유발이 남성 동성 간 성폭력으로 이어진다고 보기도 한다.

(3) 폭력적 통제욕구

한국형사정책연구원(1996)에서 연구한 대인폭력과 성폭력의 결과는 군대의 성폭력을 이해하는 단서가 된다. 여성에 대한 구타 경험이 성폭력과 유의미한 관계가 있고, 남성에 대한 구타 경험도 성폭력과 깊은 연관이 있다고 설명한다. 타인에 대한 구타 경험이 많은 남성에게서 강간과 성폭력을 가한 경험이 더 많이 나타나고 있다고 주장한다.

이렇게 대인폭력과 성폭력은 서로 다른 형태의 폭력에 해당하지만 공통적으로 타인에 대한 통제욕구에서 발생하는 것으로 알려져 있다. 결국, 위계질서가 강하고 폭력이나 가혹행위가 많이 일어나는 조직일수록 남성 동성 간 성폭력이 더 많이 발생할 가능성이 있음을 시사한다.

3) 남군 동성 간 성폭력 예방

군대 내 남군 간 이루어지는 동성 성폭력을 근절하기 위해서는 무엇보다 의식 전환이 필요하다. 군대의 건강한 성문화를 정착시키기 위해서는 기존 남성 중심의 성인식에 대한 변화가 먼저 이루어질 필요가 있다. 이를 위해서는 잘못된 군대 성문화에 대한 분명한 문제 제기와 성문화 혁신을 위한 다양한 공론화 과정이 이루어져야 한다.

남군 동성 간 친밀감 표현과 장난삼아 이루어지는 성기 만지기, 포옹, 언어적 성희롱 등의 행위에 대해서는 보다 엄격한 처벌기준이 마련될 필요가 있다. 상대방에게 불쾌감과 성적 수치심을 주는 행위는 그것이 크고 작든, 횟수가 많고 적든 모두 성폭력이라는 인식이 고취되도록 지속적인 교육이 요구된다.

군에 입대하는 장정은 신병교육대에서부터 성인지력 향상교육이 이루어지도록 하고, 자대 전입 후에는 모든 장병을 대상으로 지휘관(자) 중심의 성인지력 향상교육, 성 군기 위반사고 예방교육, 군법 교육 등이 체계적으로 실시되어야 한다(손기화, 2012).

3. 여군 이성 성폭력의 특징

여군 성폭력은 주로 명령과 복종의 엄격한 위계 관계 속에서 권력을 이용한 강자인 남군 상관이 약자인 여군에게 행해지는 특징이 있다. 여군이 강하게 거부함에도 불구하고 이 같은 행위가 계속 자행되는 이유는 여군을 한 인격체로 여기기보다는 성적인 대상으로 바라보기 때문이다.

현재 군에 복무하는 우리나라 여군은 대략 10,600여 명이다. 이 중 장교는 4,900여 명, 부사관은 5,700여 명으로 전체 군 간부 대비 여군이 차지하는 비율은 대략 5.5%이다. 성폭력을 경험하는 여군 비율은 복무 인원에 비해 상대적으로 높은 편에 속하는데, 미 여군과 우리나라 여군의 성폭력 실태를 살펴보면 다음과 같다.

1) 미 여군의 성폭력 사건

미군의 경우에는 몇 가지 사건을 계기로 정부와 사회가 여군 성폭력 예방에 보다 적극적으로 나서고 있다. 1991년 일어난 테일후크 스캔들(Tailhook scandal: 해군과 해병대 장교들의 정례모임에서 여군 83명과 남군 7명이 성희롱과 성폭력을 당한 사건)은 처음으로 군대 성폭력에 대한 국민적 관심을 불러일으켰다. 이 사건은 군대의 집단문화가 얼마나 쉽게 여군 약자를 성적으로 괴롭힐 수 있는지에 대해 국민적 경각심을 일깨워 주는 계기가 되었다.

1996년에는 세 명의 훈련 담당 남성 부사관이 훈련을 받고 있는 여군을 성희롱하고 강간한 사건이 발생하였는데, 이를 감추기 위한 시도가 추가로 폭로되면서 여군 성폭력의 심각성을 인식하는 계기가 되었다(Washington Post, 1997).

사회적 관심을 불러일으킨 또 다른 성폭력 사건은 2003년 미 공군사관학교에서 발생한 여자 사관생도 22명이 사관학교 간부들에게 성폭력을 당한 사건이었다. 사관학교에서는 성폭력 사건이 벌어지자 이에 대한 조사를 벌이지 않았고, 여자 사관생도가 신고하려는 것도 막았을 뿐만 아니라 심지어 보복까지 했다는 주장이 제기되었다. 이 사건은 사관학교에서조차 성폭력이 빈번히 발생하고 있다는 심각성뿐만 아니라, 성폭력에 대한 문제 제기를 보장하는 제도적 장치가 마련되지 않은 문제점 등이 밝혀지면서 국민적 공분을 크게 불러일으켰다(Time, 2003).

2012년에는 미국 텍사스 주 래클랜드(Lackland) 공군기지에서 43명의 여군 훈련생들이 남성 훈련 부사관으로부터 강간과 성추행을 당한 사건이 발생하였다. 이 사건으로 17명의 남성 훈련 부사관이 기소되고, 35명은 직위에서 해제되었다

(NY Times, 2012).

미군의 성폭력 실태조사는 전체 군인을 대상으로 이루어지는 것이 일반적인데 2006년과 2010년, 2012년에 실시된 조사결과를 살펴보면 다음과 같다.

〈표 5-3〉 원하지 않는 성적 접촉에 대한 조사결과

	2006년	2010년	2012년
남성	6.8%	4.4.%	6.1%
여성	1.8%	0.9%	1.2%

출처: DMDC (2013).

미군의 여군 성폭력 특징을 살펴보면 원하지 않는 성적 접촉을 했다는 응답자 중에는 구강성교, 항문성교, 질성교 등의 성폭력을 경험한 것으로 조사되었다. 성폭력이 발생한 장소는 67%가 군 시설 내에서 일어났고, 성폭력이 발생한 시간은 41%가 근무시간에 발생한 것으로 분석되었다.

성폭력 가해자는 94%가 남성 군인이고 1%는 여성 군인으로 나타났다. 가장 높은 빈도의 가해자는 같은 부대 동료(57%), 다른 부대 동료(40%), 지휘계통에 있지 않은 상급자(38%), 지휘계통에 있는 상급자(25%) 순으로 나타났다. 원하지 않는 성적 접촉의 50%는 가해자가 강압적인 힘을 사용한 것으로 밝혀졌으며, 17%는 협박을 경험했고, 12%는 동의하지 않으면 해치겠다는 말까지 들은 것으로 조사되었다.

2) 우리나라 여군의 성폭력 사건

2003년 여군 대위가 자는 야영천막 텐트에 병장이 은밀히 침입해 성추행을 한 혐의로 구속된 사건이 세상에 알려지면서 여군 성폭력의 실상이 조금씩 드러나기 시작하였다. 이후 잠잠하다가 지휘관에 의한 성폭력 사건이 2010년도에 연이어 터져 나오면서 많은 국민들로부터 지탄을 받게 되었다.

2013년에는 직속상관의 성추행을 견디다 못해 자살한 오 모 대위의 성폭력 사건이 발생하였고, 2014년에는 17사단 송 모 사단장(소장)이 여군 부사관을 성추행한 사건이 드러났으며, 2015년에는 육군 임 모 여단장(대령)이 여군 부사관을 성폭행한 사건이 알려지게 되었다. 2017년에는 해군본부 대령이 부하 여군 대위를 성폭행하여 급기야 여군 대위가 자살하는 사건이 발생되기도 하였다.

(1) 설문조사

해 · 공군 및 국방부에 근무하는 여군 170명을 대상으로 실시한 성폭력 관련 설문조사에서는 군대 내 성폭력이 심각하다고 응답한 여군이 81명(47.6%)으로 조사되었다. 구체적으로는 매우 심각하다 11명(6.5%), 심각하지 않다 2명(1.2%)으로 조사되었다. 성폭력 피해 이후의 조치는 별다른 방법을 취하지 않았다고 26명(15.3%)이 응답하였고, 지휘관에게 보고한 것은 4명(2.4%)으로 나타났다. 성폭력 피해 여군이 별다른 조치를 취하지 않은 이유는 피해 사실을 여러 사람이 알게 되는 것이 두려워서가 13명(7.6%), 장기복무 선발과 계속근무 악영향이 12명(5.3%), 대응해도 소용없어서가 7명(4.1%)으로 조사되었다(국가인권위원회, 2017).

(2) 실태조사

여군 성폭력 사건의 전모가 세상에 드러나기 전에는 여군 성폭력에 대한 실태조사가 제대로 이루어지지 않았다. 국가인권위원회의 의뢰를 받아 안상수 한국여성정책연구원 연구위원 등이 실시한 '2012년 여군 인권상황 실태조사'가 전부라 해도 과언이 아니다. 이 조사에 응한 여군은 모두 860명이었는데, 약 11.9%에 해당하는 102명이 성희롱을 당한 것으로 조사되었다. 여군 성희롱은 대부분 피해자가 무대응으로 일관하거나 문제 제기를 하지 않은 것으로 드러났는데, 이러한 조사결과는 군대 내 성폭력 사건을 신고하는 일이 얼마나 어려운지를 새롭게 알려주는 계기가 되었다(국가인권위원회, 2012).

2014년 군인권센터가 민주당 여성위원회의 의뢰를 받아 실시한 '2014년 군 성폭력 실태조사'는 병사와 여군 두 그룹으로 나누어 조사가 이루어졌다. 그러나 휴가 나온 병사들이 실태조사에 응하지 않아 조사결과를 내지 못하고 있다가 여군 100명을 대상으로 조사를 실시하여 결과를 발표하였다(군인권센터, 2014). 조사결과 군대 내에서 성적 괴롭힘을 당한 경험이 있는 여군은 19%로 조사되었으며, 목격한 경우는 28%로 조사되었다.

이 조사결과에서 주요한 특징은 성폭력 피해자의 대부분이 여군 하사와 소위, 중위 등 군 입대 5년 이하의 초급 여군이라는 점이었다. 이 같은 특징은 성폭력 피해 사실을 적극적으로 알릴 수 있는 위치가 아니며, 동시에 약자의 위치에 있어 적극적으로 대응할 수 없다는 점이다. 이들은 높은 경쟁을 뚫고 선발되어 입대한 여군으로 직업의식과 소명의식이 투철하고, 자긍심과 명예심이 높으며, 복무자세가 성실하고 정확하다는 강점을 지니고 있다.

반면, 가해자 대부분은 성폭력 피해자의 직속상관인 영관급 장교(42.5%)와 장성급(27.6%)으로 여군의 근무평정이나 장기복무심사, 진급 등에 막강한 영향력을 행사할 수 있는 위치에 있는 자들이다. 뿐만 아니라, 성폭력 피해자가 문제 제기를 할 경우 자신의 지위와 권력으로 이를 무력화시킬 수 있는 위치에 있다.

(3) 여군 성폭력 사건 형사처리

가장 최근에 실시된 여군 성폭력에 대한 실태조사는 2017년에 이루어졌다. 해군본부 대령에게 2차례 성폭력을 당한 피해 여군이 그해 5월경 자신의 숙소에서 목매어 자살한 사건이 발단이 되었다. 국가인권위원회는 여군 대위의 사망사건을 계기로 군대 내 성폭력에 대한 직권조사를 6개월간에 걸쳐 실시하였다.

조사결과 2014년부터 2017년 6월까지 성폭력을 당한 피해 여군 부사관 중에는 하사가 80%나 되는 것으로 밝혀졌으며, 이들의 장기복무심사 과정에 성폭행 피해 빈도가 높게 나타난 것이 사실로 드러났다.

한편, 전군 대상의 여군 성폭력 관련 형사처리에 대한 신분별 조사결과는 다음과 같다.

〈표 5-4〉 전군 여군 성폭력 사건 형사처리 현황

구분	가해자(명)						피해자(명)					
	계	대령 이상	영관	위관	부사관/준사관	군무원/병사	계	대령 이상	영관	위관	부사관/준사관	군무원/병사
2014	48	0	14	9	20/0	0/5	53	0	0	16	29/0	8/0
2015	42	0	12	6	18/1	0/5	47	0	1	15	31/0	0/0
2016	72	2	17	13	33/1	3/3	78	0	2	29	42/0	4/1
2017	27	2	4	5	12/0	0/4	35	0	0	9	22/0	0/4
계	189	4	27	33	83/2	3/17	213	0	3	69	124/0	12/5

출처: 국가인권위원회 (2017).

군대 내 여군 성폭력 관련 처벌은 대체로 온정적이고 관대하게 이루어지고 있는 것으로 조사되었다. 예를 들어, 남군 부사관이 여성 장교의 허벅지를 수회 추행한 사건에서 합의가 없었음에도 불구하고 취중에 일어난 우발적인 범죄로 선고유예하였다. 또한, 현역 군인에게 「군형법」을 적용하지 않고 일반 「형법」을 적용하여 피고인 신분을 유지시켜 준 사례도 있었으며, 「군형법」상 강제추행으로 의율할 수 있는 사건을 「성폭력범죄의 처벌 등에 관한 특례법」으로 의율처리한 사례도 드러났다. 군사법원이 선고한 전체 성폭력 사건 중 피해자가 여군인 사건의 선고유예 비율은 약 10.34%로 일반 법원의 1.36%보다 높게 나타났다.

〈표 5-5〉 여군 성폭력 가해자 처벌 현황

구분	계(명)	기소유예	혐의없음	공소권없음	징역	집행유예	선고유예	공소기각	무죄	이송수사
2014	48	2	3	3	1	6	2	0	1	26
2015	42	3	3	0	1	6	3	0	0	21
2016	72	6	4	1	4	9	3	1	1	41
2017	27	5	1	0	3	1	1	0	1	14
계	189	16	11	4	9	22	9	1	3	102

출처: 국가인권위원회 (2017).

(4) 여군 성폭력 사건 징계처리

여군 성폭력 사건에 대한 징계처리도 형사사건처리와 같이 미온적으로 이루어진 것으로 조사되었다. 징계위원회에 외부 자문위원은 두고 있었으나 외부인을 징계위원회에 위촉한 사실은 없는 것으로 조사되었다. 국방부 성폭력 근절 종합대책에는 형사처벌과 병행하여 징계위원회도 반드시 개최하도록 규정하고 있었으나 실제로는 개최되지 않았다.

2017년 기준 최근 3년간 여군 성폭력 관련 신분별 현황과 징계처분 결과는 다음과 같다.

〈표 5-6〉 전군 여군 성폭력 사건 징계처리 현황

가해자(명)						피해자(명)					
계	장성	영관	위관	부사관/준사관	군무원/병사 등	계	장성	영관	위관	부사관/준사관	군무원/생도 등
259	6	67	43	1	127/9	278	0	8	80	178/0	11/1

출처: 국가인권위원회 (2017).

〈표 5-7〉 전군 여군 성폭력 가해자 징계처분 결과

계	중징계(명)				경징계(명)			
	파면	해임	강등	정직	감봉	근신	견책	유예
273	9	11	11	99	92	30	18	3

출처: 국가인권위원회 (2017).

3) 여군 성폭력의 유형

여군 성폭력에 대한 유형 고찰은 실제 발생했던 사례를 중심으로 살펴보겠다.

(1) 이성 간 성폭력

여군 성폭력은 계급구조를 기준으로 가해자가 상관인 경우와 동료, 부하(하급자)인 경우가 있다.

[사례 1] 가해자가 상관인 경우

- 2001년 1월 ㅇㅇ부대 K 사단장이 부하 여군 장교를 약 6개월간 집무실 등에서 수차례 성추행함
- 2003년 7월 ㅇㅇ부대 병원장인 군의관 중령이 여군 간호장교를 회식 장소인 부대 인근 노래방에서 강제로 껴안은 채 입 맞추는 등 성추행함
- 2004년 6월 ㅇㅇ부대 군악대 소령이 소속부대 간부들과 회식 후, 인근 찜질방으로 자리를 옮겨 잠을 자던 중, 부하 여군 부사관(하사)의 가슴을 더듬는 등 성추행함
- 2014년 8월과 9월 사이에 ㅇㅇ부대 A 사단장이 다섯 차례에 걸쳐 부하인 여군 부사관을 성추행함. A 사단장은 피해 여군이 이전에 같은 사단의 타 부대에서 성추행을 당한 사실을 확인하고 이를 격려한다는 명목으로 자신의 집무실에 불러들인 뒤 얼굴에 입을 맞추는 등 성추행한 것으로 밝혀짐
- 2014년 연말부터 2015년 1월 초까지 ㅇㅇ부대 B 여단장은 자신의 공관으로 여군 부사관을 불러 수차례 성폭행함

[사례 1]의 유형은 상관인 남성 간부가 부하인 여군에게 행하는 전형적인 성폭력 사례로 가장 높은 비율을 보이는 유형이다. 이는 상명하복의 엄격한 위계질서를 이용한 성폭력으로 가해자는 공적인 업무와 무관한 상황에서 자신의 우월한 권력과 지위를 이용하고 있음을 알 수 있다.

이 같은 경우에는 피해자 여군의 단호한 거부와 저항이 어려우며, 성폭력 피해

를 당한 후 상관을 상대로 문제 제기를 하는 것도 어렵다. 그 이유는 성폭력 피해를 당했다는 개인의 불명예는 물론 피해자 자신의 군 생활이 곤란해질 것이 염려되고, 또한 신고를 하거나 다른 방법으로 문제 제기를 할 경우에는 성폭력 가해자가 같은 부대 상관인 관계로 여러 방법을 동원해 이를 무마시키기 때문이다.

[사례 2] 가해자가 동료 혹은 부하인 경우

〈가해자가 동료인 경우〉

- 2001년 6월 ㅇㅇ부대 장교 중위가 전역하기 전 회식을 마치고 취기 상태로 복귀한 동료 여군 숙소에 들어가 강간함
- 2004년 8월 ㅇㅇ부대 여군과 사귀는 남군이 음주 후 여군 3명이 거주하는 독신숙소에서 취침 중인 여군을 성폭행함
- 2013년 5월 ㅇㅇ사관학교에서 선배 생도가 축제기간 중 술에 취해 후배 여자 생도를 생활관에서 성폭행함

〈가해자가 부하인 경우〉

- 2003년 6월 ㅇㅇ부대 병장이 새벽에 텐트 안에서 혼자 잠을 자던 여군 장교 대위의 배를 만지는 등 성추행함

[사례 2]의 경우는 남군이 동일 기수의 여군에게 행하는 동료 성폭력이다. 실무부대뿐만 아니라 양성교육 및 보수교육을 담당하는 학교기관에서 자주 발생하는 유형이기도 하다. 실제 나타나는 사례를 보면 음주를 동반한 회식 이후에 일어나는 경우가 다수를 차지한다. 이러한 유형의 성폭력 사건이 발생하는 경우 학교기관에서는 가해자가 교육을 받고 있는 점을 고려하여 강력한 징계 처벌과 전역 등의 인사 조치를 취한다.

[사례 2]는 부하 또는 하급자인 남군이 오히려 상관 여군에게 행하는 성폭력에도 해당한다. 이 유형은 가해자가 자신의 상관인 여군 간부의 계급과 지위를 무시한 하나의 하극상인데, 이 같은 사건이 일어나는 이유는 여군을 단지 성적 존재로만 보는 전형적인 성가치관 왜곡 때문이라고 볼 수 있다.

(2) 여군 동성 간 성폭력

여군 동성 간 발생하는 성폭력은 대체로 상관인 여군이 부하 여군을 상대로 이루어지는 유형이다. 군대는 여군 동성 간에도 성추행이 일어날 수 있는 계급구조로 되어 있어 종종 이러한 성추행 사례가 발생한다.

[사례 3] 가해자가 동료인 경우

- 2003년 ㅇㅇ부대 여군 부사관(하사)이 소속부대 생활관 등지에서 후배 여군의 가슴과 허벅지를 만지고, 병사들 앞에서 후배 하사의 바지를 위로 당겨 올려 옷이 엉덩이 사이에 끼게 하는 등 수 회에 걸쳐 성추행함

4) 여군 성폭력의 특징

여군 성폭력은 평소 얼굴을 잘 아는 가까운 남군에 의해 저질러진다는 특징이 있는데, 그것은 남군의 왜곡된 성의식에서 그 원인을 찾을 수 있다. 여군 성폭력이 근절되지 않고 계속 발생하는 근본적인 이유는 가해자가 성폭력을 범죄행위로 인식하지 않고 일탈행위 정도로만 이해하고 있기 때문이며, 왜곡된 성적 가치관이 주요 원인으로 작용한다.

(1) 발생시간과 장소

여군 성폭력이 발생한 사례를 보면 피해 여군의 연령이 주로 20대 미혼의 초급 간부임을 알 수 있다. 반면, 가해자는 피해 여군에 비해 연령이 대체로 높은 30~50대 계층의 기혼자인 경우가 대부분이다. 이렇게 가해자의 연령이 많은 상태에서 나이가 훨씬 어린 여군을 성폭행하는 이유는 왜곡된 성의식 때문이다. 또한, 가해자의 다수가 직속상관인 이유는 상관의 요구를 거부하기 힘든 위계적인 군대문화의 특성 때문으로 분석한다.

여군 성폭력은 집무실이나 사무실, 음식점, 노래방 등 장소를 구분하지 않고 발

생하고 있다. 일부 사례에서는 공적인 업무시간에도 발생하고, 일과 후에는 공관으로까지 불러서 자행되는 등 시간대를 불문하고 발생한다. 특히, 술이 동반되는 회식이나 야간에 주로 이루어지는 특징이 있으며, 일과 후 또는 휴일 등 사적인 시간에도 발생하고 있다.

(2) 근절되지 않는 이유

❶ 신고의 두려움

2001년 발생한 ㅇㅇ부대 사단장 K 소장의 성폭력 사건은 상관 계급과 지휘관 권위에 위축되어 피해 여군이 신고하지 않았다면 공론화되기 어려운 사건이었다. 일반적으로 여군 성폭력은 피해를 입었음에도 불구하고 오히려 제재가 두려워 신고를 하지 못하는 경우가 생긴다. 설령, 성폭력을 당한 여군이 문제를 제기하더라도 오히려 인사상 불이익 때문에 그냥 가슴에 묻고 생활하는 경향이 있다.

성폭력 신고를 기피하는 또 다른 이유는 같은 부대에 근무하는 동료들로부터 부대 분위기를 흐려 놓는다는 이유로 집단따돌림이나 배척을 당하기 때문이다. 성폭력 피해신고 절차와 방법이 현실적이지 못한 이유도 성폭력이 근절되지 않는 또 하나의 원인이라고 할 수 있으며, 가해자에 대한 미온적인 처리도 신고를 기피하게 하는 원인으로 작용한다.

❷ 소극적인 대처

여군 성폭력은 피해 여군의 거부 의사 표현과 물리적인 저항 등 적극적인 대처보다는 소극적으로 대응하는 경향이 있다. 그 이유는 초급간부라는 낮은 지위와 같은 부대에 근무한다는 특수성, 거부할 경우 근무평정과 장기복무, 진급에 불이익을 받을 수 있다는 두려움 때문이다.

특히, 가해자가 상관인 경우에는 피해 여군이 문제를 제기하면 자신의 지휘권으로 방어함은 물론 오히려 문제를 제기한 여군을 명예훼손으로 고소하여 곤경에 빠뜨리기도 한다. 성폭력 사건을 신속하게 신고하거나 사건화하지 못하는 또 다른 이유는 사법기관을 신뢰하지 못하기 때문이다. 군 사법기관의 성폭력 사건에 대한 조사나 사건처리가 명확하지 않고, 강력하게 후속처리가 되지 않는 등 신뢰할 수 없기 때문이다.

❸ 성폭력 근절의지 부족

여군 성폭력 예방의 최종 책임자는 각급 부대 지휘관과 참모에 있다. 대체로 이들은 성 윤리의식과 성인지력을 기반으로 여군 성폭력에 대한 근절의지가 확고하다. 그러나 일부 성가치관과 성의식이 잘못된 간부에 의해 여군 성폭력이 반복적으로 자행된다. 여군 성폭력 가해자로 지목된 간부는 공통적으로 성 윤리의식이 부족하고 성폭력 근절의지가 약한 특징을 지니고 있다.

군은 위계적 특성이 있는 조직이다. 상급자가 언행일치의 모범적인 행동을 보이면 그 조직에 속한 부하는 자연스레 상급자를 따라 솔선수범적인 행동을 한다. 이러한 의미에서 성폭력 근절에 대한 위로부터의 솔선수범이 그 어느 때보다 절실히 요구된다.

❹ 비효율적인 교육

성교육을 담당하는 간부 중에는 단순히 성추행과 성희롱을 하지 말라는 식의 단편적인 교육을 실시하는 경향이 있다. 이러한 교육은 성교육 대상자에게 성폭력에 대한 심각성과 문제의식을 제대로 인식시켜 주지 못한다. 성은 본능적인 욕구와 충동에 의해 발생하는 경향이 많아 큰 처벌이 주어진다 해도 반복적으로 자행되는 특징이 있다. 그렇기 때문에 이를 예방하기 위해 보다 구체적이고 체계적인 방법으로 성교육이 이루어져야 한다.

5) 여군 성폭력의 예방

(1) 교육 및 처벌강화

성 개념에 대한 올바른 인식이 바탕이 되지 못하면 군 내 성폭력은 근절되기 어렵다. 강간과 같은 극단적인 행위만이 성폭력이 아니라 성적 농담이나 장난도 성폭력의 연장선상에 놓여 있다는 것을 명확히 인식할 수 있도록 성교육이 강화될 필요가 있다. 성 군기 위반자에게는 파면, 감봉, 강등에 이르는 처벌이 이루어져야 하며, 원 아웃제도가 강력히 적용되어야 한다. 성폭행을 저지른 자는 형사상의 처벌뿐만 아니라 현역복무 부적합자로 전역시켜 군에서 완전히 격리시키는 것이 바람직하다.

(2) 진단활동 강화

군은 자체적으로 성폭력에 대한 정밀진단활동과 색출활동을 실시하고 설문조사, 면담, 불시점검 등의 방법을 활용하고 있으나 그 수준은 미미하다. 진단활동은 제대별 부대 특성을 고려하여 성 군기 위반사고 예방을 위한 정밀진단 목록을 만들어 정확한 실태조사가 주기적으로 이루어지도록 할 필요가 있다. 군 관계자와 국가인권위원회, 자문위원 등을 위촉하여 합동으로 공동조사를 한 후, 그 실상을 공개하고 함께 대책을 논의하는 공론화 과정이 필요하다(송홍근 외, 2003).

성 군기 위반사고 예방을 위한 정밀진단과제의 예를 제시하면 다음과 같다.

〈표 5-8〉 성 군기 위반사고 예방 정밀진단과제

① 지휘관에 의한 성폭력 예방교육 실시 여부
② 부대별 성 군기 사고 예방 전담교관 활동 여부
③ 성 군기 위반사고 신고체계 교육 및 숙지 여부
④ 성폭력 발생 대비 피해자 보호대책 강구 여부
⑤ 성고충 상담관의 활동여건 보장 및 간담회 여부
⑥ 성폭력 색출을 위한 주기적인 설문조사 실시 여부
⑦ 성인지력 향상교육의 실시 및 장병들의 숙지 여부
⑧ 성폭력 가해자 처벌 지침에 대한 교육 실시 여부

(3) 신고체계 활성화

2015년 발생한 ○○부대 여단장 성폭력 사건은 피해 여군이 신고해서 드러난 것이 아닌, 주변에 알린 것이 계기가 되어 밝혀진 사건이다. 이러한 사례를 고려해 볼 때 현재 각급 부대에서 운영 중인 성폭력 피해 신고체계가 활성화될 필요가 있다고 여겨진다.

현재 육·해·공군의 각 군 본부에서는 양성평등센터를 운영하고 있다. 육군은 별도 조직으로 운영하고 있으며, 해·공군은 현역 장교가 겸직 개념으로 운영하고 있다. 각급 부대에서는 여성고충상담의 책임관을 임명하여 여군과 정기적인 간담회를 주관하고 있다. 2017년 기준 성고충 상담관은 민간인 전문가 23명을 채용하여 운영하고 있으며, 양성평등담당관은 현역 간부 122명을 선발하여 운영하고 있다(국가인권위원회, 2017).

4. 군 성폭력 위기상담 방법

군 성상담은 장병들의 성에 대한 생각과 가치관을 점검하고 성 군기 위반사고를 방지하며, 성에 대한 새로운 인식을 확립하는 과정이다. 성과 관련한 심적 어려움을 해소하여 복무적응을 도우며, 성적 책임감이 높은 장병으로 성장하도록 도움을 주는 데 있다. 단순히 성만 주제로 다루는 것이 아니라 다른 정서적 문제로 기인되어 발생한 성의 제반 문제를 해결하는 과정이다.

군 장병의 성과 관련한 문제는 성폭력 피해, 성폭력 가해, 성정체성, 임신, 성병, 성 관련 미디어 과다접촉에 이르기까지 다양하다. 이러한 문제는 단순한 성지식과 성에 관한 정보를 제공하면 해결되는 경우도 있지만, 심리적 문제가 동반되어 전문적인 상담과 치료를 받아야 하는 경우도 존재한다.

군에서는 성폭력 가해자 상담이 이루어지지 않는다. 군 수사기관에서 범죄 수사 위주로 진행되는 것이 일반적인데, 성폭력 가해자로 지목된 자는 곧바로 격리되어 법적 처벌 절차를 밟는다. 만약, 장난에 의한 성추행과 같이 문제가 다소 경미한 경우에는 징계처리와 함께 성교육을 실시하고 끝나는 경우가 많다.

본서는 군의 다양한 성 상담방법을 수록하는 데 한계가 있어 성폭력 피해자 상담절차만 다루기로 하겠다.

1) 성폭력 피해자 상담절차

성폭력 피해자는 공통적으로 불안과 두려움을 느끼고 분노와 죄책감이 뒤엉킨 혼란한 상태에 놓인다. 상담관은 이러한 성폭력 피해자를 진심으로 위로하고 그가 하는 이야기를 적극적으로 경청하는 자세가 필요하다. 성폭력 피해자의 정서적 고통에 대한 공감과 지지를 통해 피해자 자신의 자아개념이 손상되지 않고 최대한 심리적 보호와 안정감이 느껴지도록 하는 것이 중요하다(김동일 외, 2014).

(1) 초기 단계

성상담 초기 단계에서는 일반적인 상담절차와 같이 성폭력 피해자와 신뢰관계를 형성하며, 피해자가 가장 불안해하고 염려하는 비밀보장에 대한 이야기를 나눈다. 성폭력을 당했을 때의 심적 고통을 진실한 공감과 상담을 통해 벗어날 수 있도록 희망의 이야기를 나눈다. 그리고 성과 관련한 심적 고통이 장기적으로 피해자에게 미칠 영향에 대해 이야기함으로써 성폭력 피해자가 상담에 적극적으로 임할 수 있도록 촉진한다(천성문 외, 2006).

성고충 상담관은 성폭력 피해자가 자신의 문제를 이야기할 때 이야기 속에 내재된 피해자의 기대가 무엇인지 파악할 수 있어야 한다. 피해자 스스로 문제의 원인이 무엇이라고 생각하는지, 문제를 해결하기 위해 스스로 어떤 노력을 해 왔는지 등에 대한 대화를 깊게 나눈다. 피해자의 성인지력이나 성지식, 성가치관도 탐색해야 하며, 성과 관련한 문제를 해결할 수 있는 심리적 강점과 자원이 무엇인지도 찾을 수 있어야 한다.

이렇게 피해자와의 신뢰관계가 형성되고, 피해자의 고충이 정확하게 파악되면 상담관은 피해자와 함께 해결하고자 하는 상담목표를 수립한다. 성폭력 사건으로 심리적 안정을 찾기 힘들고, 피해 증상이 심해 정신적으로 혼란한 상태일 경우에는 상담목표를 수립하는 데 많은 어려움이 발생한다. 이러한 경우에는 성고충 상담관이 여러 상담목표를 제안하되 대안 선택은 협력적인 방법으로 이루어지도록 하는 것이 바람직하다.

❶ 신뢰관계 형성

성폭력 피해상담 초기에는 성고충 상담관과 성폭력 피해자와의 신뢰관계 형성이 무엇보다 중요하다. 이를 위해 적극적인 경청과 진실한 공감을 통해 돈독한 신뢰관계를 형성한다. 성폭력 피해자는 두렵고 불안한 상태에 놓여 있으므로 성고충 상담관의 친절하고 따뜻한 모습은 성폭력 피해자를 심리적으로 안정되게 하는 데 기여한다. 특히, 성폭력 피해자의 이야기는 대부분 민감한 내용이 많아 성폭력을 당한 사실이 남에게 알려지지 않을까 하는 염려와 두려움이 있어 비밀보장의 확고한 약속을 통해 이를 안심시키는 것이 중요하다.

❷ 고립감 해소

성폭행을 경험한 후에는 정상적인 인간관계 형성이 어렵다. 성폭행으로 PTSD 증상을 겪고 있는 경우에는 감정이 무감각하게 변하고, 의미 있고 가치 있게 느껴졌던 일들이 관심에서 멀어지며, 흥미를 잃게 된다. 뿐만 아니라, 스스로 자신을 보호하지 못했다는 자책감을 가지며, 원만한 인간관계를 유지하지 못해 동료들로부터 고립되기도 한다.

특히, 군 생활에서 대인관계가 원만하지 못하면 복무적응이 더욱 힘들어지는데, 그 이유는 군은 상하관계를 중심으로 이루어진 공동체의 특수한 조직이기 때문이다. 따라서 군 성고충 상담관은 성폭력 피해자가 대인관계에서 고립감을 느끼지 않고 군 생활의 의미를 새롭게 찾아가도록 조력할 수 있어야 한다.

❸ 감정 정화

성폭력 피해자의 마음속에는 억압된 성폭력에 대한 부정적인 감정의 응어리가 쌓여 있다. 상처받은 감정의 응어리를 쏟아 내게 하는 방법은 여러 가지가 있으나 그중에서도 효과적인 것은 분노를 표출하게 하는 것이다. 분노는 피해자의 억압된 감정으로부터 해방되려고 하는 자연스러운 반응이다. 자신에게 부당하게 가해졌던 성폭력이 발생하기 이전의 기능으로 돌아가려는 건강한 모습이며, 동시에 자신을 안전하게 지키려는 보호수단의 반응에 해당한다.

군 성고충 상담관은 피해자의 분노를 충분히 드러내게 하면서 피해자가 성폭력 문제에 직면하도록 조력하는 데 초점을 둔다. 성폭력 피해자에게는 힘들고 고통스러운 일이 되지만 분노를 포함한 자신의 부정적 감정을 드러내면 스스로 행동할 수 있는 기회가 만들어진다. 뿐만 아니라, 확장된 자기노출과 자기개방의 효과를 가져와 피해자가 지닌 무력감을 물리치고 자신감이 고취될 수 있다. 이때 사용하는 방법은 빈 의자 기법, 분노와 슬픔의 그림 그리기, 편지 쓰기 등을 활용할 수 있다. 성폭력 피해자의 감정 정화는 초기 단계에서만 다루어서는 안 되며, 상담이 종결될 때까지 지속적으로 이루어지도록 하는 것이 바람직하다.

(2) 중간 단계

성폭력 피해상담의 중간 단계에서는 상담 초기에 세운 상담목표를 해결하기 위해 성폭력 피해 사실에 조심스럽게 접근해 가며, 문제해결을 위한 개입이 집중적으로 이루어진다. 성폭력 피해상담은 피해를 당한 장면을 구체적으로 연상하는 단계로 가야 하지만 성폭력 피해자는 오랫동안 자신이 겪은 사건에 대해 침묵하고 되돌아보지 않으려는 특징을 보인다(천성문 외, 2006). 성상담 중간 단계에서 이루어지는 과업들은 주로 다음과 같다.

❶ 성폭력 피해사건 회상

본격적인 성폭력 피해상담은 피해자로 하여금 자신의 상처를 돌아보게 하는 것으로부터 출발한다. 그러나 피해자의 성폭력에 대한 기억을 회상하는 것은 결코 쉬운 일이 아니다. 큰 결단과 용기가 필요하다. 그 이유는 성폭력 회상으로 인한 아픈 상처가 재현되는 느낌을 받기 때문이다.

성폭력 사건을 돌아보게 하는 방법은 사건 이전에 살았던 개인 삶의 이야기를 나누는 것부터 시작하는 것이 좋다. 그런 다음 서서히 성폭력에 대한 환경과 상황을 이야기하고, 피해자의 상처나 기억을 글로 써 보게 한다든지 혹은 그림을 그리게 하는 방법을 활용한다. 중요한 것은 이러한 방법을 강요하거나 지시적인 방법으로 진행하는 것은 결코 바람직하지 않으며, 성폭력 피해자가 수용할 수 있을 때까지 기다린 후 천천히 점진적으로 진행하는 것이 바람직하다.

❷ 문제해결

성폭력 문제를 해결하기 위해 피해자에게 질문을 할 때는 가능하면 간결하고 정확해야 하며, 대답하기 쉬운 내용부터 정도를 높여 가며 차근차근히 하는 것이 좋다(채규만, 2000). 직속상관에 의해 성폭력을 당한 부하 여군의 경우에는 성폭력과 관련된 이야기를 꺼내기가 매우 어렵다. 어느 누구에게도 말하지 못하고, 오직 혼자 아픈 상처를 감당해 오면서 고스란히 가슴에 응어리로 남아 있는 상태이기 때문이다. 따라서 군 성고충 상담관은 피해자의 억눌린 감정을 쏟아 내도록 격려하는 등 문제해결을 위한 개입에 집중한다.

만약, 성폭력 피해자에게 훈계를 하거나 비난 혹은 충고 등을 하면 오히려 심한 죄책감을 갖고, 성폭력 사건을 비합리적으로 사고하는 등 피해자에게 전혀 도움이 되지 않는다. 이보다는 친구, 동료, 간부, 가족 등 의미 있는 타자들이 피해자에게 적극적인 지지를 제공하는 것이 바람직하다.

❸ 책임의식 재설정

우리나라의 사회적 분위기는 유교문화의 영향과 왜곡된 성문화로 성폭력의 책임을 피해자에게 몰아가는 경향이 있다. 이러한 이유로 성폭력 피해자는 대부분 자신의 몸가짐이나 태도가 잘못되어 성폭력을 당했다고 생각하기 쉽다. 그 결과, 성폭력이 일어나게 만든 원인이 자신에게 있다는 죄책감과 자괴감에 빠질 수 있다. 성고충 상담관은 이러한 점을 고려하여 성폭력 피해자의 책임의식을 재설정할 필요가 있다.

성폭력을 야기할 만한 어떤 상황도 만들지 않았다는 점을 피해자에게 분명히 인식시키고, 피해자의 잘못으로 성폭력 사건이 기인되지 않았다는 점을 주지시킨다. 성폭력은 피해자의 의지와는 전혀 상관없이 가해자의 일방적인 행동에 의해 벌어진 일이기 때문에 성폭력을 당한 것이 피해자의 책임과는 전혀 상관이 없음을 인식시킨다.

(3) 종결 단계

일반 사회에서 이루어지는 성상담의 경우에는 성폭력 피해자가 마음이 여린 여성이거나 혹은 나이 어린 내담자일 때는 더욱 조심스럽게 상담을 종결한다. 상담자와 의존적인 관계를 유지하고 싶은 내담자일 경우에는 상담관계가 종결되면 상담자에게 버림받는다는 상실감을 느낄 수도 있기 때문이다(천성문 외, 2006).

군에서 이루어지는 성폭력 상담은 상담 초기에 세운 상담목표가 달성되었다고 판단하면 곧바로 종결한다. 그 이유는 즉각적인 개입과 빠른 해결을 동시에 달성해야 하는 위기개입의 특성을 지니고 있기 때문이다. 그러나 군 성폭력 피해상담이 단기적이고 해결중심적인 방법으로 이루어지더라도 종결에 있어서는 점진적으로 한다. 성폭력 피해자가 겪은 외상과 상처, 분노 등이 어느 수준으로 해결되었는지를 확인하고, 성폭력 피해자의 마음이 비교적 안정되었다고 판단하면 그때 종결한다.

CHAPTER 6

재난 트라우마 위기상담

군부대에서 산사태나 집중호우, 폭설과 같은 자연재난이 발생하면 막사가 매몰되거나 유실되어 많은 인명손실이 발생한다. 천안함 폭침사건이나 총기난사사고와 같은 인적 재난이 발생해도 많은 장병들이 다치게 된다. 자연재난과 인적 재난은 군대라고 해서 봐주는 일이 없다. 이렇게 재난은 군 장병에게 매우 중요한 문제임에도 불구하고 아직까지 재난과 관련한 심리상담 매뉴얼이 군에 존재하지 않는다. 그 결과 재난을 경험한 장병에게 2차 피해를 안겨 주어 트라우마 증상이 악화되는 현상이 초래되고 있다. 연천 총기난사사고 발생 당시 사고가 난 생활관에서 현장검증을 한 사례, 천안함이 폭침되었을 당시 생존 장병들의 심리적 안정과 보호조치를 취하지 않고 오히려 병원을 방문하는 주요 요인을 접촉하게 한 사례 등이 이를 잘 말해 준다.

이 장에서는 재난의 유형과 증상을 알아볼 것이다. 그런 다음 재난 트라우마의 요인들을 세 가지 측면에서 고찰한 후, 군 재난위기상담의 개념과 절차를 살펴볼 것이다.

1. 재난의 유형과 증상
2. 재난 트라우마의 요인
3. 군 재난위기상담의 개념
4. 군 재난 트라우마 상담전략

1. 재난의 유형과 증상

몇 해 전 일본에서 발생한 쓰나미, 아이티에서 발생한 지진 그리고 우리나라를 휩쓸고 지나간 태풍 등 자연재난이 잇달아 발생하면서 평소 재난예방에 대한 국민적 관심이 한층 높아졌다. 뿐만 아니라, 세월호 침몰사건, 천안함 폭침사건, 제천 화재참사와 같은 대형 사건을 겪으면서 인적 재난 피해자가 겪는 트라우마에 대한 사회적 관심도 높아지게 되었다. 이 장에서는 먼저 재난의 정의를 살펴본 후, 그 유형과 재난을 겪은 후 나타나는 증상에 대해 살펴보도록 하겠다.

1) 재난의 정의

재난이라는 용어의 사전적 의미는 뜻밖에 일어난 재앙과 고난을 뜻한다. 일상적인 방법과 절차로는 관리할 수 없는 심각한 규모의 사건으로 많은 사망자나 부상자, 재산 손실을 발생시키는 예측 불가능한 사건을 의미한다. 그래서 유엔재난기구에서는 재난을 지역사회의 조직과 기능을 와해시키는 갑작스럽게 발생한 큰 규모의 사건으로 정의하고 있다. 외부의 도움 없이는 극복하기 어렵고, 일상적인 능력으로는 처리할 수 없는 큰 피해를 일으키는 일련의 사건으로 규정하고 있는 것이다(UN/ISDR, 2004).

요즘은 가정폭력, 대인관계 갈등과 같이 규모가 작은 사건을 겪어도 재난 수준의 트라우마를 경험하는 것으로 알려지고 있다. 그래서 재난은 꼭 큰 규모의 사건이어야 하고 심각한 고통이 수반되어야 하는 사건으로 한정하지 않는다. 규모가 작은 사건이라 하더라도 재난 수준의 큰 심리적 충격을 안겨 준 것이라면 이를 재난에 포함시키고 있다.

한편, 재난(災難)과 재해(災害)를 어떻게 구분하고 사용할 것인가에 대한 개념화의 논의가 필요하다. 아직까지 두 가지 개념을 모두 동일한 의미로 사용하는 것이 일반적이라서 필자도 본서에서 이 두 용어를 동일한 개념으로 사용하고자 한다(재난: Disaster = 재해: Disaster).

2) 재난의 유형

재난의 유형은 발생 원인과 지속기간에 따라 다양한 형태로 구분하는데, 발생 원인에 따른 분류는 통상 자연재난과 인적 재난, 사회적 재난으로 구분한다.

(1) 자연재난(natural disaster)

자연재난은 지진, 태풍, 홍수, 해일 등으로 인한 수해와 지진, 산사태, 화산 활동과 관련한 재해가 있다. 자연 발화 산불로 인한 재해와 추위 및 더위 등 기온과 관련된 재해, 조류 인플루엔자처럼 동물로 인한 전염병, 농작물 피해도 자연재난에 포함된다.

❶ 지진

지진은 자연적 · 인공적 원인에 의해 지구의 표면이 흔들리는 현상으로 흔히 자연적인 원인 중 단층면에서 순간적으로 발생하는 변위 자체를 지진이라고 한다. 지각에 저장되어 있던 위력이 탄성 진동 에너지로 바뀌어 급격히 발생하는 현상이다. 2017년 우리나라 경주에서 발생한 지진, 2008년 5월 중국 쓰촨성의 지진, 2010년 1월 아이티에서 발생한 지진 등이 그 예가 된다.

한편, 2017년 11월 발생한 포항 지진은 지열발전기 때문에 발생한 인적 재난으로 뒤늦게 밝혀졌다. 1978년 우리나라 지진 관측 이래 2016년 경주 지진에 이어 두 번째로 큰 지진이자 역대 가장 많은 피해를 발생시켰던 지진이다. 중앙재난안전대책 본부에서 집계한 지진 피해액은 551억 원으로 경주 지진 피해액(110억 원)의 5배가 넘었으며, 지진 피해 이재민은 경주 지진 이재민의 111명보다 10배가 넘는 1,797명으로 집계되었다.

❷ 홍수

집중호우로 계곡이나 저수지, 댐, 하천, 강 등의 제방이 넘쳐 주택지, 농경지가 침수되어 피해를 입는 현상을 홍수라고 한다. 우리나라는 6~9월의 여름철에 연 강수량의 60% 이상이 집중되는데, 7월에 연 강수량의 30%가 집중적으로 내려 홍수가 발생한다. 중국에서는 1998년 대홍수로 4,150명 이상의 사망자와 1,800만 명의 이재민이 발생하기도 하였다.

❸ 해일

해일은 폭풍해일과 지진해일 두 종류가 있는데, 쓰나미로 불리는 지진해일의 피해가 가장 크다. 해일은 해저 지진이나 해저 화산 폭발이 일어날 때 그 파동으로 파도가 해안으로 밀려와 발생한다. 2011년 3월 일본 동북부에서 9.0 규모의 지진으로 해일이 일어나 많은 사상자가 발생한 경우가 이에 해당한다.

❹ 폭설

폭설은 단시간에 많은 눈이 내리는 기상현상으로 농작물 피해, 교통대란 등의 피해를 유발한다. 우리나라는 2004년 3월 대설과 2011년 2월 강원 영동 지역에 100년 만의 폭설이 내린 사례가 있다.

❺ 황사

중국이나 몽골 등 아시아 대륙의 중심부에 있는 사막과 황토 지대의 작은 모래, 황토, 미세먼지가 하늘에 떠다니다가 상층 바람을 타고 멀리까지 날아가 떨어지는 현상을 말한다.

❻ 적조

물에 영양분이 지나치게 많거나 수온 상승으로 플랑크톤이 이상 번식하여 바다, 강, 호수 등의 색깔이 바뀌는 현상을 말한다.

❼ 태풍

북태평양 남서부에서 발생하여 아시아 동부로 불어오는 풍속이 32m/s 이상인 열대 저기압을 말한다.

(2) 인적 재난

인적 재난은 인간의 실수나 부주의, 고의로 발생하는 사건 사고로서 비행기 추락사고, 선박사고, 교통사고, 화재, 원전사고, 건물 붕괴, 독성물질 사고, 전쟁 및 테러 등과 같은 것이 이에 해당한다. 인적 재난은 도시화와 산업화가 진행되면서 더욱 빈번하게 발생하며, 최근에는 신종산업의 발달로 대형화되고 있는 추세다.

❶ 화재

화재는 「소방기본법」에서 정한 대상이 불로 인해 인명과 재산에 피해가 발생하는 것을 말한다. 최근에는 건물이 대형화되고 복잡한 구조로 되어 있어 더욱 많은 사상자가 발생하고 있다. 2017년 발생한 제천 화재참사, 2008년 2월 이천 냉동창고 화재, 2003년 2월에는 대구 지하철 화재가 발생하였다.

❷ 붕괴

붕괴는 건물, 교량, 육교, 터널 등 각종 시설물이 시공상의 하자와 관리 소홀, 지반 약화, 안전조치 불량, 노후 등으로 무너져 인명과 재산 피해가 발생하는 사고다. 1994년 10월 성수대교 붕괴사고, 1995년 6월 삼풍백화점 붕괴사고가 대표적인 사례에 해당한다.

❸ 폭발

폭발은 가스 및 에너지가 누출되어 인명과 재산 피해가 발생하는 사고를 말한다. 우리나라에서는 1994년 12월에 서울 아현동 도시가스 폭발사고와 1995년 4월에 대구 도시가스 폭발사고가 발생하기도 하였다.

❹ 교통사고

자동차, 기차, 항공기, 선박의 충돌 등으로 인명과 재산 피해가 발생하는 사고를 말한다. 2017년 12월 인천 영흥도 낚싯배 충돌사고, 2014년 세월호 침몰사고가 그 대표적인 사례에 해당한다.

2014년 세월호 침몰사고

세월호 침몰 사고는 2014년 4월 16일 오전 8시 50분경 전라남도 진도군 조도면 부근 해상에서 발생하였다. 세월호는 안산시에 있는 단원고등학교 학생들을 포함하여 탑승인원 476명을 태운 청해진해운 소속의 인천발 제주행 연안 여객선이다. 세월호는 4월 16일 오전 8시 58분에 병풍도 북쪽 20km 인근에서 침몰하기 시작하였으며, 4월 18일에 완전히 바닷속에 가라앉았다. 이 사고로 시신 미수습자 9명을 포함하여 모두 304명이 사망하였다. 사고 당일 구조된 탑승자는 승무원 23명, 단원고 학생 75명, 교사 3명, 일반인 71명 등 모두 172명이었는데, 이 중 절반 이상은 해양경찰보다 약 40분 늦게 도착한 어선 등 민간 선박에 의해 구조되었다.

❺ 화생방사고

화생방사고는 화학 가스, 방사능 가스 등이 누출되어 인명 피해가 발생하는 사고를 말한다. 1986년 4월 체르노빌 원전사고, 1995년 도쿄 지하철 사린 독가스 사고가 대표적인 예이다.

❻ 환경오염사고

환경오염사고는 「환경정책기본법」에서 정한 환경이 오염되어 피해를 입는 사고를 말한다. 2007년 12월 태안 앞바다 기름유출사고가 대표적인 예이다.

(3) 사회적 재난

사회적 재난은 에너지, 통신, 교통, 금융, 의료, 수도 등 국가기반체계와 의료체계 미비로 발생하는 피해로 공공성이 큰 국가기반시설물에서 발생하는 재난을 말한다. 사회기반시설과 에너지시설, 해상사고, 유조선사고, 환경시설에서 발생하는 사고 등은 사회가 정보화되면서 더 자주 발생하는 특징을 보인다.

❶ 에너지

에너지 관련 재난은 에너지 생산저장 공급시설에 대한 물리적 파괴나 기술적 장애, 종사자의 방해 등으로 에너지 공급 유통이 중단되거나 차질을 가져오는 재난을 말한다.

❷ 통신

통신 관련 재난은 통신 시스템의 파괴나 기술적 장애 등으로 기능이 마비되거나 공공서비스 제공이 중단되는 현상을 말한다.

❸ 금융

금융 관련 재난은 은행, 증권, 보험 관련 시설 및 설비 시스템 등이 물리적 파괴나 기술적 장애, 종사자의 운영 중단 및 방해 등으로 관련 서비스가 중단되는 것을 말한다.

❹ 수도

수도 관련 사회적 재난은 수자원 및 상하수도 시스템에 대한 시설 · 설비의 물리적 파괴나 종사자의 운영 중단, 오염 등으로 음용수 공급이 중단되는 것을 의미한다.

❺ 의료

의료 재난은 의료체계 및 보건 분야 종사자의 의료 서비스 중단 등으로 국가기반체계가 마비되는 현상을 말한다.

❻ 미세먼지

미세먼지는 사람의 눈에 보이지 않을 정도로 아주 가늘고 작은 먼지 입자를 말한다. 이는 호흡 과정에서 폐에 들어가 폐의 기능을 저하시키고 면역 기능을 떨어뜨리는 등 폐질환을 유발하는 대기오염물질이다. 미세먼지의 발생은 대부분 자동차, 발전소, 보일러 등에서 연료를 태워 발생하는 배출물질이 주요 원인이 된다고 판단하여 우리나라에서는 2018년부터 이를 사회적 재난에 포함시키고 있다.

3) 재난 트라우마의 증상

트라우마(Trauma)는 일반적으로 외상(外傷)을 뜻하는 용어지만 심리학에서는 정신적 충격 또는 외상성 상해의 의미로 사용하고 있다. 자연 및 인적 재난을 포함하여 교통사고, 성폭행, 집단따돌림, 가족학대 등과 같은 직접 경험한 상황에서 흔히 발생하지만, 경험하지 않고 외상사건에 직접 노출되거나 목격만 할 때도 증상이 나타난다.

(1) 재난피해자의 구분

재난은 개인사건과 달리 피해 범위가 집단으로 발생하는 특징이 있다. 재난을 겪은 피해자도 노출 정도에 따라 피해 수준이 달라 여러 차원으로 구분한다. 일반적으로 재난피해자는 1차 피해자를 의미하지만 1차 피해자와 가까이 있는 가족들 역시 트라우마를 경험하여 2차 피해자로 분류한다. 테일러와 프레이저(Taylor & Frazer, 1982)는 재난피해자를 6가지 형태로 분류하고 있는데 그 내용은 다음과 같다.

〈표 6-1〉 재난피해자의 분류

분류	내용
1차 피해자	재난에 가장 심각하게 노출된 사람
2차 피해자	재난에 직접 노출되지는 않았지만, 간접적인 영향을 받는 사람 (1차 피해자와 가까운 가족, 친인척, 동료 등)
3차 피해자	재난이 발생한 곳에서 구조와 복구, 봉사 일을 하는 사람 (소방관, 경찰관, 의료, 간호, 정신보건, 응급요원, 자원봉사 등)
4차 피해자	재난이 발생한 지역에 거주하는 사람으로, 재난피해자와 슬픔을 함께 나누고 도움을 제공하는 사람
5차 피해자	재난에 직접적으로 관련되지는 않지만, 대중매체를 통해 재난이 발생된 것을 알고 난 후, 심리적 혼란과 스트레스를 경험하는 불특정 다수의 사람
6차 피해자	재난으로부터 1차 피해자가 될 수 있었지만, 우연히 피해를 벗어난 사람

출처: Taylor & Frazer (1982).

(2) 재난 트라우마의 특징

트라우마의 가장 큰 특징은 너무 떨리고, 무섭고, 불안한데 피할 수는 없고 그렇다고 대처하기도 힘들어 심각한 수준의 두려움과 공포를 느낀다는 점이다. 재난 트라우마 증상의 종류와 특징은 대체로 다음과 같다.

❶ 트라우마 증상의 종류

트라우마는 일반적으로 삶을 살아가며 경험하는 질병이나 이별, 실직과 같은 사건을 통해 나타나기도 하지만 충격을 주는 끔찍한 외상사건을 경험할 때에도 발생한다. 트라우마는 우울, 불안, 일상생활의 어려움, 대인관계에서의 무관심한 태도 등을 보이며, 수면장애와 같은 증상이 나타난다. 해리 증상이나 공황발작과 같은 증상이 나타나기도 하며 착각과 환각, 기억장애, 주의력결핍장애 증상을 보이기도 한다.

재난 후 발생하는 트라우마 증상은 지나치게 잘 놀라며, 쉽게 짜증과 화를 내는 것으로 알려져 있다. 주변 사람에게 과도한 경계심을 보이거나 집중력 곤란, 기억 손상이 나타나기도 한다. 특히, 사망자가 발생한 재난사건의 경우에는 자신이 혼자 살아남은 것에 대한 죄책감과 수치감으로 괴로워하기도 한다.

과거에는 심각한 스트레스를 경험할수록 외상 후 스트레스가 더 잘 발병하고 증상도 심각해진다고 생각하였지만, 요즘은 스트레스 자체보다 개인이 스트레스를 어떻게 지각하는지의 반응성을 더 중요하게 여기고 있다. 일반적으로 재난 트라우마 증상은 신체적 · 인지적 · 정서적 · 행동적 증상으로 구분하여 설명한다.

〈표 6-2〉 재난 트라우마 증상의 종류

신체적 증상	인지적 증상	정서적 증상	행동적 증상
• 두통	• 악몽	• 불안	• 움츠림
• 오한	• 타인 비난	• 슬픔	• 수면 곤란
• 구토	• 방향감 상실	• 죄책감	• 식욕 증가
• 현기증	• 사고력 부족	• 성급함	• 과도한 놀람
• 근육경련	• 판단력 부족	• 염려	• 반사회적 행동
• 메스꺼움	• 해결력 부족	• 거부감	• 행동의 산만함
• 가슴통증	• 주의력 부족	• 압박감	• 성(性)적 능력 변화
• 호흡곤란	• 집중력 부족	• 공포심	• 대화 형태의 변화
• 혈압상승	• 과도한 불면증	• 감정조절 상실	• 상실에 대한 불평
• 급격한 심장박동	• 경계심의 변화	• 심리적 고통	• 과도한 알코올 섭취

출처: 국가보훈처 (2010).

재난을 겪은 피해자는 재난 이후에 심한 스트레스와 우울, 두려움, 공포, 정신적 혼란과 같은 증상을 경험한다. 일반화된 불안장애와 공황장애, 우울장애와 같은 정신과적 장애뿐만 아니라, 진단하기 어려운 심리적 고통이나 충격, 공포와 관련된 증상도 함께 나타난다. 이러한 트라우마 반응은 자연재난이나 인적 재난을 비롯한 어느 유형의 재난을 겪더라도 공통적으로 나타나는 반응이다.

재난 트라우마는 극심한 스트레스를 경험한 후 나타나는 심리적 반응으로 두통과 위경련, 피로감과 같은 신체적 · 생리적 반응과 울음, 비난, 수면문제와 같은 행동적 반응이 나타난다. 집중력 상실, 의사결정문제와 같은 인지적 반응이 나타날 뿐만 아니라 우울과 분노, 무력감과 같은 정서적 반응을 경험한다.

이러한 트라우마 반응이 1개월 동안 심각한 상태로 지속되는 경우에는 급성 스트레스 장애(ASD)로 진단하며, 1개월 이후까지 지속되는 경우에는 외상 후 스트레스 장애(PTSD)로 진단한다.

❷ 트라우마 증상의 특징

자연재난을 경험한 사람은 자연의 힘에 압도당해 큰 심리적 고통을 경험한다. 하지만 시간이 지나면서 자연재난의 예측 불가능한 측면을 이해하여 재난에 대한 공포와 위협감은 점점 줄어든다. 그래서 자연재난 피해자는 단기개입만으로 증상을 줄일 수 있으며, 나아가 외상 후 성장(Post Traumatic Growth: 이하 PTG)으로 발전할 수 있는 가능성이 있다(Cryder et al., 2006).

반면, 인적 재난을 경험한 피해자는 언제 어디에든 또다시 재난이 발생할 위험성이 존재한다고 인식한다. 그래서 자연재난을 경험한 피해자보다 더 큰 심리적 고통을 느끼고, 회복도 더디게 진행되는 특징이 나타난다. 고의에 의한 인적 재난을 경험한 이후에 정신과적 증상 발현이 자연재난에 비해 높게 나타나는 것은 이 같은 이유 때문이다(Norris et al., 2002).

자연재난은 인적 재난보다 불가항력적인 사건으로 여기는 반면, 인적 재난은 사건의 원인을 특정 사람이나 집단으로 여긴다. 충분히 예방할 수 있었음에도 불구하고 그렇게 하지 않아서 재난이 발생되었다고 인식하여 불신과 분노를 더 크게 느낀다(Halpern & Tramontin, 2007).

2. 재난 트라우마의 요인

재난 트라우마에 영향을 미치는 요인은 주로 인구학적 요인과 개인적 요인, 환경적 요인으로 구분하여 설명할 수 있다. 이들 각각의 요인은 위험요인 혹은 보호요인으로 영향을 미치는데, 요인별 세부 내용을 살펴보면 다음과 같다.

1) 인구학적 요인

(1) 연령

일반적으로 높은 연령보다 낮은 연령일수록 재난을 경험한 후 적응하는 데 어려움이 많은 것으로 알려져 있다. 기존 연구가 주로 낮은 연령인 어린이와 청소년을 대상으로 이루어진 연구결과라서 그렇게 나타났을 것이라고 주장하는 이도 있으나, 대체로 낮은 연령의 사람이 높은 연령의 사람보다 재난 트라우마에 취약한 것으로 밝혀지고 있다.

그러나 어린이보다 나이가 많은 40~60대 계층이 재난 이후에 더 큰 심리적 고통을 경험한다는 연구결과도 보고되고 있는데, 이는 가족에 대한 부양 책임을 중년계층이 가장 높게 인식하여 스트레스를 더 많이 받아 나타난 결과로 분석하고 있다(Halpern et al., 2007; Norris et al., 2002).

(2) 성별

여성은 남성에 비해 트라우마에 대한 취약성이 더 높게 나타나고, 재난 위험으로부터 벗어나는 위기대처능력도 떨어진다. 이러한 여성의 취약성은 생물학적 · 사회적 · 경제적 측면과 연관성이 있는데, 생물학적 측면은 임신 및 수유 중인 상황을 포함하여 여성 고유의 신체적 불안정성과 관련이 있다. 사회적 측면은 양육방식에서 오는 성역할 고정관념으로 자립성이나 적극적인 대처능력을 학습하지 못하여 나타난 것으로 여기며, 경제적 측면에서는 여성의 직업과 낮은 경제적 지위와 관련성이 있다. 이러한 여성의 위험요인은 어린이와 청소년 집단에서도 재난의 유형과 관계없이 일관되게 나타나고 있다(Viswanath, et al., 2013).

(3) 결혼

결혼 여부 역시 재난 트라우마에 영향을 준다. 일반적으로 결혼을 했거나 동반자와 함께 사는 경우에는 결혼하지 않은 사람에 비해 불안이나 우울을 덜 느끼는 반면, 미혼이거나 사별 혹은 이혼 등으로 동반자와 함께 살고 있지 않은 경우에는 심리적 고통과 불안 수준이 더 높게 나타난다(Lowe, Chan, & Rhodes, 2010).

그러나 재난피해자와 함께 사는 결혼한 집단이 미혼의 집단보다 스트레스 수준이 더 높게 나타난다는 연구결과도 보고되고 있는데, 이는 재난의 고통을 겪고 있는 가족과 함께 사는 과정에서 스트레스가 더 가중되었기 때문으로 분석하고 있다(Vila et al., 2001). 결혼과 관련된 이러한 연구결과는 상황과 여건에 따라 결혼 여부가 재난 트라우마 증상을 높이기도 하지만 반대로 낮출 수도 있다는 것을 동시에 보여 준다.

(4) 직업

일반적으로 직업이 있다는 것은 가정의 경제적 수입을 보장하는 것 외에도 재난을 회복하기 위한 인적 · 물적 자원을 보유하고 있다는 것을 의미한다. 직업은 개인에게 부여된 사회적 역할을 통해 보상과 만족을 제공하여 개인의 정신건강에 긍정적인 영향을 미치는 것으로 보고되고 있다(Higgins et al., 1992).

그러나 직업이 있는 것이 개인으로 하여금 다중역할로 스트레스가 가중되고, 더 많은 갈등을 경험하는 등 개인의 정신건강에 부정적인 영향을 준다는 연구도 함께 보고되는데, 이러한 연구결과는 개인의 다중역할을 부정적으로 인식하고 있는 경우에만 나타나는 현상으로 설명하고 있다(Grzywacz & Marks, 2000). 직업과 심리적 건강의 관련성에 대한 연구들은 대체로 직업을 긍정적인 보호요인으로 여긴다.

2) 개인적 요인

개인적 요인은 주로 성격특성, 탄력성과 같은 심리적 요인과 인지대처능력, 긍정 · 부정정서, 행동대처능력 등의 요인을 포함한다.

(1) 심리적 특성

심리적 특성은 기질, 성격특성, 자존감, 탄력성 등 여러 가지 개인 내적 요인을 포함한다. 이 중 탄력성은 재난 트라우마 상황에서 잘 적응하도록 돕는 보호요인으로 작용하며, 높은 자존감은 스트레스에 잘 대처할 수 있다고 스스로를 신뢰할 뿐만 아니라, 실제 능동적인 대처행동을 이끌어 내어 재난 트라우마 증상을 낮추는 데 기여한다.

반면, 낮은 자존감과 낮은 외향성, 낮은 성실성, 신경증, 특질 불안과 같은 요인은 재난피해자의 트라우마 수준을 높이는 데 기여한다. 신경증과 편집증 같은 성격요인은 재난사건을 보다 부정적으로 평가하거나 중립적인 신호에도 민감하게 반응하여 심리적 고통을 더 증가시키는 것으로 밝혀졌다(Breslau et al., 1998).

(2) 인지대처능력

인지적 요인은 재난 트라우마 발현에 큰 영향을 미친다. 재난이라는 트라우마 사건 자체도 중요하지만 그보다 재난사건을 어떻게 받아들이고 해석하는가가 더 큰 영향을 미친다. 예를 들어, 본인 스스로나 타인을 비난하는 인지전략을 사용한다든지 혹은 재난을 상기시키는 자극을 회피하는 전략을 사용하는 것은 일관되게 트라우마 회복에 부정적인 영향을 미친다.

반면, 재난과 관련하여 상황을 통제할 수 있다고 인식하거나 낙관적으로 상황을 평가하는 대처전략을 사용하는 사람은 일관되게 재난 이후의 심리적 고통을 경감시키는 것으로 알려져 있다. 자신에게 어떠한 일이 일어나든 관계없이 그 일에 대처할 수 있다고 믿으면 재난 대처에 더 바람직한 행동을 이끌어 내어 재난 트라우마 증상을 감소시킨다(Augustin, 2014).

(3) 긍정 · 부정정서

재난을 경험한 피해자는 충격과 분노, 절망, 불안, 죄책감, 무력감, 슬픔, 수치심 등과 같은 부정정서가 나타난다. 이러한 정서반응은 충격적인 재난을 경험한 이후 곧바로 나타날 수도 있고, 어느 정도 시간이 경과된 이후에 발현되기도 하는데 이는 자연스러운 반응이다. 그러나 부정정서의 강도와 빈도가 장기간 높게 지속됨에도 불구하고 회복을 위한 어떠한 도움도 받지 못하게 되면 자해, 자살과 같은 위험행동을 하는 등 일상생활에 심각한 저해를 가져온다(Walsh, 2007).

반면, 긍정정서는 일상생활에서의 즐거움과 행복감, 만족감, 안녕감 등을 느끼게 하고 생각과 행동의 다양성을 넓혀 주며, 유연한 대처를 촉진함으로써 심리적 고통을 경감시킨다(Bonanno, 2004). 이러한 이유로 부정정서를 감소시키고 동시에 긍정정서를 촉진하는 일은 재난 트라우마 회복에 중요한 과업이 되고 있다.

(4) 행동대처능력

재난피해자가 트라우마 증상에서 벗어나기 위해 정서적 지지를 요청하는 등 적극적인 행동으로 대처하는 것은 심리적 고통에서 빠른 회복을 가져온다. 뿐만 아니라, 자신이 적극적으로 재난에 대처하고 있음을 인식하여 자기효능감이 높아져 심적 고통이 장기화되는 것을 예방하는 효과가 있다.

반면, 약물 사용과 음주, 흡연과 같은 부적응적 행동으로 대처하는 재난피해자는 오히려 중독과 같은 또 다른 심리적 문제를 가져온다. 음주나 흡연, 약물 사용, 회피와 같은 대처행동은 단기적으로는 신체적 각성을 낮추는 데 기여할 수 있으나, 장기적으로는 심리적 문제가 복합적으로 발생하는 데 기여한다(Vlahov et al., 2002).

3) 환경적 요인

환경적 요인은 부정적인 사건경험, 외상 노출 수준, 사회적 지지, 가족에 영향을 주는 기능적 요인 등을 포함한다.

(1) 부정적 사건경험

트라우마와 관련된 여러 연구들은 과거 트라우마 경험을 가진 자가 이후의 트라우마 사건에 더 취약하다고 주장한다. 재난의 경우에도 어린 시절의 트라우마 경험처럼 이전의 스트레스 사건 경험이 재난 이후의 증상 발현을 더 촉진하는 것으로 알려져 있다. 재난 이전의 충격적인 외상경험은 재난 이후의 정신건강문제를 더욱 악화시키고, 재난충격을 회복하는 역량까지 감소시킨다는 연구결과가 이를 입증하고 있다(Maguen, Neria, Conoscenti, & Litz, 2009).

이러한 연구결과는 부정적인 외상사건을 반복적으로 경험하면 신체의 자율신경계가 스트레스에 민감화되어 작은 스트레스원에 의해서도 쉽게 자극되고 반응도 빠르게 나타나고 있다는 것을 말해 준다(Smid et al., 2012). 신경계가 민감해지면 시간이 지날수록 스트레스에 덜 반응하고 둔감하게 반응하는 것이 아니라 오히려 더 빠르고 강렬하게 반응한다고 설명하고 있다.

(2) 외상 노출 수준

재난이 발생한 현장에 가까이 있는 사람과 멀리 떨어져 있는 사람이 느끼는 심리적 반응에 대한 연구결과가 보고되었다. 이 연구에서는 재난 현장에 가까이 있는 사람이 그렇지 않은 사람보다 트라우마 증상이 증가된 것으로 보고되었다.

재난 노출 수준과 연령의 관계를 알아본 연구에서는 연령 계층에 상관없이 심리적 · 신체적 위험과 위협을 경험하고 재난에 직접 노출되었을 경우에는 노출 수준이 높아짐에 따라 심적 고통도 증가된 것으로 보고하고 있다(Goenjian, Najarian & Pynoos, 1994).

(3) 사회적 지지

사회적 지지는 개인에게 직접적이고 큰 영향을 미칠 수 있는 사람으로부터 제공받는 정보, 물질, 정서나 상호 교류를 의미한다. 이러한 사회적 지지는 트라우마를 겪는 어려움에 대한 위로를 제공하며, 실질적인 당면 문제를 해결하는 데 도움을 줄 뿐만 아니라 이해와 존중, 수용을 느끼게 한다. 또한, 재난의 경험을 서로 공유하여 자신의 반응이 정상적이 아니라는 것을 깨닫게 하는 데에도 큰 도움을 준다.

특히, 가까운 사람으로부터 받는 사회적 지지는 재난 트라우마 회복에 중요한 보호요인으로 작용한다. 가까운 타인으로부터 재난 트라우마 회복에 필요한 정보나 지식을 제공받고, 적극적인 격려와 지지를 제공받으면 트라우마 증상이 완화되는 효과를 가져온다(Pynoos et al., 1993).

(4) 가족 기능

가족구성원의 평균 연령이 높은 경우에는 트라우마 반응 수준이 낮게 나타나지만, 어린 자녀를 둔 가정의 경우에는 양육 부담과 아이의 건강이 염려되어 스트레스 수준이 높게 나타난다. 편부모 가족이나 미혼모 가족의 경우에도 트라우마 반응 수준이 높게 나타나는데, 이는 자녀양육에 대한 부담과 책임이 크게 작용하기 때문이다(Norris et al., 2002).

가족에 영향을 주는 기능적 요인은 가족응집력과 가족적응력, 가족구성원의 건강문제, 가정폭력과 같은 요인이 포함된다(Patterson, 2002). 이 중 가족응집력은 가족 간 서로의 활동에 관심을 갖는 결속 기능과 관련이 있는데, 응집력이 높은 가족일수록 가족 간 지지가 촉진되어 가족의 스트레스 수준을 낮추는 데 기여한다. 또한, 부정적 사건에 대한 대처 전략을 학습하는 기회가 많아 재난 이후의 심적 고통을 경감시키는 것으로 알려져 있다(Tatsuki & Hayashi, 2000).

3. 군 재난위기상담의 개념

군 재난위기상담은 재난을 경험한 정상 상태의 장병을 대상으로 한다는 점과 재난의 심리적 충격에서 빨리 벗어나도록 촉진하고, 재난 이전의 기능상태를 회복하여 복무에 기여하도록 하는 것에 초점을 둔다. 반면, 일반적인 군 개인상담은 부적응 장병을 대상으로 심리적인 내면 분석이나 상담을 통하여 적응상태로 회복하는 것에 목적을 둔다(심윤기, 2018). 군 재난위기상담과 군 개인상담의 차이점을 비교하면 다음과 같다.

〈표 6-3〉 군 재난위기상담과 군 개인상담의 차이점

구분	군 재난위기상담	군 개인상담
목적	정신적 충격 완화, 재난 이전의 기능 회복	복무부적응 증상 감소 및 제거
대상	재난을 경험한 다수의 정상적인 장병	심리적 증상을 가진 부적응 장병
개입	재난 초기 즉각적 위기개입	단기적 개인상담
중점	보호, 진단/분류, 교육, 위기상담	심리평가, 전문상담
방법	개별/집단 동시적 처치	개별적 처치
장소	상담실, 휴게실, 종교시설, 기타	상담실, 상담센터, 개인 사무실, 기타

출처: 심윤기 (2018).

1) 군 재난위기상담 방향

군 재난위기상담은 현장 위주의 문제해결중심으로 이루어진다. 재난을 경험한 다수의 정상 상태의 장병을 대상으로 재난의 충격에서 벗어나 재난 이전의 기능상태를 조기 회복하는 것에 초점을 두며, ASD나 PTSD를 예방하기 위한 특수상담으로 이루어진다(심윤기, 2018).

(1) 부대방문중심

부대방문중심은 재난심리상담 서비스를 받아야 할 재난피해장병을 군 상담관이 직접 찾아가 그가 생활하는 부대에서 접촉하는 적극적인 활동을 말한다. 이 방법은 소방서를 직접 찾아가 상담 서비스를 제공하는 찾아가는 상담실 운영과 비슷하며, 미군의 전투 현장 정신건강관리팀이 전투 현장에 직접 투입되어 활동하는 방법과 유사하다.

부대를 직접 방문하는 목적은 재난을 경험한 다수의 장병들이 느끼는 심리적 충격과 고통이 무엇인지 구체적으로 확인하고, 전문치료를 받아야 할 대상이 누구인지 진단 및 분류하며, 그들에게 필요한 지원이 무엇인지를 알아내기 위함이다. 또한, 재난과 관련한 정보제공교육을 시행하고, 재난경험으로 발생한 불안과 스트레스를 해소하기 위한 목적으로 이루어진다.

(2) 문제해결중심

재난피해장병에게 가장 중요한 것은 어떻게든 기능적이지 못한 심리적 증상의 제거와 하루빨리 재난 이전의 기능을 회복하여 정상적인 군 생활이 되도록 하는 것이다. 따라서 재난위기상담은 재난을 경험하여 나타난 부정적 증상을 제거하고, 심리적 안정을 도모하여 조기에 재난 이전의 기능상태를 회복하도록 문제해결중심으로 이루어진다.

상담방법에 있어서는 재난피해장병의 말을 적극적으로 경청하고 지지하며, 이들이 인식하는 문제의 의미를 잘 받아들이는 것이다. 재난피해장병이 필요로 하는 것이 무엇인지 속 시원히 말할 수 있도록 촉진하고, 심리적 문제가 해결되도록 재난피해장병을 적극적으로 조력하는 것이다.

(3) 개인강점중심

군 상담관은 재난피해장병이 지닌 강점을 찾아 이를 적극적으로 활용할 수 있어야 한다. 재난피해장병이 지닌 자아효능감, 대인관계능력, 가족 지지, 자아탄력성을 전제로 상담 서비스를 제공하는 것이 기본이다. 다른 사람이나 조직에 의존하기보다는 독립적으로 심리적 충격을 이겨낼 수만 있다면 금상첨화가 아닐 수 없다. 개인 강점을 바탕으로 장병 스스로 심리적 균형을 조절하고 통제할 수 있는 능력을 회복하도록 조력하는 것이 중요하다.

2) 군 재난위기상담 중점

군 재난위기상담은 재난피해장병을 보호하고, 고립감을 느끼지 않도록 24시간 접촉하여 관리하는 일이다. 재난과 관련된 다양한 정보를 제공하고 교육을 실시하며, 심리적 혼란과 불균형이 부정적인 방향으로 진전되지 않도록 지원하는 활동을 주로 한다(심윤기, 2018).

(1) 보호

보호는 재난을 경험한 장병이 더 이상의 충격적인 자극에 노출되거나 피해를 입지 않도록 지켜 주는 것을 의미한다. 재난과 관련하여 부대를 방문하는 정치인, 외부인, 상급자, 수사요원들의 접촉을 일시적으로 차단하고, 피해장병을 보호된 안전한 장소로 이동시켜 심리적 안정을 도모한다.

재난상황과 관련한 언론 매체를 접하는 경우에는 또다시 심리적 충격과 고통을 받을 가능성이 있다. 따라서 신문이나 TV와 같은 미디어를 통해 재난상황과 관련한 충격적인 장면을 접하지 않도록 보호하는 것이 중요하다. 2005년 연천 지역 총기난사사고 발생 당시 목숨을 건진 장병들을 군 수사기관 요원이 현장검증을 위해 사고 현장으로 데려간 것은 재난피해자를 보호해야 할 기본을 지키지 않은 매우 잘못된 사례에 해당한다.

(2) 접촉

천안함 폭침사건과 같이 충격적인 재난을 경험하면 자기가 살던 세계가 갑자기 차단되고 혼자 고립된 느낌을 받기 때문에 재난을 경험한 장병과 지속적인 접촉을 유지하는 것이 필요하다. 가족의 기쁜 소식을 전해 준다거나, 가깝게 지낸 친구의 소식을 알려 주는 것도 좋다. 재난피해장병이 정신적 도움을 받을 수 있는 연락처뿐만 아니라, 심리적 증상에 관하여 궁금한 점을 찾기 위한 매체 정보를 알려 주는 것도 접촉 유지에 도움이 된다.

재난피해장병과 접촉을 유지하는 방법을 실천함에 있어서는 이들의 모습이 다소 혼란하고 판단을 제대로 할 수 없는 상태라는 점을 고려하여 친절하고 따뜻하게 하는 것이 무엇보다 중요하다. 진실한 공감과 따뜻하고 자상한 모습으로 접촉하여 자살시도와 같은 부적절한 행동으로 이어지지 않도록 한다.

(3) 정보제공교육

재난피해장병은 심리적으로 위축되고 정신적으로 혼란한 상태에 놓이게 된다. 그 이유는 재난의 충격이 언제까지 지속될 것인지, 또 앞으로의 경과가 어떻게 이루어질지 예측할 수 없고, 재난을 경험한 이후 나타나는 부정적 감정과 분노를 어떻게 처리해야 할지 잘 모르기 때문이다. 따라서 이러한 재난피해장병을 위해서는 교육을 통해 심리적 안정을 위한 방법을 제공해 주어야 한다. 이를 통해 재난피해장병 스스로 앞으로 일어날 수 있는 심리적 · 신체적 반응에 적절히 대응하고 스스로 대처노력을 기울이도록 만드는 것이다.

교육은 구두로 하는 방법이 주로 활용될 수 있으나 교육자료(소책자, 팸플릿)를 배포하고 관련 영상을 제공하는 등 다양한 방법을 활용하는 것이 효과적이다. 교육 내용은 재난 이후에 나타나는 심리적 · 신체적 변화와 특성에 관한 정보, 재난 트라우마에 대한 대처법, 불안과 긴장 완화 방법 등을 포함한다.

(4) 응급 개입

재난위기상담은 위기발생 즉시 신속히 개입함과 동시에 빠른 시간 안에 정상기능을 회복하여 자살과 같은 사고로 이어지지 않도록 하는 것이다. 재난피해장병의 반응과 증상을 신속하고 정확하게 진단한 후, 증상에 따라 피해장병을 분류한다. 증상이 경미한 장병은 심리적 충격 완화와 부정감정 제거에 중점을 두지만, 불안 증상이 심한 장병은 군 캠프에 입소 조치한다.

만약, 공황으로 숨을 제대로 쉬지 못하거나 경련을 일으키는 장병, 신체적 강직 증상을 보이는 장병, 큰 소리로 울부짖으며 과격한 행동을 보이는 장병, ASD나

PTSD 증상을 보이는 장병 등은 신속하게 인근 지역에 위치한 군 병원이나 수도통합병원으로 후송하여 장기간 트라우마 치료를 받을 수 있도록 조치한다.

4. 군 재난 트라우마 상담전략

군 재난위기상담은 일반적인 상담절차와 다르게 진행되는 특징이 있다. 개입방법에 있어서도 일반적인 군 상담과 다르게 이루어진다. 전문가가 아닌 비전문가가 군 위기상담을 진행할 경우에는 2차 피해를 유발할 가능성이 있다. 일반적으로 군 재난위기상담은 5단계로 이루어진다(심윤기, 2018).

1) 보호 및 안정

재난이 발생하면 가장 신속하게 조치해야 하는 것은 재난피해장병을 보호하는 일이다. 충격적인 재난을 경험하면 누구나 트라우마 증상이 나타나기 마련인데, 이때 군 상담관은 트라우마 증상이 더 이상 악화되지 않도록 장병의 심리적 안정을 취하는 데 온 역량을 집중한다. 이를 위해 충격적인 자극에 노출되지 않도록 안전한 장소로 이동시켜 자극을 주는 대상을 차단한다.

특히, 재난은 누구나 경험할 수 있는 사건으로 받아들일 수 있도록 따뜻한 설명과 함께 정서적 지지와 격려를 제공해 주는 것이 중요하다. 이러한 격려와 지지는 재난위기상담의 초기 단계부터 종결 단계에 이르기까지 계속 이루어져야 한다.

이외에도 재난피해장병을 보호하기 위해서는 신뢰관계를 형성하고 유지해야 한다. 재난 트라우마에 대한 정보제공을 포함하여 재난피해장병이 지닌 증상을 이해할 수 있도록 이에 초점을 맞춘 대화와 교육이 필요하다. 뿐만 아니라, 개방형 질문을 통해 장병 스스로 자신의 이야기를 충분히 하도록 촉진하고, 상담자의 적극적인 경청 자세를 통해 재난피해장병의 불안한 심리상태가 안정을 찾아가도록 조력한다.

2) 진단 및 분류

진단은 충격적인 재난으로 발생한 심리적 고통의 여러 증상을 제거하고, 정신적인 혼란에 빠진 장병을 위해서 행해지는 평가과정이다. 재난 초기의 정확하고 빠른 진단은 심리적 개입의 효과가 좌우될 정도로 큰 영향을 미치며, 어떤 수준의 개입이 필요한지를 결정하는 데에도 크게 기여한다. 그러나 재난 트라우마 증상을 정확하게 진단하는 일은 꽤 어려운 일이다. 초기 발병 시기를 예측하는 일도 어렵고, 재발 가능성과 잠재적 후유증을 알아내기도 어렵다.

진단은 기본적으로 스스로 문제를 해결할 수 있는 장병을 비롯하여 비정상적인 행동을 보이는 장병, 집중력이나 기억력 손상이 있는 장병, ASD와 PTSD 증상이 나타나는 장병, 자살이나 타살의 위험성이 있어 군 병원에 입원 치료가 필요한 장병 등을 가려내는 데 초점을 둔다. 이를 위해서는 재난피해장병의 반응과 증상을 지속적으로 모니터링하면서 객관적인 진단도구를 활용하는 것이 무엇보다 중요하다.

만약, 재난피해장병의 초기 반응을 정확하게 진단하지 못하면 장병과 군 상담관 모두에게 좋지 않은 결과를 초래한다. 군 상담관에게는 심리적 소진을 가져오고, 재난피해장병에게는 적절한 초기 개입 서비스가 제공되지 못하게 만들어 자해, 자살과 같은 사고로 이어지게 하는 데 영향을 미친다.

3) 정보제공교육

재난피해장병이 심리적으로 위축되고 혼란을 경험하는 이유는 재난의 충격과 앞으로의 경과를 잘 예측할 수 없기 때문이다. 또한, 재난을 경험하기 이전의 감정과 재난 이후의 감정이 다를 뿐만 아니라 화와 분노를 어떻게 처리해야 할지 잘 모르기 때문이다. 따라서 이 같은 재난피해장병의 심리적 증상을 조절하고 회복하기 위해서는 재난 이후에 나타나는 심리적 과정과 증상에 대한 정보제공교육이 꼭 필요하다.

정보제공교육은 재난을 경험한 직후에 찾아오는 심리적 · 신체적 증상, 증상에 대한 대처법과 자신을 안전하게 지키는 방법, 긴장을 완화시키는 방법 등 여러 가지 대처방법이 포함될 수 있다. 재난 초기의 혼란한 시기가 지나면 흥분과 같은 감정은 완화되지만 정서적 분노와 두려움, 공포는 다시 경험할 수 있다는 사실도 알려 준다. 이러한 정보제공교육은 재난 이후에 나타나는 격한 감정과 우울, 부적응 행동을 이해하여 증상 완화에 크게 기여한다.

4) 응급 개입

응급 개입은 재난위기장병이 자해나 자살을 시도할 위험성이 있거나 타인에게 피해를 입힐 수 있는 위험한 상황이 예측될 때 즉시 개입하여 빠른 시간 안에 심리적 균형을 찾도록 하는 전문적인 조력활동이다. 이러한 응급 개입은 재난위기장병의 심리적 안정을 도모하고, 다른 부수적인 스트레스나 위험요인으로부터 보호하여 증상이 심화되어 더 나쁜 상태로 악화되는 것을 막는 데 초점을 둔다.

응급 개입의 방법으로는 우선적으로 재난위기장병의 감정에 민감하게 대응하고, 이들이 하는 말에 적극적으로 경청하는 자세가 필요하다. 재난피해장병의 억눌린 감정을 풀어내고, 자신의 현재 상황과 문제를 수용하며, 다가올 미래를 긍정적으로 설계하는 데 조력한다. 만약, 이 같은 방법으로도 증상이 호전되지 않을 경우에는 군 캠프에 입소시키거나 혹은 군 병원으로 후송하여 치료를 받도록 조치한다.

5) 전문 개입

전문 개입이 필요한 장병은 소속부대 사단이나 군단 캠프에 2주간 입소하여 트라우마 증상을 제거하기 위한 전문상담을 받도록 하거나, 정기적인 집단 프로그램에 참석하도록 한다. 그러나 캠프에서조차도 심리적 증상이 완화되지 않거나 혹은 오히려 증상이 악화되는 경우에는 수도통합병원으로 후송하여 입원 치료를 받도록 한다.

장병이 판단력이나 현실감이 저하되고 정확한 상황판단을 하지 못하며, 극도의 스트레스와 놀람반응을 자주 보일 때뿐만 아니라 망연자실한 모습을 보이고, 심한 공포감을 지속적으로 느끼는 등 급성 스트레스 장애(ASD) 반응을 보일 때에도 군 병원으로 후송한다.

재난 발생 후 1개월 정도 지나서 외상 후 스트레스 장애(PTSD) 증상을 보이는 장병이 발견될 경우에도 군 병원으로 후송한다. 침투 증상과 자극 회피 증상을 보이고, 초조와 불안, 분노의 감정을 지속적으로 표출하거나 죄책감 · 우울증으로 자살시도 위험성이 보이면 군 병원에 입원하여 약물치료와 심리치료를 받도록 조치한다.

CHAPTER 7

PTSD 위기상담

오늘날 지구촌은 테러를 비롯한 크고 작은 사건이 끊임없이 발생하고 있다. 세계에서 유래를 찾아보기 힘들 만큼 빠른 성장과 경제발전을 이룬 우리나라도 그동안 세월호 침몰사고, 천안함 폭침사고, 제천 화재참사, 경주 지진 등 큰 사건들이 반복해서 일어났다. 다행한 것은 이러한 사건들을 경험하며 트라우마에 대한 사회적 관심이 높아졌다는 점이다. 그러나 정부 차원의 트라우마 대응과 치료적 접근에 있어서는 아직도 기대수준에 못 미치는 것이 사실이다. 그러므로 트라우마와 관련한 국가정책이 마련되고 연구가 활성화되어야 한다. 뿐만 아니라, 컨트롤타워 기능을 수행하는 기관들이 빠른 시일 내 설립되어야 할 것이다.

이 장에서는 외상과 외상사건에 대한 개념을 다룰 것이다. 그런 다음 외상 후 스트레스 장애 역학과 증상, 발병 원인을 살펴본 후, PTSD 상담방법론을 개관한다.

1. 외상의 개념
2. PTSD의 증상
3. PTSD의 원인
4. 군 PTSD 상담전략

1. 외상의 개념

1) 개요

외상 후 스트레스 장애(Post Traumatic Stress Disorder: 이하 PTSD)는 외상(trauma)과 외상사건(Traumatic event)을 잘 이해하고 있어야 그 개념을 파악하는 데 도움이 된다. 외상은 고대 그리스어에서 유래된 용어로 상처나 부상을 뜻하는 말이다. 외상은 흔히 신체적 상처뿐만 아니라 개인이 감당하기 힘든 심리적 충격까지 포함하는데 다음과 같은 두 가지 사전적 의미를 지니고 있다.

첫째는 폭력 혹은 공격적 행위에 의해 손상된 신체적인 상처를 말하며, 둘째는 심리적인 어려움 혹은 정신적 고통을 유발하는 충격(shock)을 의미한다. 이러한 감정적 상처나 충격은 개인의 심리적 발달에 장기간 손상을 입혀 대개 신경증을 유발한다. 결국, 외상은 자연재난이나 인재로 큰 충격을 받아 공포에 질리거나 무력감을 느끼고 정신적 혼란으로 말미암아 일상생활을 힘들게 한다.

현대적 개념의 외상은 환경 변화를 의미하거나 사건 사고의 개념에서 벗어나 심리적 · 정신적 고통을 주는 일반적인 사건까지 트라우마의 범주에 포함한다. 흔히 발생하는 신체적 부상뿐만 아니라 심리적 손상까지도 포함하는데, 요즘은 심리적 · 신체적 위협을 주는 사건을 목격하는 것까지도 외상의 범주에 포함시키고 있다. 우리나라에서는 외상이라는 용어보다 '트라우마' 용어를 더 많이 사용하고 있는 실정이다. 본서에서는 외상과 트라우마 용어를 동일한 개념으로 사용하고자 한다(심윤기, 2018).

2) 외상의 유형

외상의 유형은 여러 형태가 있다. 첫째, 직접외상과 간접외상이다. 직접외상은 차량 충돌사고, 테러, 인질사건, 폭력사건, 전방 GP 총기사고와 같이 매우 충격적인 사건을 직접 경험하는 것을 말하며, 1차 외상이라고도 한다. 반면, 간접외상은 충격적인 사건을 목격하거나 혹은 폭력사건 피해자와 학대당한 사람, 강간 피해자를 면담하거나 조사하는 과정에서 경험하는 외상을 말하며, 이를 2차 외상이라고도 한다. 이렇게 외상사건을 직접 경험하는가 아니면 목격하는가에 따라 1, 2차 외상으로 구분하는데, 1차 외상이 2차 외상보다 PTSD 유병률이 더 높게 나타난다(Carlier & Gerson, 1997).

둘째, 단일외상과 복합외상이다. 교통사고나 강도 피해와 같이 일회적으로 발생하는 외상을 단일외상이라고 한다. 반면, 포로수용소에서의 감금 경험이나 반복적으로 가정폭력을 경험한 자녀, 지속적인 성적 학대, 군대 상급자로부터 계속된 폭력 경험, 경찰이나 소방관처럼 업무 특성상 장기간에 걸쳐 반복적으로 발생하는 외상을 복합외상이라고 한다. 이러한 복합외상은 단일외상의 후유증보다 훨씬 심각하게 나타나는 특징이 있다. 복합외상에 노출된 사람은 정서조절이 어려워 약물에 중독되거나 해리 증상으로 이어지기도 한다.

셋째, 심리적 외상과 신체적 외상이다. 심리적 외상은 개인이 평소 경험하는 스트레스 범주를 넘어서는 충격적이고 위협적인 사건에 노출된 후, 그 개인에게 기억되는 정신적 충격을 말한다. 외상사건으로 정신적 충격을 받아 그 경험이 기억 속에 남아 공포와 무력감을 느끼는 후유증을 경험한다. 이러한 심리적 외상은 꿈, 회상 등으로 자신의 의지와 상관없이 침투 증상을 반복적으로 경험하고, 이를 거부하기 위해 외상사건과 관련된 사람이나 장소 등을 회피하는 증상을 보인다. 반면, 신체적 외상은 단순히 정신적 충격의 범위를 벗어나는 육체적 고통을 동반하는 외상을 의미한다.

넷째, 대인관계 내(內) 외상과 대인관계 외(外) 외상이다. 대인관계 내(內) 외상은 전쟁, 신체적 폭력, 성적 폭력과 같이 대인관계적인 상황에서 발생하는 외상을 말한다. 대인관계 외(外) 외상은 자연재난, 화재, 교통사고, 붕괴사고, 생명을 위협하는 질병 등 대인관계와 거리가 먼 상황에서 발생하는 외상을 말한다. 이 중 대인관계 내(內)에서 발생한 외상이 대인관계 외(外)에서 발생한 외상보다 PTSD 발병률이 더 높게 나타나고 있다(심윤기, 2018).

3) 외상사건의 특징

외상사건에 대한 개념은 시간이 흐르면서 몇 번의 변화 과정을 거쳤다. PTSD가 정신장애진단에 처음 등장하였을 때의 외상사건은 전쟁, 강간, 고문, 재난과 같이 심각한 스트레스 증상을 유발시킬 만한 충격적인 사건을 경험하거나, 본인이 직접 그 상황에 노출되어야 하는 조건이 포함되어 있었다.

삶을 뒤흔드는 충격적인 사건이나 부정적인 심리적 결과를 유발하는 아주 높은 스트레스 사건과 같이 실제적인 죽음이나 죽음의 위협이 가해진 사건이어야 외상사건으로 간주한 것이다. 개인이 직접 실제 외상사건이 일어난 현장에서 경험하는 것처럼 사건 자체가 충격적이고 심각해야 했으며, 이것이 정신적인 충격과 두려움, 무력감, 공포를 동반하여 일상생활이 불가능할 정도로 심각해야 외상사건으로 규정한 것이다.

미정신의학회(American Psychiatric Association: 이하 APA)에서 내린 이 같은 초기의 외상사건에 대한 개념은 시간이 지남에 따라 조금씩 바뀌었다. 매우 심각하고 충격적인 스트레스 사건뿐만 아니라 다소 심각성이 덜한 사건이라도 이를 외상사건에 포함시켰다. 충격이 심하지 않고 심각성이 다소 덜한 사건이라도 이를 반복해서 경험하면 심각한 정신적 고통과 PTSD를 유발할 가능성이 커진다는 이유로 외상사건의 범주에 포함시킨 것이다(Breslau et al., 1998).

본인이 목격한 사건이라도 심각한 공포와 두려움, 무력감을 경험하였다면 외상사건을 경험한 것이 된다. 경찰 수사과정에서 처참하게 죽은 시신을 자주 목격한다거나, 소방관이 화재 현장의 인명구조 과정에서 끔찍한 장면을 목격하는 것이 모두 외상사건의 범주에 해당한다. 이렇게 자신의 생명과 신체에 대한 손상의 위협은 외상사건의 본질이다. 생명과 신체에 손상의 위협을 주는 외상사건은 그러한 위협이 존재하지 않는 사건에 비해 PTSD로 발전될 확률이 높게 나타난다.

군인이나 경찰, 소방공무원처럼 위험한 직무를 담당하는 사람은 일반인보다 더 많은 외상사건을 경험한다. 남 · 여별 외상사건을 경험하는 비율도 차이가 나는데 일반적으로 남자 65%, 여자 50% 정도가 일생동안 한 번 이상은 외상사건을 경험하는 것으로 보고되고 있다(Creamer, Burgess & Mcarlane, 2001).

한편, APA에서는 PTSD를 불안장애의 한 범주에 속하는 정신질환의 하나로 규정하고, 1980년에 PTSD라는 병명을 공식적으로 채택하였다. 외상사건을 겪은 후 나타날 수 있는 일련의 특징적인 증상군의 조합을 PTSD로 규정한 것이다. PTSD 명칭을 사용하기까지의 변화 과정을 살펴보면 다음과 같다.

〈표 7-1〉 PTSD의 명칭 변화

전쟁 구분	사용된 명칭
미국 남북전쟁(1861~1865)	과민성 군인의 심장(irritable soldier's heart)
1차 세계대전(1914~1918)	포탄 충격, 전쟁신경증(war neurosis)
2차 세계대전(1939~1945)	전투 스트레스 반응(combat stress reaction)
베트남 전쟁(1965~1973) 이후	외상 후 스트레스 장애(PTSD)

2. PTSD의 증상

1) 역학조사

2014년 이화여대 뇌 융합과학연구원에서는 우리나라 소방공무원 37,093명을 대상으로 심리평가 전수조사를 하였다. 전수조사결과 소방공무원이 매년 충격적인 외상에 노출되는 건수는 약 7.8회로 나타났다. 이 중 14.4%는 연평균 15회 이상 참혹한 현장을 목격하는 것으로 조사되었으며, 매월 1번 이상 경험하는 비율도 17%나 되었다. 화재 현장에서 경험한 사건 중에서는 사망사고(27.1%)가 가장 많았고, 시신수습(24.4%), 신체훼손 목격(17.7%)이 그 뒤를 이었다. 소방공무원의 심리질환 유병률은 일반인과 비교할 때 4~10배 높게 나타났고, PTSD는 무려 10.5배 정도 높게 나타났다.

한편, 경찰청에서는 2013년에 전국에 있는 경찰관 20,780명을 대상으로 PTSD 위험군 조사를 실시하였다. 조사에 응한 12,168명(58.5%)을 분석한 결과 41.35%

가 PTSD 고위험군으로 분류되었는데, 이는 일반 인구의 PTSD 유병률 추정치인 1~6%보다 훨씬 높은 수치에 해당하고 있어 심각성을 준다.

〈표 7-2〉 경찰관 PTSD 조사 결과

구분	계	PTSD 고위험군	PTSD 저위험군	참고군
인원수	12,168명	5,032명	1,717명	5,419명
비율	100%	41.35%	14.11%	44.53%

출처: 경찰청 (2013).

(1) PTSD 발병률

PTSD 발병률은 외상사건의 종류에 따라 다르게 보고되고 있다. 일반적으로 강간과 성폭력 피해자에게서 가장 높은 발병률을 보이지만 그 외 전쟁, 유괴, 인질사건, 고문 피해자들에게서도 높게 나타나고 있다.

PTSD는 어느 연령층에서나 발병한다. 하지만 외상에 노출된 낮은 연령층에서 더 흔하게 나타나는 경향을 보인다. 트라우마에 노출된 경험이 있는 성인의 경우에는 여성 PTSD 발병률이 약 20% 정도이며, 남성은 이보다 낮은 10%로 알려졌다. 누구나 평생동안 한 번 이상은 트라우마에 노출되는 것으로 알려져 있는데, 여성의 평생발병률은 약 10~12%, 남성은 이보다 낮은 약 5~6% 정도인 것으로 보고되었다(Kessler et al., 1995).

특정한 형태의 외상사건을 경험하면 앞서 언급한 발병률보다 훨씬 높은 발병률을 보이는 특징이 있다. 강간을 당한 여성의 경우에는 약 46% 정도의 발병률을 보였고, 아동기에 성적 혹은 물리적 학대나 방치를 경험한 경우에는 약 30~55% 정도가 PTSD를 유발한 것으로 보고되었다(Kessler et al., 1995). 아주 드문 사례이긴 하지만 납치된 경우에는 PTSD 발병률이 무려 10배 이상 크게 증가한 것으로 보고되기도 하였다(Darves-Bornoz et al., 2008).

(2) PTSD 유병률

재난이나 외상사건에 노출되었다고 해서 모든 사람이 PTSD로 이어지는 것은 아니다. 국가나 지역에 따라 차이가 있고 직업별·연령별에서도 차이가 있다. 외상사건에 자주 노출될 위험이 있는 우리나라 직업군은 주로 군인과 경찰, 소방공무원이다. 이 직무에서 PTSD 유병률이 높게 나타나는 이유는 노출되는 외상사건의 심각성이 높을 뿐만 아니라 자주 반복해서 외상사건을 경험하기 때문이다.

유병률(prevalence)은 어떤 시점에 일정한 지역에서 나타나는 병자 수와 그 지역 인구수에 대한 비율을 말한다. 전체 인구 중에서 특정 정신장애를 지니고 있는 사람의 비율을 의미하는데, 이러한 유병률은 장애가 나타나는 시점이나 기간에 따라 다음과 같이 구분한다.

〈표 7-3〉 유병률의 구분

구분	내용
시점유병률(point prevalence)	현재의 시점에서 특정한 정신장애를 지닌 사람의 비율
기간유병률(period prevalence)	일정 기간 동안 특정한 정신장애를 지닌 사람의 비율
평생유병률(lifetime prevalence)	평생 동안 특정한 정신장애를 지니고 있는 사람의 비율

DSM-IV 기준에 의하면 미국 내 75세 기준으로 조사된 PTSD 평생유병률은 8.7% 정도였으며, 미국 성인을 대상으로 한 12개월 기간유병률은 3.5% 정도로 나타났다. 그러나 유럽이나 아시아, 아프리카, 라틴 아메리카 지역에서는 유병률 추정치가 대략 0.5~1.0% 정도로 조금 낮게 나타나는 실정이다. 미국 소방관의 경우에는 약 18~30%, 참전 군인의 경우에는 약 20.9% 정도의 유병률이 나타나고 있으나 강간, 포로 경험, 구금 및 학살 생존자에게서는 무려 33~35%의 가장 높은 유병률을 보이고 있다(김환, 2010).

우리나라 사람을 대상으로 2000~2001년에 조사된 정신장애역학 연구에 의하면 PTSD 평생유병률은 1.7%(여성 2.5%, 남성 0.9%)로 나타났고, 1년 동안의 기간유병률은 약 0.7%(여성 1.3%, 남성 0.1%)로 조사된 바 있다(국가보훈처, 2010).

2) PTSD의 증상

PTSD 증상은 크게 네 가지로 구분한다. 충격적인 외상사건에 대한 기억이 자신의 의지와 상관없이 불쑥불쑥 떠오르는 침투 증상, 외상사건과 관련한 자극을 경계하고 멀리하는 자극 회피, 인지와 감정의 부정적 변화, 각성과 반응성의 변화 등이 주요 내용이다.

(1) 침투 증상

❶ 외상사건에 대한 고통스러운 기억의 반복적이고 침투적인 경험

PTSD와 관련한 침투 증상의 가장 일반적인 형태는 외상사건이 자신이 의도하지 않았음에도 불구하고 반복적으로 떠오른다는 것이다. 의식 안으로 자꾸 밀고 들어오는 외상사건에 대한 생각과 감정, 불쾌한 이미지, 기억은 심한 고통을 유발하는 특징이 있다. 특히, 강렬한 불안과 공포가 갑작스럽게 밀려오듯이 경험되는 상황에서는 호흡곤란과 혈압상승 증상이 나타나며, 답답하고 죽을 것 같은 공황상태에 빠지기도 한다. 여러 연구에서는 PTSD 환자들이 공통적으로 침투 증상을 경험하는 것으로 보고하고 있다.

❷ 외상사건과 관련된 고통스러운 꿈의 반복적인 경험

꿈으로 PTSD를 진단하기 위해서는 외상사건을 경험한 내용 그대로를 나타내는 꿈과 악몽을 꾸어야 한다. 이러한 꿈과 악몽은 몇 년에 걸쳐 계속되기도 하고, 사건이 발생한 지 수십 년이 지나도 계속 나타나기도 한다.

❸ 외상사건이 실제로 일어난 것처럼 느끼고 행동하는 해리반응

일반적으로 PTSD 증상을 겪는 사람은 마치 예전에 발생한 외상사건이 현재에 똑같이 재발하는 것처럼 느끼는 플래시백(flashback)을 경험한다. 이러한 플래시백은 현재 상황과 무관하게 갑작스럽게 발생하며, 강렬한 정서 경험과 일상생활과 거리가 먼 행동을 하기도 한다.

해리(dissociation)는 감각이나 지각 또는 기억이 의식과 분리되는 현상을 의미하는데 PTSD를 겪는 사람에게서 흔히 나타난다. 몸에서 정신이 빠져나가는 느낌이 들거나 사물이나 상황이 비현실적으로 느껴지고, 현재 이 장소에 있으면서도 뭔가 동떨어진 느낌이 드는 증상을 경험한다.

❹ 외상사건과 유사하거나 상징적인 내·외적 단서에 노출될 때 심리적 고통의 경험

PTSD 증상이 있는 사람은 트라우마 사건과 비슷하거나 상징적으로 나타내는 사건을 경험할 때 비슷한 고통을 느낀다. 예를 들어, 군 생활관에서 총기난사사고를 경험한 생존자는 군복을 입은 군인만 봐도 외상사건을 연상시킨다.

아프리카 해외파병 활동 중에 적이 설치해 놓은 급조장애물의 폭발로 가까스로 생명을 건진 장병에게는 더운 날씨가 외상사건을 연상시킨다. 지하철 화재참사 경험이 있는 생존자는 지하철을 이용한다든지 혹은 검은 연기와 타는 냄새를 맡으면 외상사건이 연상되어 숨이 막히는 심리적 고통을 느낀다(심윤기, 2018).

❺ 외상사건을 상징하거나 유사한 내·외적 단서에 노출되었을 때 생리적 반응을 보임

1996년 경기도 양평군 강상면에서 한 시골 버스가 추락하는 사고가 발생한 적이 있는데 이 사고로 59명의 희생자가 발생하였다. 이 중 사망자는 어린아이부터 93세의 노인에 이르기까지 다양했으며, 부부가 한꺼번에 사망한 가정도 있었다.

버스 추락사고 피해가족이나 생존자 중 일부는 그때의 사고 충격으로 20여 년이 지난 지금까지 심리적 고통을 겪고 있는 것으로 전해진다. 특히, 버스를 타는 경우에는 가슴이 답답하고 두근거리며, 땀이 나고 긴장되어 말수가 적어진다고 한다. 그러다가 문득 신경이 예민해지면 사소한 말에도 자주 화를 낸다고 한다.

(2) 자극 회피

PTSD의 두 번째 증상은 외상사건과 관련한 자극을 회피하는 것을 다루고 있다. 사람들은 고통스러운 자극을 받으면 이를 회피하기 위해 점점 더 정서적인 자극을 멀리하는 경향이 있다. 회피는 처리되지 않은 정보를 억압하려고 과도하게 통제하려는 데에서 나타나는 증상인데, 회피반응이 점점 더 광범위해지면 심리적 마비로까지 발전한다.

❶ 외상사건과 관련한 고통스러운 기억, 생각, 감정 회피

일반적으로 사람들은 외상사건을 경험하면 사건과 관련된 장소와 상징적인 대상을 회피한다. PTSD 증상을 겪는 사람은 이에 더하여 외상사건과 관련한 고통스러운 기억과 생각, 감정까지도 회피하려고 노력한다. 회피는 몇 가지 종류의 경험을 기억하지 못하는 가벼운 것에서부터 심한 경우에는 사고와 지각, 감정, 언어 반응 등이 멈추기까지 한다.

❷ 외상사건 관련 고통스러운 기억, 생각, 감정을 유발하는 단서 회피

PTSD 증상을 겪는 사람은 외상사건과 밀접히 관련된 고통스러운 기억, 생각, 감정을 유발하는 단서를 회피한다. 또한, 외상사건에 노출된 후 그 사건에 대한 이야기를 피하게 된다. 화재 현장에서 불에 탄 시신을 수습했던 소방관들은 공통적으로 단백질이 타는 냄새를 느꼈다고 말한다. 화재를 진압하면서 느낀 이 같은 불쾌한 냄새는 일상생활 중 마시는 커피나 식당에서 음식을 먹으며 맡게 되는 냄새에서도 외상사건의 기억이 되살아나 그 장소를 피하게 된다(심윤기, 2018).

(3) 인지와 감정의 부정적 변화

❶ 외상사건의 중요한 측면을 기억하지 못함

인지와 감정의 부정적 변화 중 중요한 측면을 기억하지 못하는 증상은 뇌의 손상으로 나타나는 기질성 기억상실이 아닌 심인성 기억상실의 일종인 해리성 기억상실 때문이다. PTSD를 겪는 환자는 심리적 고통을 유발하는 감정이 실린 외상사건의 여러 측면을 잘 기억하지 못한다. 이는 과거의 기억을 잊었다기보다 억압해 두는 것으로 볼 수 있다. 마음이 사건과 경험을 감당할 수 없기 때문에 잠시 마음 저편에 묻어 두는 것일 뿐이지 기억이 완전히 지워진 것은 아니다. 그래서 시간이 지나거나 적절한 치료를 받으면 다시 외상사건을 기억하는 경우를 종종 볼 수 있다.

❷ 자신과 타인, 세상에 대한 과장된 부정적 신념이나 기대를 지님

자신과 타인, 세상에 대한 신념이나 기대를 가진다는 것은 세상을 살아가는 자신만의 독특한 도식(schema)이 있다는 것을 의미한다. 충격적인 외상사건을 경험하면 기존에 자신이 지니던 긍정적인 신념이나 기대, 희망 등의 도식이 흔들리고 무너지며, 다른 부정적인 도식이 생기게 된다. 이미 기존에 부정적 신념이나 기대가 존재했을 경우에는 외상사건의 경험이 부정적인 도식을 더 확장하고 강화하는 계기로 작용한다.

극단적인 외상사건에 노출된 아동을 대상으로 한 연구에서는 아동이 미래에 대한 기대와 희망 수준이 낮다고 보고하고 있다. 미래관이 매우 부정적이고 비관적이어서 미래에는 결혼도 못 하고, 직업도 가지지 못할 것이라고 믿는다는 연구결과가 보고되기도 하였다(Terr, 1991).

❸ 외상사건의 원인이나 결과에 대한 왜곡된 인지를 지님

2005년 6월 19일 새벽 2시 30분경 경기도 연천군 ○○사단 최전방 GP에서 총기난사사고가 발생하였다. 이 사건의 피해자 중 한 병사가 병원 치료를 받던 중 총기사고의 원인이나 결과에 대해 왜곡된 인지를 보이는 증상을 가진 사례가 있었다. 피해병사 진료를 담당했던 서울 A 대학병원 정신건강과 교수는 피해병사의 증상을 다음과 같이 언급하였다.

"그 병사는 사건 직후 꾼 꿈에서 자신이 본 동료 병사의 시신이 자꾸 나타나 잠을 잘 수가 없다고 말합니다. 이유 없이 무서운 느낌이 들어 혼자서는 화장실에 갈 수도 없을 정도였고, 극도의 불안 증세를 보였습니다. 특히, 그가 호소하는 가장 큰 심리적 고통은 동료가 죽게 된 원인과 결과가 자신 때문이라는 자책감에 시달리는 것이었습니다. 사고 당일 자신의 자리가 아닌 동료가 잠자는 장소에서 바꿔 취침해 본인은 다행히 살았지만, 자신의 자리에서 취침했던 동료는 그것 때문에 죽게 되었다는 겁니다. 결국, 동료가 자신을 대신해 죽은 것이라는 생각을 계속하게 된 것이지요."

❹ 부정적 정서상태를 보임

부정적 정서를 보인다는 것은 상대적으로 긍정정서 수준이 저조한 반면, 분노와 죄책감, 수치심과 같은 부정정서 수준은 높은 상태를 의미한다. 충격적인 외상사건을 경험한 사람은 직접적인 위협의 근원이 없을 때에도 분노가 증가하는 경향이 있다. 전쟁과 재해 같은 충격적인 사건에서 생존한 사람은 자신만 살아남은 것에 대한 죄책감을 느끼며, 동시에 종종 자신을 받아들일 수 없거나 자기비하를 하는 수치심을 느끼기도 한다.

❺ 중요한 활동에 대한 관심이나 참여가 감소함

PTSD 증상을 겪는 사람은 예전에 참여했던 활동에 대한 관심을 보이지 않거나, 좋아하던 취미활동에도 흥미를 잃고 참여하지 않으려는 특징이 나타난다.

❻ 타인에 대한 거리감이나 소외감을 느낌

PTSD 환자는 공통으로 거리감이나 소외감을 느낀다. 이들은 대인관계에서 주위 사람과 친하게 지내는 것을 어려워하며, 타인과 정서적으로 가깝게 지내는 것도 힘들어한다. 뿐만 아니라, 타인에 대한 공격적인 태도와 가해 행동을 보이기도 한다.

❼ 긍정정서를 느끼지 못함

충격적인 외상사건을 경험한 사람은 긍정정서의 범위가 축소되는 경향을 보인다. 그로 인해 행복감과 만족감, 애정과 같은 긍정정서를 느끼지 못해 자살로 이어지는 경우가 있다.

(4) 각성과 반응성의 변화

PTSD의 네 번째 증상은 외상사건을 경험한 후 나타나는 각성과 반응성의 변화를 다루고 있다. 자극이 없거나 사소한 자극에도 짜증스러운 행동이나 분노를 폭발하고 무모하거나 자기파괴적인 행동을 보인다. 뿐만 아니라, 과도한 경계와 놀람 반응을 보이고 집중 곤란과 수면장애의 모습도 나타난다.

❶ (자극이 없거나 사소한 자극에도) 짜증스러운 행동이나 분노 폭발

충격적인 외상사건을 경험한 사람은 일반적으로 성마름, 화, 분노, 적대감, 폭력적인 감정을 표출한다. 분노를 잘 보이는 사람은 종종 아무도 자신을 건드리지 않았는데도 화를 내며, 예측하기 어려운 공격적인 행동까지 보이는 특징이 있다.

❷ 무모하거나 자기파괴적인 행동

2002년 한일 월드컵 경기가 진행되는 과정에 발생한 제2차 연평해전에 참전했던 해군 부사관 한 명이 전역한 후, 오랫동안 불안과 두려움, 공포에 시달려 오다 자기 집에 불을 지른 사건이 발생한 바 있다. 이는 충격적인 외상사건을 경험한 후 무모하거나 자기파괴적인 행동을 보인 사례라고 할 수 있다(심윤기, 2018).

❸ 과도한 경계

과도한 경계는 외부세계에 대하여 항상 경계심을 늦추지 않고 긴장하며 민감한 상태를 유지하는 것을 의미하는데, 이러한 상태가 심해지면 편집증으로 발전한다. 일부 PTSD 증상이 있는 사람은 편집증적인 특징을 생활 속에서 드러내게 되는데, 경계심을 갖고 적대적이라고 느껴지면 과격하게 반응하기도 한다.

❹ 과도한 놀람 반응

외상사건을 경험한 사람은 신체의 자율적 흥분이 증가한다. 심장박동이나 혈압이 증가하고 수면 곤란 증상이 나타나며, 외상사건과 유사한 상징물에도 지나친 놀람반응을 보인다.

❺ 집중 곤란

세월호 침몰 당시 극적으로 탈출한 생존자들은 하나 같이 집중력 곤란을 호소한 것으로 알려졌다. PTSD 증상이 있는 사람은 공통적으로 집중 곤란의 어려움을 겪는다.

❻ 수면장애

PTSD 증상이 있는 사람은 공통적으로 수면 곤란을 호소한다. 수면 상태를 유지하는 것조차 어려워할 뿐만 아니라 수면 시 자주 깨는 특징을 보이기도 한다.

3. PTSD의 원인

1) 심리학적 관점

심리학적 관점에서 바라보는 PTSD의 발병 원인에 대한 고찰은 다양한 관점이 존재하는데 이를 살펴보도록 하겠다.

(1) 정신분석적 입장

프로이트가 창시한 정신분석에서는 PTSD의 원인을 자아의 손상과 외상의 재현 등 두 가지로 설명한다. 정신분석은 어린 시절의 경험이 성격 형성에 지대한 영향을 미친다고 주장하며, 정신적 결정론과 무의식적 동기를 중요하게 여긴다. 인간의 마음을 원초아(id)와 자아(ego), 초자아(superego)로 구분하고, 이들 간 균형이 외상사건으로 깨질 때 나타나는 심리적 문제가 곧 PTSD라고 주장한다. 다른 하나는 과거에 억압되었던 심리적 갈등이 외상사건을 계기로 PTSD 모습으로 재현되는 것이라고 설명한다.

❶ 자아의 손상

원초아(id)는 본능적인 욕구를 추구하고 이를 즉각적으로 충족시키고자 하는 쾌락의 원리로 움직인다. 반면, 초자아는 바람직하고 이상적인 것을 추구한다. 이렇게 원초아와 초자아는 추구하는 것이 상대적이며 이 둘 사이의 균형을 자아가 유지한다. 자아는 원초아의 욕구를 고려하면서도 초자아의 압력을 수용하는 방법을 찾아, 이 둘 간의 갈등을 적절한 수준에서 해결하도록 노력한다.

만약, 이러한 갈등을 중재하는 자아의 힘이 부족하면 원초아 또는 초자아로 에너지가 쏠려 심리적 갈등이 일어나게 되는데 이것을 곧 트라우마로 여긴다. 외상사건을 통해 자아가 손상되고 그에 따라 자아의 힘이 약해져 자아가 제 기능을 하지 못하게 될 때 PTSD로 이어진다는 입장이다.

❷ 트라우마의 재현

정신분석에서 바라보는 PTSD의 두 번째 원인은 무의식에 억압된 감정을 표출하지 않아서 나타나는 증상으로 여긴다. 유아기 성(性)과 관련된 심리적 외상이 존재하는 경우, 이전에 경험한 트라우마 기억이 현재 경험하는 외상사건으로 재현된다고 보고 있다. 본래 어린아이들은 약한 존재로 따뜻한 돌봄과 관심, 애정과 보호가 필요하지만 방임되거나 학대받을 경우 PTSD 증상을 겪는다. 특히, 성적 외상을 경험하면 현재의 외상으로 이전에 정지되었던 해결하지 못한 여러 가지 심리적 갈등이 PTSD 증상으로 나타나게 된다고 설명한다.

(2) 행동주의적 입장

행동주의에서는 인간의 행동이 환경과의 상호작용에서 학습된 것이라고 주장한다. 정신역동과 같이 개인 내부에서 일어나는 보이지 않는 정신적인 요소를 보는 것을 지양하고, 객관적으로 관찰 가능한 눈에 보이는 행동을 연구해야 한다고 강조한다.

PTSD 원인을 설명하는 행동주의 이론은 다양하다. 20세기 초 러시아 생리학자인 파블로프(Pavlov)는 개의 소화 과정에 대한 실험을 통해 '고전적 조건형성' 원리를 제안하였다. 이후 스키너(Skinner)의 실험 연구를 통해 행동에 대한 보상이 학습을 가능케 한다는 '조작적 조건형성' 원리를 창안하였다. 모러(Mowrer)는 이 같은 두 가지 학습 원리를 적용하여 PTSD가 발생하는 원인을 2요인 학습이론(two-factor theory)으로 설명하였다.

고전적 조건형성은 PTSD 환자가 갖는 두려움과 공포 증상을 잘 설명하고 있으며, 조작적 조건형성은 자극회피행동을 잘 설명하고 있다. 고전적 조건형성은 외상사건과 비슷한 자극에 반응하는 스트레스와 두려움의 연합 원리를 보여 주며, 조작적 조건형성은 외상사건과 관련된 부정적 자극인 공포를 제거하려는 자발적 회피행동에 대한 부적 강화 원리를 잘 보여 준다.

PTSD가 발현되는 과정은 2단계로 설명하고 있는데, 첫 번째는 충격적인 외상사건의 자극이 고전적 조건화를 통해 공포 반응과 짝을 이루고, 두 번째는 조작적 조건화를 통해 고통을 주는 혐오자극인 공포를 감소 혹은 제거하려는 회피행동이 강화된다고 설명한다.

(3) 인지주의적 입장

행동주의에서는 학문의 연구대상을 의식(意識)에 두지 않고 인간의 행동에 초점을 두어, 오직 자극과 반응의 관계 및 그 관계로 구성되는 체계를 다룬다. 하지만 인지주의에서는 인간을 사고하는 존재로 전제하여 인간의 내부에서 일어나는 능동적인 사고과정과 정보처리과정을 중시한다.

❶ 인지도식, 완전경향성, 정보과부하

호로비츠(Horowitz, 1986)는 일찍이 외상사건에 대한 정보가 본인이 가진 기존 인지도식에 맞지 않으면 정상적인 정보처리가 어렵게 된다고 주장한다. 그가 주장한 인지도식(schema)과 완전경향성(completion tendency), 정보과부하(information overload)의 개념에 대해 다음과 같이 설명하고 있다.

PTSD가 발병하는 첫 번째 원인은 인지도식에서 출발한다. 인지도식은 개인이 가진 고유한 생각의 틀이자 정신적인 구조이다. 사람은 이 같은 도식을 통해 생각하고 행동하는 패턴이 조직화되는데 비슷한 상황에서는 항상 비슷한 생각을 하도록 유도한다. 그래서 주변 환경이 변화되어도 생각하는 틀을 바꾸기보다는 원래의 방식대로 유지하려는 특징을 보인다.

예를 들어, '여군은 남군보다 열등하다'는 인지도식을 가진 병사가 있다고 하자. 그 병사는 애인이 면회를 와서 말을 많이 하면 '여자가 알면 얼마나 안다고 말이 많아!'라는 식으로 생각할 수 있다. 또한, 부대에서 함께 근무하는 여군 상관이 하달하는 지시와 명령에도 앞서 언급한 방식과 같은 부정적인 패턴으로 생각할 수도 있다(심윤기, 2018).

두 번째는 완전경향성을 언급하고 있다. 인간은 각자 자신만의 독특한 인지도식을 형성하는 이유가 있는데, 그것은 정보처리를 신속히 해야 생존전략에서 유리하기 때문이다. 도식이 사전에 형성되어 있으면 정보를 빠르게 받아들이고 신속히 처리하는 데 매우 효과적인 반면, 도식에 맞지 않는 정보가 들어오면 그 정보는 무시하고 왜곡시킨다.

우리 인간은 새로운 정보가 도식에 들어오면 기존에 있던 도식의 틀에 부합될 때까지 계속 정보를 처리하려고 노력한다. 이렇게 개인의 인지도식에 부합될 때까지 외상사건과 관련된 정보를 처리하려는 과정에서 생각, 이미지, 감정, 느낌 등이 튀쳐나온다고 설명한다.

세 번째는 정보과부하로 설명한다. 충격적인 외상사건을 경험하는 경우에는 새로운 정보량이 엄청나게 많이 들어오는데, 그 정보들은 개인의 인지도식에 부합되지 않는 것들이 대부분이다. 호로비츠는 외상사건과 관련된 정보가 시간이 지나도 처리되지 않은 채 그대로 남아있는 현상을 정보과부하 상태라고 말한다.

일상적인 생활스트레스 사건이나 새로운 환경 변화에도 이를 받아들이고 소화하기까지에는 많은 시간이 걸리는데 하물며 충격적이고 끔찍한 외상사건을 경험하면 정보과부하 상태는 비교할 수 없이 높은 수준으로 올라간다. 이때 나타나는 과부하 증상이 침투 증상과 자극 회피 증상이라고 설명하고 있다.

❷ 붕괴된 신념체계

야노프-불맨(Janoff-Bulman, 1989)은 호로비츠 이론을 보완하여 인지도식의 특징을 자세히 설명하고 있다. 그는 사람은 누구나 쉽게 흔들리지 않는 자기 자신 및 세상에 대한 기본적 신념을 가지고 있다고 말한다. 외상사건은 나에게 일어나지 않을 것이라는 믿음, 이 세상은 의미 있고 공정하다는 믿음, 나는 외상사건을 겪지 않을 만큼 소중한 사람이라는 가치감 등이 충격적인 외상사건을 통해 철저히 붕괴되어 PTSD가 유발한다고 주장한다. 그가 주장하는 붕괴된 신념체계를 살펴보면 다음과 같다.

첫째, 외상은 나에게 일어나지 않을 것이라는 신념의 붕괴다. 필자는 군 생활

33년 중 지휘관 생활을 17년간 경험하였다. 대대장 직책을 수행할 때 '내가 지휘하는 부대에서는 그 어떤 악조건 상황이 닥치더라도 부하가 죽는 사고만큼은 발생하지 않게 할 것이다.'라는 확고한 신념이 있었다. 그러던 어느 날 예상치 못한 큰 사고가 갑자기 부대에서 발생하여 병사 한 명이 국군수도통합병원으로 긴급 후송되는 일이 벌어졌다. 다행히 사고 발생 즉시 응급대기 헬기로 긴급 후송하여 다친 병사의 생명은 지장이 없었으나 그날 이후로 필자의 신념체계는 크게 흔들렸다. 내일 또다시 유사한 사고가 발생되는 것은 아닌가 하는 불안과 걱정, 긴장 등으로 며칠 동안 제대로 잠을 자지 못하였고, 급성 스트레스 증상으로 한 달간 힘겹게 지낸 경험이 있다(심윤기, 2018).

둘째, 세상은 의미 있고 공정하다는 신념의 붕괴다. 사람들은 일반적으로 자신이 사는 세상을 의미 있게 바라보고 공정하다는 신념을 가진다. 그러나 학교에서 성폭행을 당한 학생은 학교를 참된 교육의 현장으로 바라보지 못한다. 군에서 구타 및 가혹행위, 인격 무시를 경험한 병사는 군대가 정의롭지 못한 조직이라고 생각한다. 자연재난을 경험한 사람은 왜 이런 재난이 자신에게 일어나게 되었는지 의문을 가진다. 이렇게 충격적인 외상사건을 경험하면 기존 개인이 지니고 있던 세상에 대한 신념이 바뀌게 된다.

셋째, 나는 외상사건을 겪지 않을 만큼 소중한 사람이라는 신념의 붕괴다. 사람들은 각자 자신을 소중한 사람이라고 인식한다. 그래서 자신에게는 외상사건을 경험하지 않을 것이라는 믿음을 가지게 되는데, 그러나 충격적인 외상사건을 경험하면 자신의 가치감에 대한 신념이 급격히 붕괴한다. 야노프-불맨은 외상사건을 경험하면 무력감이나 죄책감이 생기는 이유가 바로 이런 자기가치감이 무너져 나타나기 때문이라고 말하고 있다.

❸ 공포 네트워크 이론

랑(Lang, 1979)은 외상사건을 경험한 사람의 기억 속에 하나의 공포구조가 형성된다고 주장한다. 공포구조 안에는 외상사건의 감각과 자극뿐만 아니라 심리적 · 생리적 반응까지 저장된다고 말한다. 이러한 랑의 공포구조 개념을 도입하여 포아와 그의 동료들(Foa & Kozak, 1986; Foa & Riggs, 1993)은 기억 속에 저장된 공포구조가 어떻게 형성되고 활성화되는지 보여 주는 모델을 제시하였다.

이들은 외상사건은 단순히 정보처리되어 저장되는 것이 아니라 광범위한 그물망처럼 엮여 처리되고 저장된다고 설명한다. 그러다 보니 트라우마를 떠올리게 하는 작은 사건이나 단서도 광범위한 네트워크 전체가 활성화되어 개인이 혼란에 빠지게 된다고 주장한다(김환, 2010).

2) 생물학적 관점

PTSD 발병 원인은 주로 심리학적 관점과 사회학적 관점에서 설명하고 있으며, 이를 모두 통합한 통합적인 관점에서 설명한다. 생물학적 관점에서는 뇌의 해마와 편도체를 비롯한 변연계가 손상되고 호르몬 분비에 이상이 생겨 나타나는 증상으로 설명한다.

(1) 작은 해마

PTSD 환자는 상대적으로 작은 해마(hippocampus)를 가지고 있다는 연구결과가 보고되었다(Astur et al., 2004). 해마는 우리 뇌에서 정보를 처리하여 전달하거나 기억을 저장하고 인출하는 중추기관으로 편도체(amygdala) 옆에 붙어 있다. PTSD 환자에게서 발견된 해마와 만성적인 스트레스를 받는 동물의 해마에서는 공통적으로 뉴런(neuron)의 상실이 있다는 보고가 있는데, 이는 해마가 작아질 수 있다는 가능성을 말해 준다. 부모의 자궁 속에 있을 때 산모의 각종 호르몬 분비가 불균형 상태이거나 영양 상태가 부실하면 뇌 발달이 저하되고 작은 해마를 가지고 태어나는데, 이는 PTSD 발병에 영향을 미치는 것으로 알려져 있다.

(2) 편도체의 과활성화

PTSD 발병의 또 다른 원인은 편도체의 과활성화로 여긴다. 우리의 뇌는 생존과 관련된 것은 망각하지 않고 기억하도록 프로그램되어 있다. 우리가 위험을 감지하면 가장 먼저 편도체가 활성화된다. 이어 시상의 명령으로 부신에서 아드레날린을 분비하여 심장박동을 증가시킨다. 이에 따라 각 근육에 혈액이 빠르게 공급되면서 힘이 생기고, 이때 근육은 싸우거나 도망갈 준비를 하게 된다. 우리가 위급한 상황에서 생각지 못한 강한 힘이 나오는 이유는 이와 같은 생존반응 때문이다.

감정과 관련된 기억이 잘 되는 것은 이와 같은 편도체가 작용하기 때문이다. 불안과 두려움, 공포와 관련된 일은 다시는 되풀이하지 않도록 장기기억에 저장한다. 그러나 편도체가 지나치게 활성화되면 감정기억이 전두엽의 장기기억 영역에 저장되지 않고 해마에 그대로 남아 공포와 두려운 상태로 떠돌게 된다. 위험한 상황이 종료되었다는 전전두엽의 명령을 편도체가 듣지 않은 채, 아직도 위험하다고 판단하여 계속 불안과 긴장을 느끼게 하는 것이다.

(3) 코르티솔 결핍

PTSD의 생물학적 원인을 이해하기 위해서는 교감신경계와 시상하부–뇌하수체–부신축(HPA axis)이라는 두 가지 시스템의 기능을 잘 알아야 한다. 먼저, 교감신경계는 외상사건을 경험하면 카테콜아민인 에피네프린, 노르에피네프린 등을 분비하여 투쟁도피반응(flight or fight reaction)을 일으킨다.

그 결과 동공이 확장되고 심장박동수와 혈압, 혈류가 증가하며 근육에서는 혈당의 소비가 증가한다. 이때 부신축에서는 시상하부와 뇌하수체, 부신 등이 복잡한 상호작용을 한다. 시상하부에 위험신호가 전달되면 그것은 뇌하수체에 작용하여 부신피질자극호르몬 분비를 증가시키며, 이는 다시 부신에 작용하여 코르티솔(cortisol)이라는 호르몬 분비를 감소시킨다.

코르티솔은 콩팥의 부신피질에서 분비되는 호르몬으로 신체의 스트레스 반응을 가라앉히는 뇌의 화학물질에 해당한다. 외부의 스트레스와 같은 자극에 맞서 몸이 최대의 에너지를 만들어 내도록 하는 과정에서 분비되어 혈압과 포도당 수치를 높이는 작용을 한다. 스트레스와 같은 위협 상황이 다가오면 몸은 그러한 위협에 대항하기 위해 에너지를 생산해 내도록 돕는 역할을 코르티솔이 하는 것이다. 결국, PTSD가 발병하는 것은 코르티솔 호르몬이 결핍되어 나타나는 현상으로 설명하고 있다.

일반적인 생활사건에서 스트레스를 받는 경우에는 코르티솔이 감소되지 않지만, 생명의 위협을 느낄 정도의 압도적인 스트레스 상황에서는 코르티솔 수치가 낮아진다. PTSD와 같이 충격적이고 심각한 트라우마에 노출될 경우에는 일반적인 스트레스에 노출될 때와 다르게 코르티솔 분비 수준이 낮아진다.

3) 심리사회적 관점

PTSD 발병 원인에 대한 통합적 관점은 개인적 특성과 사건적 특성, 환경적 특성요인이 어떻게 PTSD를 일으키는지 설명하고 있다. 윌리엄스와 포이줄라(Williams & Poijula, 2002)는 이러한 관점에서 PTSD 발병 원인을 찾고자 하였다.

〈표 7-4〉 PTSD의 심리사회적 요인

개인적 특성요인	사건적 특성요인	환경적 특성요인
이전 과거력, 교육 수준, 성격장애, 개인 심리특성, 아동기의 트라우마 등	외상사건 자체의 형태와 강도	사회적 지지 기능과 형태, 2차 스트레스원, 사회경제적 자원 등

출처: Williams & Poijula (2002).

(1) 개인적 특성요인

PTSD 발병에 영향을 미치는 개인적 요인은 정신장애 관련 유전적 또는 체질적인 취약성과 아동기의 외상경험, 의존성이나 정서적 불안정성과 같은 성격특성을 말한다. 자신의 운명이 외부요인에 의해 결정된다고 하는 통제소재의 외부성도 외상사건을 경험하기 이전에 지닌 개인특성에 해당한다. 가족 중 불안장애를 가진 사람이 있으면 PTSD가 발병할 가능성이 훨씬 크다는 연구결과가 보고되기도

하였는데, 이는 생물학적 취약성에서 오는 유전적 기여가 장애 발병에 중요한 역할을 한다는 것을 시사한다(김환, 2000).

PTSD가 발병하는 데 작용하는 또 다른 개인적 특성요인으로는 성별 및 인종적 배경, 가족구성원의 이전 과거력, 교육 수준, 연령 등이 포함된다. 이러한 개인적 요인은 외상사건에 성공적으로 대처하는 보호요인과 PTSD 발병을 촉진하는 위험 요인이 동시에 존재한다.

(2) 사건적 특성요인

외상사건이 어떠했는가에 따라 PTSD 증상도 다르게 나타난다. 외상사건의 특정한 경험은 PTSD 발병을 증가시키는 위험요인이 된다. 예를 들어, 성적 학대, 가정 폭력, 잔인하고 비인간적인 감금이나 고문이 아동기에 이루어질 경우 PTSD 위험은 75%까지 증가한다(Julian, 2012).

외상사건이 한 사람에게 직접적으로 일어나거나 중대한 물리적 부상 혹은 심각한 고통이 수반될 경우에는 PTSD 위험 수준이 훨씬 높게 나타난다. 특히, 규모가 작은 외상사건이더라도 가까운 지인에게 자행되거나 반복해서 일어나는 경우에는 PTSD 발병이 훨씬 증가한다. 이렇게 여러 외상과 관련된 연구들은 과거 외상경험이 있는 사람이 이후 외상사건을 겪게 될 때, PTSD 발병에 더 취약하다는 것을 공통으로 말하고 있다.

윌리엄스와 포이줄라(Williams & Poijula, 2002)는 이러한 외상사건의 특성을 외상사건 전 요인과 외상사건 자체 요인 그리고 외상사건 이후 요인으로 구분하여 살펴보는 것이 중요함을 강조하였다. 이들이 주장한 PTSD 발현에 영향을 주는 외상사건 경험의 특징은 다음과 같다.

- 외상사건에 노출된 정도가 클 때
- 아동기에 외상사건을 경험할 때
- 외상사건이 발생한 위치가 나와 가까울 때
- 복합적인 외상사건을 직접적으로 경험할 때

- 외상사건을 오랜 기간 동안 지속적으로 겪을 때
- 충격적인 외상사건에 가해자나 목격자로 참여할 때
- 고의적이고 계획적으로 저지른 외상사건에 연루될 때
- 자신이 경험한 외상사건에 대한 의미를 부정적으로 가질 때

(3) 환경적 특성요인

PTSD에 대한 심리사회적 모델은 어떠한 외상사건을 경험하더라도 적용 가능한 일반적인 모델이다. 개인의 취약한 성격특성과 생물학적 요인, 충격적인 외상사건의 경험, 사회적 지지 결여 등은 PTSD 발병과 높은 상관을 가진다. 외상사건을 경험한 이후 회복과정에서 환경적 요인의 결여가 PTSD 극복을 저해한다고 말한 요인은 다음과 같다.

- 사회적 지지가 결여된 상태
- 될 대로 되라는 식의 수동적이고 자포자기 상태
- 2차 스트레스원이 복합적으로 발생하는 상태
- 외상사건과 관련해 아무것도 할 수 없는 무기력한 상태
- 심각한 심리적 고통으로 의미를 상실한 채 이를 찾지 못하는 상태
- 자신을 돌보거나 소중히 여기지 않고 자기연민에 빠져 있는 상태 등

외상사건을 경험한 후 회복과정에서 사회적 지지가 결여된 경우에는 PTSD 발병을 가장 잘 예언한다. PTSD 발병위험을 감소시키는 가장 강력한 보호요인은 사회적 지지다. 외상사건을 경험한 후 제공되는 사회적 지지는 긍정정서 회복에도 도움을 주고, 정서적 고통과 부정적 감정을 해소하는 데에도 크게 기여한다. 따라서 외상사건을 경험한 사람의 주위에 사회적 지지 그룹이 함께하면 PTSD로 이어질 가능성이 훨씬 줄어들게 된다.

4. 군 PTSD 상담전략

군 PTSD 위기상담은 인지행동치료, 지속노출치료, EMDR, 게슈탈트치료, 최면치료 등 다양한 방법을 적용할 수 있다.

1) 인지행동치료

인지행동치료(Cognitive Behavioral Therapy: 이하 CBT)는 인지이론에 기반을 둔 치료방법이다. 개인에게 나타나는 문제 증상의 원인이 어떤 특정한 사건 때문이 아니라, 그 사건을 바라보는 개인의 사고와 신념체계에서 비롯된다고 설명하고 있다. 그래서 인간의 사고, 감정, 행동을 기술하는 심리적 모델에 근거하여 사람의 생각과 신념, 행동을 변화시키는 데 초점을 둔다.

CBT는 일반적으로 인지치료와 정서치료, 행동치료로 구분하여 시행한다. 위기장병의 인지적 사고의 틀이나 내용을 재구성함으로써 불안이나 두려움, 공포와 같은 정서적인 문제를 해결하는 인지 재구조화와 외상기억의 재처리 방법 등을 적용하고 있다. 치료는 외상사건으로 발생한 불안과 두려움이 어느 정도 감소된 이후, 위기장병 스스로 자신의 문제를 돌아보고 치료에 전념할 수 있는 여건과 능력이 갖추어졌을 때 시작한다(심윤기, 2018).

(1) 인지 재구조화

CBT는 자신의 비합리적인 생각을 확인하고 그것을 보다 합리적으로 바꾸는 것이 가능하며, 인지 재구조화는 A → B → C 모형으로 설명할 수 있다. 여기서 A(Activating)는 사건을 뜻하고, B(Belief)는 A에 대해 믿는 자신의 신념체계를 의미하며, C(Consequences)는 B를 통해 나타나는 결과가 된다.

대부분의 사람은 A가 C의 원인이 된다고 생각하지만 실제로는 B가 주요 원인이다. 충격적인 외상사건을 경험한 사람에게 나타나는 흔한 인지오류는 과잉 일반화와 과대 및 과소평가, 이분법적 사고, 흑백논리, 자의적 추론 등이다. 이와 같은 인지오류에 대한 개입방법은 다양하나 대체로 다음과 같은 사항을 포함한다.

- 개인화 → 충격적이고 두려운 외상사건 앞에서는 그럴 수 있다.
- 이분법적 사고 → 대부분의 일은 중간 영역에서 일어난다.
- 긍정 무시하기 → 자기 자신과 자신의 행동에 대해서 인정한다.
- 좋지 못한 비교 → 각자는 고유한 강점과 약점을 지니고 있다.
- 과잉 일반화 → 개인과 개개의 사건은 개별적으로 평가되어야 한다.
- 비난하기 → 외부의 영향력은 인정하되 자신의 반응은 스스로 선택한다.
- 추론하기 → 증거는 무엇이고 그렇지 않을 가능성을 개방적으로 질문한다.

(2) 외상기억 재처리

CBT의 주요 목표는 외상과 연합된 기억을 재처리하여 기존에 지니고 있던 신념의 틀과 통합하는 것이다. 외상사건을 경험한 장병이 심리적인 불안과 두려움, 공포에서 치유되고 외상사건을 경험하기 이전의 기능상태로 회복하기 위해서는 외상사건에 대한 기억이 그동안의 삶의 경험과 통합되어야 가능하다.

충격적인 외상사건을 경험하면 그 기억으로부터 도망가고 싶은 것은 지극히 정상적인 것이다. 그러나 외상기억을 억압하거나 회피하는 것은 그것을 경험한 자신의 일부를 부정하는 것이나 다름없다. 따라서 충격적인 외상사건의 경험을 과장하거나 과소평가하지 않고 있는 그대로 자기 삶의 한 부분으로 받아들이는 것이 중요하다.

외상사건의 경험을 글로 써 보는 것은 회피하여 숨은 상처의 기억을 드러내게 하는 데 도움이 된다. 이 방법은 급하게 서두르지 않고 천천히 안전한 환경에서 위기장병의 감정과 기억을 드러낼 수 있게 한다. 외상기억을 자세하게 떠올리게 하는 것은 자신에게 무슨 일이 일어났는지를 분명히 알게 하고, 외상 충격을 수용할 뿐만 아니라 기존에 있는 자신의 도식(schema)에 외상기억을 통합시키는 것이 가능하다.

(3) 부정감정 다루기

외상을 경험한 장병의 트라우마 증상을 제거하기 위해서는 외상과 관련된 죄책감, 분노, 상실감, 슬픔 등과 같은 부정감정이 다루어져야 한다. 이러한 감정은 외상사건을 경험한 이후 필연적으로 발현되는 것이지만 문제는 트라우마 증상의 완화를 방해한다는 데 있다. 부정감정 다루기는 대체로 다음과 같다.

❶ 죄책감 다루기

죄책감은 양심의 결과로 나타나는 감정이지만 때로는 외상을 경험한 장병이 과도한 자기비난에 빠지도록 만든다. 죄책감의 성공적인 해결을 위해서는 어떠한 일이 일어났고, 왜 그러한 사건이 발생했으며, 그 사건을 경험할 당시와 이후에 자신의 행동을 돌아보게 하는 것이 도움이 된다. 만약, 다시 그러한 상황에 놓이게 된다면 어떻게 행동할 것인지를 같이 의논해 보는 것이 효과적이다.

❷ 분노 다루기

외상사건을 경험한 장병은 갑자기 분노를 표출하는 경향이 있다. 외상사건 경험에서 비롯된 분노를 해결하는 것은 결코 쉽지 않은 일이다. 분노를 다루는 데에는 충분히 분노를 다시 경험하게 하는 것이 중요한데, 분노 아래 잠재되어 있는 슬픔과 두려움, 실망 등의 다양한 감정을 이해하도록 조력한다. 뿐만 아니라, 외상을 경험한 장병의 내면에 숨겨진 것을 자유로이 표현하도록 하는 것이 곧 자신을 보호하는 것임을 깨닫게 하여 분노에서 해방되도록 한다(심윤기, 2018).

❸ 상실감 다루기

일반적이고 단순한 슬픔이 아닌 심각한 슬픔이 트라우마와 함께 존재하는 경우에는 이에 대한 치료가 절실하다. 상실감을 다룰 때에는 먼저 슬픔을 충분히 경험하도록 하는 것이 좋다. 상실을 통해 알게 된 것을 돌아보게 하고, 건재한 자신에 대한 감사의 마음을 가지며, 자신의 고통과도 화해하는 과정이 필요하다.

직면을 통해 상실감을 직시해야 하는 경우에는 자신의 삶에서 정말로 중요한 것이 무엇인가를 발견하도록 할 때이다. 그러나 분노에 사로잡혀 있거나 부정감정이 지나치고 지속적일 때, 해결되지 않은 죄책감을 가지고 있을 때, 주변 사람과 환경이 지지해 주지 않을 때 직면하면 오히려 직면 효과가 반감되거나 상쇄되어 나타날 수 있다.

2) 지속노출치료

지속노출치료(Prolonged Exposure: PE)는 포아와 그의 동료들(Foa et al., 1991, 1999)이 PTSD 치료를 위해 개발한 방법으로 다양한 CBT의 요소를 포함하고 있다. 그중에서도 노출치료에 많은 비중을 두고 있는 것이 특징이다. 일부 전문가는 노출치료가 트라우마를 반복적으로 경험하게 만들어 피해자의 증상을 더 악화시킬 수 있다고도 주장하지만, 실제 연구결과는 트라우마 증상을 완화시키는 것으로 밝혀졌다.

(1) 치료의 특징

❶ 치료중점

외상사건을 경험한 많은 사람들은 트라우마 상황과 관련된 생각이나 감정을 회피하려고 한다. 그러나 회피하는 것은 잠시 동안은 편하게 지낼 수 있으나 장기적으로는 별 도움이 되지 못하고 오히려 치료를 더 어렵게 만든다. 상상노출과 현장노출은 이러한 문제 해결에 효과적인 치료방법이다. 상상노출은 마음속에 있는 상처의 기억을 계속해서 되새기는 방법이며, 현장노출은 두려움 때문에 피하던 상황이나 장소를 직접 직면하는 방법을 말한다.

❷ 치료효과

트라우마 증상을 겪는 사람은 본능적으로 외상사건의 기억을 회피하는 경향이 있다. 그러나 외상사건에 대한 기억과 생각을 계속 회상하면 그 기억에 대한 괴로움이 조금씩 덜해지고, 기억이 위험하지 않다는 것을 깨닫게 된다. 이렇게 외상사건에 대한 기억을 되새기는 것은 점차 두려운 외상기억을 사라지게 하여 회피 증상을 줄어들게 하고 자신을 긍정적으로 인식하는 데 기여한다.

❸ 치료과정

치료는 우선 호흡훈련과 같은 이완법과 트라우마 증상에 대해 교육하는 것으로부터 시작한다. 이후 점차 외상사건을 회상함으로써 침투 증상을 일으키는 상황에 자신을 노출하는 연습을 한다. 외상사건을 회상하는 것은 단순히 기억나는 외상의 부분들을 나열하는 것이 아니라, 외상기억의 조각을 당시의 상황에 맞게 재정리하는 것을 의미한다. 결국, 이러한 노출을 통해 경험한 외상사건이 더 이상 두려운 사건이 아니라 단순한 하나의 사건으로 인식할 수 있고, 기존 삶의 경험과도 통합시킬 수 있다.

노출과정은 불안을 덜 느끼는 상황에서 시작하여 점차 위협적인 상황으로 노출 수위를 점점 높여 간다. 이를 통해 외상피해장병은 사건에 대한 관점을 새롭게 가지며, 사건과 연관된 죄책감이나 분노, 상실감 등의 부정감정이 점차 사라지게 된다.

(2) 치료 방법

❶ 호흡 및 근육이완훈련

충격적인 외상사건을 경험한 장병에게는 복식호흡이 두려움과 불안을 감소시키고 심리적 고통을 조절하는 데 큰 도움이 된다. 여기에 명상적인 요소를 더하면 이완 효과를 더 크게 얻을 수 있다.

근육의 긴장은 불안하거나 두려울 때 나타나며, 불안의 전반적인 주의와 경계상태, 긴장으로 인해 나타나는 신체적 증상이다. 근육이완은 대근육을 긴장시킨 다음, 다시 힘을 빼는 방식으로 이루어지는데 근육에 긴장을 많이 시킬수록 더 깊은 이완이 가능하다. 그 이유는 시계추 원리가 작용하기 때문이다.

❷ 상상노출과 현장노출훈련

충격적인 사건을 경험한 대부분의 장병은 외상에 대한 두려운 기억 때문에 외상사건과 유사한 상황이나 장소를 피한다. 그렇지만 외상사건에 대한 기억으로부터 완전히 피하거나 도망가는 것은 불가능하다. 오히려 이 과정에서 불필요한 노력과 에너지를 사용하여 치료에 부정적인 영향을 미친다. 외상사건을 직 · 간접적으로 경험하는 노출훈련은 외상의 충격으로 고통받고 있는 사람을 치료하는 데 반드시 거쳐야 하는 관문이나 다름없다.

노출은 과거의 외상사건에 대한 기억이 더 이상 위험하지 않다는 것을 경험하도록 하여 회피행동이 나타나지 않도록 하는 것이다. 이는 안전한 환경에서 외상피해자에게 외상사건의 경험을 다시 접하도록 의도적으로 불안을 일으키는 방법으로서 상상노출과 현장노출 두 가지 방법이 있다.

먼저, 상상노출은 외상피해장병이 더 이상의 불안이나 고통을 느끼지 못하는 단계에까지 계속해서 두려운 사건을 상상하도록 하는 방법이다. 이러한 외상기억을 회상하는 과정에서는 강한 정서적 반응이 동반되어 나타나지만, 시간이 지나면서 점차 줄어들게 된다.

반면, 현장노출은 강한 공포를 유발시키는 외상사건과 관련된 상황과 장소 등에 직접 노출시키는 방법이다. 반복적인 현장노출이 성공적으로 이루어지면 피해장병이 두려워하는 상황이나 장소가 더 이상 위험하지 않다는 것을 알게 되어 불필요한 회피 노력을 기울이지 않게 된다(심윤기, 2018).

3) 가족치료

군 장병이 휴가 중 외상사건을 경험할 경우에는 가족의 도움이 절실히 요구된다. 심각한 외상사건을 경험하면 장병 본인의 심리적 고통뿐만 아니라 함께 생활하는 가족들에게도 많은 어려움을 안겨 준다. 외상피해장병의 심리적 불안과 부적절한 감정 표출은 가족 내 안정감을 해치고, 가족관계에도 부정적인 영향을 주어 가족 기능이 악화된다.

휴가 중 외상사건을 경험하여 트라우마 증상을 보이는 장병을 위해 가족구성원이 조치해야 하는 방법을 살펴보면 다음과 같다.

첫째, 외상을 경험한 장병과 함께 보내는 시간을 늘린다. 트라우마 증상은 저절로 회복되지 않는다. 그러므로 트라우마 치료와 회복이 매우 어려운 과정임을 인식하고 이를 잘 참고 견디는 마음을 갖도록 하는 것이 무엇보다 중요하다. 특히, 외상피해장병에게 반복적으로 지지와 격려를 보내고, 외상사건과 관련된 감정을 공유하는 노력을 기울인다. 간혹 외상피해장병이 심리적인 불안과 분노, 짜증으로 가족들을 힘들게 할 수도 있지만 많은 시간 그와 함께 있어 주고 충분한 지지가 이루어지면 회복은 빠르게 진행된다.

둘째, 트라우마 이야기를 자주 나눈다. 트라우마 증상을 겪고 있는 장병을 위해 따뜻한 대화가 중요하다는 것은 누구도 부인할 수 없다. 하지만 충격적인 재난이나 끔찍한 외상사고를 경험한 이후에는 사건에 대해 이야기를 나누는 것이 결코 쉽지 않은 일이다. 외상사건과 관련한 불쾌한 감정을 반복해서 느낄 수 있기 때문이다. 그렇지만 외상경험 이야기를 하는 것이 오히려 더 큰 상처가 될 수 있다는 생각에서 대화를 기피하면 그만큼 트라우마 회복은 더디게 진행된다. 따라서 외상피해장병이 외상사건에 대한 이야기를 조심스럽게 꺼내게 하고, 가족들은 그가 하는 말의 속도를 따라가며 조용히 이야기를 나누는 것이 중요하다.

셋째, 식사와 수면은 정상적이고 규칙적으로 한다. 충격적인 외상사건을 경험하면 뚜렷한 행동 변화가 나타나는데 그것은 불규칙한 식사와 수면이다. 불규칙한 생활은 무기력한 상태의 외상피해장병을 일상생활에 집중하지 못하게 하는 문제를 만든다. 이를 위해서는 장병이 휴가 나오기 전 부대에서 행해졌던 규칙적인 생활을 돌아보도록 하는 것이 필요하다. 또한, 야간 취침시간과 식사시간을 지키는 등 가족구성원들과 같은 시간대에 활동하도록 하여 부정적인 생각에 빠져드는 시간을 줄이도록 한다.

넷째, 부정적 인지와 감정, 행동을 받아들인다. 외상사건으로 인해 나타나는 심리적 불안과 두려움, 상처, 분노, 상실감, 죄책감 등은 수개월에서 길게는 수년 동안 지속되기도 한다. 따라서 가족들은 외상피해장병의 트라우마를 극복하는 과정에서 나타나는 증상이 아주 자연스러운 현상임을 인식하여 잘 참고 견디는 자세가 필요하다. 특히, 외상피해장병의 인지, 감정, 행동의 부정적인 변화를 영원히 고칠 수 없는 정신병으로 여기지 말아야 한다. 외상경험 후 폭력적인 언행과 심한 짜증, 분노, 화를 내는 것을 정신질환으로 여기는 것은 외상피해장병의 트라우마 증상을 완화시키는 데 전혀 도움이 되지 않는다.

다섯째, 증상이 심각하면 전문치료를 받도록 한다. 외상피해장병이 가족과 함께 보내는 시간을 충분히 갖고, 많은 지지와 대화를 지속하면 대부분 트라우마 증상이 완화된다. 그러나 일부는 증상이 완화되지 않고 오히려 더 악화되기도 하는데, 이러한 경우에는 전문치료를 받도록 하는 것이 타당하다. 극도의 불안과 공포 증상을 보인다거나 침투 증상, 자극 회피 증상, 인지와 감정의 부정적 변화, 각성 및 반응성의 변화 정도가 크게 나타나 가족들이 감당하기 어려울 경우에는 PTSD 치료기관에서 정기적으로 전문치료를 받도록 한다. 만약, 민간 병원에 입원하여 치료를 받아야 하는 상황이 도래하면 소속부대에 연락을 취해 필요한 청원휴가를 제공받도록 한다(심윤기, 2018).

4) 안구운동 둔감화 재처리

안구운동 둔감화 재처리(Eye Movement Desensitization and Reprocessing: 이하 EMDR)는 샤피로(Shapiro) 박사가 개발한 트라우마 치료방법이다. 첫 임상 연구는 1989년에 이루어졌으며, 이듬해인 1990년에는 인지적 재구조화가 반영되어 EMDR이라는 이름으로 지금까지 사용되고 있다.

EMDR은 수평안구운동 외에도 다양한 요소가 통합되어 있는데 인지행동기법과 인간중심기법이 포함되어 있으며, 치료 단계가 표준화되어 있어 적용하기 수월한 장점이 있다(Shapiro & Forrest, 1998, 2008).

(1) 치료의 특징

EMDR은 안구나 소리 등 규칙적인 양측성 자극을 주어 대뇌의 정보처리 시스템을 자극하는 치료방법이다. EMDR 치료과정을 거치면 신경학적인 기억연결망이 새롭게 변형되어 외상기억이 재처리된다고 설명한다. 양측성의 자극을 주면 감각적 · 인지적 과정이 활성화되어 부정정서 기능이 약화되고, 부정적인 외상기억과 긍정적인 삶의 기억들이 새로운 연결망을 형성한다고 주장한다.

치료는 증상의 정도에 따라 회기를 달리하지만 비교적 짧은 회기로 진행된다. EMDR은 정식 수련과정을 마친 전문가만 할 수 있는데, EMDR 관련 학회나 협회에서 시행하는 수련에 참가하여 전문가 자격을 취득한 사람이어야 한다. 국내에서는 2016년 현재 약 200여 명 이상의 정신과 의사, 임상 및 심리상담사들이 수련 과정을 마치고 치료를 담당하고 있다.

❶ 치료 시스템

모든 인간은 인체 내에 생리적인 정보처리 시스템을 갖추고 있다. 뇌의 정보처리 시스템은 우리가 경험하는 것을 기억, 처리, 저장하는 역할을 한다. 우리의 기억은 서로 밀접하게 그물망처럼 연결되어 생각, 감정, 심상, 감각들이 상호작용한다. 뇌에서 이루어지는 인지적 학습이란 이렇게 기억 속에 저장된 데이터 간에 새로운 연결망이 형성되고 상호작용을 할 때 이루어진다.

충격적인 외상사건을 경험하면 뇌의 충격으로 정보처리기능이 방해를 받아 교란상태에 놓인다. 그럴 경우 다른 기억회로와 연결되지 않아 정상적인 정보처리가 이루어지지 않는다. 그 결과 외상경험 당시의 장면, 생각, 느낌, 소리, 냄새, 신체감각 등의 고통스러운 기억이 정상적으로 처리되지 못한 채 단편적인 형태로 신경계 안에 남아 그대로 갇혀 버리게 된다.

EMDR은 이렇게 처리되지 않은 충격적인 외상기억과 마음의 상처를 직접 처리함으로써 고통스러운 증상을 없애 주는 치료방법이다. 외상사건에 대한 고통스러운 기억을 정상적으로 처리하여 외상경험 이전의 정상적인 기능상태가 되도록 한다(장연집, 2008).

❷ 치료효과

EMDR을 실시한 후 뇌 영상을 촬영하면 기억 및 학습과 관련된 부위가 변화되어 있는 것을 알 수 있는데, 이는 과거의 고통스러운 기억을 처리하는 뇌의 영역이 활성화된 것을 의미한다. 앞서도 언급하였지만 매우 고통스러운 외상사건을 경험하면 우리의 대뇌는 외상 관련 정보를 정상적으로 처리하지 못한다. 그 결과 외상사건의 기억이 파편화된 상태로 그대로 뇌에 갇혀 버리게 된다.

연평해전과 천안함 폭침사건과 같이 충격적인 외상사건을 경험한 장병이 외상사건의 장면, 소리, 냄새, 생각, 감정을 기억할 때, 실제 그 사건이 일어났을 때와 같은 강렬한 느낌을 받았다고 말하는 것은 모두 이와 같은 이유에서다. 고통스러운 외상기억은 세상을 바라보는 관점이나 다른 사람과 관계를 맺는 대인관계 방식에도 부정적인 영향을 미친다. EMDR은 이러한 미해결된 기억을 정상적으로 처리하는 데 효과적인 치료방법이다(심윤기, 2018).

❸ 치료만족도

EMDR은 현재 전 세계적으로 6만여 명 이상의 전문가가 정식 수련을 받아 활동 중이며, 이들에게 치료를 받은 사람은 2016년 현재 약 500만여 명이 된다. EMDR은 충격적이고 끔찍한 외상경험을 오랫동안 이야기할 필요가 없기 때문에 치료과정이 불편하지 않다. 6~12회기 정도로 치료회기가 비교적 짧아 다른 어떤 치료보다 시간과 비용 측면에서 효과적이다. 이렇게 EMDR은 기존의 심리치료에 비해 치료기간이 짧고 치료효과가 빠르며, 비용도 비싸지 않아 환자의 만족도가 높게 나타나고 있다.

(2) 치료 방법

❶ 치료자의 역할

외상사건과 관련한 뇌의 정보처리는 신경계에서 일어나는데 EMDR에서 사용하는 눈 운동은 이러한 신경계의 기능을 적극적으로 활용한다. 렘수면 단계에서 꿈을 꾸는 것과 같은 원리를 활용하는 것이다. 수면 중에 관찰되는 눈의 움직임은 본인이 잠자기 전까지 받아들인 수많은 정보 중 불필요한 정보를 조각내어 없애버리는 처리과정으로 설명한다. 생리학적 관점에서는 이렇게 조각내 버려진 정보들이 서로 부딪혀 일어나는 현상을 꿈이라고 말한다.

이런 점을 고려하면 군 상담관의 중요한 역할은 외상피해 증상을 가진 위기장병의 안구운동이 잘되도록 조력하는 것이다. 위기장병이 안구운동을 할 때는 안구가 시야 범위의 한쪽에서 다른 쪽으로 움직이도록 조력하게 되는데, 만약 안구운동 중에 안구 통증을 느끼는 장병이 있다면 그 장병은 안구운동을 잠시 중지하는 것이 바람직하다.

❷ 안구운동 방법

안구운동은 외상피해장병의 시야가 좌우로 편안하게 움직이도록 하는 데 있다. 이때 군 상담관은 자신의 손가락을 이용하여 위기장병의 시각적인 초점을 유지토록 하는데 손가락 대신 볼펜이나 자와 같은 다른 물건을 사용해도 무방하다. 보통 안구운동은 손가락 2개를 붙여 똑바로 세우고, 손바닥 쪽이 약 30~40cm 떨어지게 한 상태에서 얼굴을 향하도록 한다.

안구운동이 시작되면 위기장병에게 "이 정도가 괜찮습니까?"라고 묻는다. "아니요."라는 대답이 나오면 가장 편안하게 느끼는 위치와 거리를 다시 조정한다. 만약, 안구운동을 하는 동안에 군 상담관의 손가락이 움직이는 대로 시선이 따라오지 못하는 장병이 있을 수도 있는데 이때는 "당신의 눈으로 제 손가락을 미는 것처럼 생각하고 따라 해 보세요."라고 하면 효과가 있다(심윤기, 2018).

❸ 안구운동의 종류

안구운동의 종류에는 수평 방향 외에도 다양한 방법들이 있다. 대각선 방향의 안구운동은 위기장병의 얼굴 오른쪽 위에서 왼쪽 아래 방향(혹은 그 반대)으로 하는 것인데, 턱 측면에서 반대편 눈썹 위치로 움직이도록 하는 것이다. 이 외에도 수직 반향, 원 모양, 8자 모양 등 다양한 방법을 사용할 수 있다.

안구운동 한 세트는 수평 안구운동을 24번 실시하는데, 오른쪽-왼쪽-오른쪽으로의 전환이 안구운동 한 번이 된다. 어떤 위기장병의 안구운동은 한 세트에 24번 이상이 필요한 경우도 있다. 안구운동 첫 세트를 실시한 후에는 "이제 좀 어떻습니까?"라고 질문하여 위기장병 내면에서 일어나는 생각, 심상, 감정, 감각 등의 경험을 스스로 인식하도록 한다(심윤기, 2018).

CHAPTER 8

미디어 중독 위기상담

군(軍)은 정보화 시대에 걸맞은 과학화 · 첨단화 군대로 거듭나기 위해 불철주야 혁신노력에 박차를 가하고 있으며, 일과 휴식이 조화된 새로운 워라밸 병영문화를 육성하기 위해서도 최선을 다하고 있다. 평일 일과 후 부대 외출을 허용하고 있을 뿐만 아니라 부대 내에서 병사들의 개인 휴대폰 사용이 가능하도록 허용하고 있다. 이러한 변화는 인터넷과 스마트폰이 세계화의 핵심으로 자리 잡은 현시대에 걸맞은 큰 변화가 아닐 수 없다. 그러나 한편으로는 미디어 중독과 같은 또 다른 측면의 문제를 야기할 수 있는 위험성도 공존하는 것이 사실이다.

이 장에서는 미디어 중독의 개념을 알아본다. 그런 다음 인터넷 중독과 스마트폰 중독의 특성, 원인 등을 고찰한 후, 군 미디어 중독예방에 대한 상담전략을 살펴본다.

1. 중독의 개념

1) 중독의 정의

미디어 중독을 이해하기 위해서는 우선 중독에 대한 개념부터 이해할 필요가 있다. 중독(Addiction)은 자신의 권리를 남에게 양도하는 것을 의미하는 라틴어 'addicene'에서 유래한다. 특정한 대상을 탐닉하거나 습관적으로 열중 혹은 몰두한다는 뜻으로 긍정 · 부정 의미를 모두 내포하고 있다. 고대에서는 감금되거나 전쟁에서 패한 뒤 노예가 된 사람을 가리키는 말로 사용되기도 하였다.

중독은 정신의학과 심리학 분야에서 지속적인 연구와 관찰이 이루어져 왔다. 의학적 측면에서 정의되고 있는 중독은 충동조절 장애와 물질사용 장애의 두 가지 범주를 포함하고 있다. 그래서 의학사전에서는 약물에 대하여 강한 의존성을 나타내는 상태로서 정신적 의존성과 육체적 의존성까지 모두 생긴 상태를 중독으로 정의하고 있다.

그러나 사회의 변화와 기술의 발달로 다양한 기계나 물질, 활동 등이 등장하면서 중독은 단지 약물에만 국한되는 것이 아니라, 신체적 · 정신적 위험 증상과 문제행동을 야기하는 대상으로 그 범위가 넓어졌다. 술과 담배, 마약 등의 물질이 신체에 일으키는 위험 증상에만 국한되던 중독이 점차 컴퓨터와 휴대폰 사용에 따른 게임 중독, 쇼핑 중독, 섹스 중독 등 행동과 관련한 중독으로 확장되었다.

심리학적 관점에서 보는 중독은 물질 탐닉의 차원이 아닌 심리적 변화를 야기하는 주요 현상으로 간주하고 있다. 이러한 심리적 변화는 개인의 일상적이고 반복적인 생활 태도나 습관과 같은 행위를 통해 나타나게 되는데, 이때의 중독현상은 자신의 욕구와 행위를 통제하고자 하는 의지가 상실된 상태를 의미한다고 설명한다.

지금까지 언급한 내용을 종합하면 중독이란 중독의 대상이 되는 무엇인가에 의해 조절능력이 상실되고 내성에 의해 지속적인 사용이 증가하며, 금단 증상과 강박적 집착, 의존 등의 문제가 나타나 신체적 · 심리적 · 사회적 · 직업적 문제를 일으키는 상태로 정의할 수 있다. 즉, 대상에 대한 지나친 의존과 집착, 몰두가 심각한 문제로 이어지는 현상이라고 말할 수 있다(심윤기, 2016).

2) 중독의 유형과 특징

중독은 물질중독과 행위중독 등 크게 두 가지 유형으로 구분한다. 행위중독에 포함되는 미디어 중독은 특정한 행위나 목적을 위해 미디어에 몰입의 단계를 넘어서 미디어에 대한 과다 의존과 사용으로 자아가 상실되고 일상생활에 장애를 초래하는 현상으로 설명한다. 미디어는 정보를 축적할 수 있는 매체 혹은 정보를 전송하는 역할을 제공하는 다양한 수단을 말하는데, 본서에서는 인터넷과 스마트폰으로 한정해서 설명하고자 한다.

(1) 중독의 유형

❶ 물질중독

물질중독은 섭취중독(ingestive addiction)이라고도 말하는데, 이것은 의도적으로 우리 몸 안에 섭취된 물질에 의한 중독을 의미한다. 몸과 마음은 이 같은 물질에 대하여 의존성을 발달시키게 되는데 술, 니코틴, 카페인 등의 약물이나 어떤 특정한 음식과 같은 것이 모두 이에 해당한다. 이러한 물질은 대개 기분을 전환시키는 화학적 성격의 물질로 이루어져 있는 것이 특징이다(윤귀남, 1997).

몸과 마음이 중독물질에 익숙해져 그러한 특정한 물질 없이는 생활하기 어려운 상태가 곧 중독된 상태를 의미한다. 이러한 물질중독은 물질을 점점 더 많이 원하는 내성과 물질을 섭취하지 않으면 고통을 느끼는 금단현상으로 나타나 심각한 부적응상태에 놓인다.

❷ 행위중독

행위중독은 사람을 집착하게 만들거나 의존하게 만드는 일련의 활동이나 상호작용에 중독되는 것을 말한다. 이러한 행위중독은 어떤 즐거운 활동에 지나치게 몰두하며 정상적인 생활이 제공해 주지 못하는 과도한 쾌락을 추구한다. 어떤 특별한 경험에 의존하는 경향이 뚜렷이 나타나며, 쾌락을 주는 대상이 없이는 제대로 기능하지 못하는 특징이 나타난다(윤귀남, 1997).

특히, 행위중독은 물질중독보다 회복이 더 어려운 것이 특징이라고 할 수 있는데, 그 이유는 물질중독의 원인이 대개 행위중독으로부터 이어지기 때문이다. 행위중독에는 인간생활의 거의 모든 과정에서 중독을 발생시키는 일, 관계, 섹스, 돈, 종교, 쇼핑, 소비, 도박, 운동, 미디어 등과 같은 작용물이 해당한다.

(2) 중독의 특성

중독의 특성을 이해하기 위해서는 중독 상태를 나타내는 특징과 그것이 가지는 공통적인 주제를 아는 것이 중요하다. 메이(May, 2007)는 중독된 영역과 그렇지 않은 영역의 구별을 다음과 같이 설명한다.

❶ 내성

내성(tolerance)은 만족감을 느끼기 위해 중독행위 혹은 집착의 대상을 지속적으로 더 원하거나 필요로 하는 현상을 말한다. 현재 내가 지니고 있는 소유나 행동에 만족하지 못하고 '조금만 더 가질 수 있으면 행복할 텐데.'라고 주관적으로 느끼는 것을 의미한다. 일정한 양에 익숙해지면 그 익숙함 때문에 만족감이나 충족감이 사라지고 더 많은 것을 필요로 한다.

❷ 금단 증상

금단 증상(withdrawal phenomenon)은 중독된 행동을 중단했을 때 나타나는 스트레스 반응 내지는 역행 증상을 말한다. 스트레스는 긴장과 불안, 짜증으로부터 극도의 공포를 동반하는 동요나 두려움, 호흡곤란에 이르기까지 다양한 증상으로 나타난다. 역행 증상은 중독된 행동 자체가 야기하는 것과 정반대의 증상을 경험하는 것을 말하는데, 자극제를 끊었을 때 나타나는 무기력과 우울, 심한 졸음 등이 그 예가 된다.

❸ 자기기만

자기기만은 자신의 중독된 행동을 지속하지 못하도록 하고, 중독된 행동을 제어하려는 시도를 없애기 위한 하나의 방편이다. 이러한 자기기만에는 정신분석에서 말하는 부정, 합리화, 치환과 같은 방어기제가 포함되며, 그 밖에도 다양한 속임수들이 있다. 예를 들어, 흡연을 하면 긴장이 해소되어 일을 더 잘 할 수 있고 대인관계에서도 효과적이라고 주장하는 경우가 이에 해당한다.

❹ 의지력 상실

의지력 상실은 중독행동을 제어하기 위한 시도나 도전의 실패를 의미한다. 의지의 한 부분은 중독으로부터 해방되기를 원하나 또 다른 측면은 중독된 행위를 계속하기를 원한다. 중독행동이 지속되는 이유는 중독으로부터 해방되기를 원하는 의지보다 중독된 행위가 계속되기를 바라는 의지가 더 강하기 때문에 나타나는 현상으로 설명한다.

❺ 주의력 왜곡

주의력 왜곡은 중독물질과 중독행위 외의 다른 일에 대해 주의력이 자유롭지 못한 것을 뜻한다. 스마트폰 중독자의 경우에는 온통 주의력이 스마트폰과 관련된 것에만 쏠려, 상대적으로 공부하는 것에 주의력을 기울이지 못하는 특징이 나타난다.

이러한 중독의 특성을 종합하면, 중독은 의존적이고 몰입적인 행동으로 금단증상, 의지력 상실, 주의력 왜곡 등이 동반된다는 것을 알 수 있다. 유발 동기와 사회에서 수용되는 정도, 정서적 손상에 따라 다소 증상의 차이를 보이기는 하지만 대체로 다음과 같은 공통적인 특징이 나타난다(Hart, 2007).

첫째, 중독은 진실한 감정을 느끼지 못하도록 만든다. 중독은 고통으로부터 보호받기 위해 선택하는 행위로 중독자 자신과 고통스러운 감정 사이에 완충 역할을 함으로써 현실로부터 중독자를 유리시킨다.

둘째, 중독은 중독자를 완전히 통제한다. 중독자의 합리적인 논리와 이성을 빼앗아 강렬한 중독욕구에 지배당하게 한다. 논리나 이성만으로 중독 증상의 극복이 어려운 이유는 그것의 지배력이 매우 강하기 때문이다.

셋째, 중독은 언제나 쾌감을 동반한다. 어떤 물질을 취하거나 특정 행동을 하는 것은 자극, 흥분, 해방감과 같은 즐거운 감정을 느끼기 때문이다. 어떤 경우에는 너무 강하게 중독된 나머지 여전히 물질이나 행위 자체에서 쾌감을 느낀다. 이러한 기분은 중독자로 하여금 자신이 그 행위를 통제할 수 있다는 착각을 하지만, 중독효과가 사라진 다음에는 무기력과 우울증이 나타난다.

넷째, 중독은 매우 파괴적이고 건강에 해롭다. 심리적 · 신체적 영역에 악영향을 끼치고, 인간관계를 손상시키며, 사랑하는 사람을 파괴하고 삶의 균형을 잃게 만든다.

다섯째, 중독은 오직 중독행위만을 중요하게 다룬다. 중독행위를 제외한 다른 것은 중요하게 생각하지 않으며, 부수적인 것으로 여긴다. 중독자는 오직 중독행위라는 한 가지 주제를 놓고 삶을 계획하는 특징이 있다.

여섯째, 중독자는 자신의 중독을 인정하지 않는다. 중독된 물질이나 중독행위가 자신에게 끼치는 지배력을 인정하지 않을 뿐만 아니라 내가 원하기만 하면 언제든지 끊을 수 있다는 생각으로 중독이 자신에게 끼치는 파괴적인 결과를 잘 알지 못한다.

일곱째, 중독은 대부분 물질중독에 해당한다. 하트(Hart)는 신체 내의 화학물질로 중독이 발생한다고 설명하고 있다. 쾌감을 주거나 파괴를 일으키는 물질이 신체 밖에서 몸 안으로 들어와 중독되는 것을 외생적(外生的) 중독이라고 하고, 화학물질이 몸 안에서 생겨 중독되는 것을 내생적(內生的) 중독이라고 한다. 물질중독의 경우에는 전자인 내생적 중독에 해당하며, 행위중독은 후자인 외생적 중독에 해당한다.

3) 중독의 이론적 모형

고대로부터 인간은 여러 중독된 행동을 보여 왔다. 그렇다면 이러한 중독은 왜 생기는 걸까? 중독의 원인에 대해서는 다양한 의견이 제기되고 있는데, 4가지 모델을 통해 그 원인을 살펴보도록 하겠다.

❶ 도덕적 모델

도덕적 모델은 중독을 도덕적 · 법적 규범을 어기는 일련의 비도덕적인 행위로 보고 있으며, 중독자는 비도덕적이고 자기통제가 부족한 사람으로 여긴다. 중독자의 변화를 위해서는 도덕적이고 양심적인 책임뿐만 아니라 처벌과 구금이 필요하다는 입장을 취한다.

❷ 질병 모델

질병모델은 도덕적 모델과 달리 중독을 만성적인 질병으로 여긴다. 이 모델에서는 신체적인 측면을 강조하는데, 그 이유는 유전적인 요소가 중독물질 남용과 통제력 상실을 가져온다고 여기기 때문이다. 뇌의 신경학적인 변화와 생리적 의존성이 중독행동을 지속시킨다고 보아 중독자를 질병을 가진 환자로 여긴다.

❸ 사회문화적 모델

사회문화적 모델에서는 중독행동을 유발시키는 요인을 사회문화적 환경에서 찾는다. 경제적 지위, 문화적 신념, 중독접근의 용이성, 중독행동을 규제하는 법적 처벌, 가정, 부모 등 다양한 사회문화적 요인이 중독행동에 영향을 미친다고 말한다. 따라서 이 모델은 중독행동이 가족, 집단, 지역 사회와의 상호작용에서 비롯되는 것으로 여기기 때문에 변화를 위해서는 새로운 사회와 가족관계, 사회적 능력과 기술의 발달이 필요하다는 입장을 취하고 있다.

❹ 심리학적 모델

심리학적 모델은 중독행동이 학습의 결여, 정서적 역기능 또는 정신병리로부터 발생한다고 보는 입장이다. 이러한 문제행동은 정신분석, 행동주의, 인지치료로 극복될 수 있다고 주장한다.

〈표 8-1〉 심리학적 모델

구분	내용
정신분석 입장	정신분석 입장에서는 중독행동이 자아의 취약성을 보상하기 위한 시도로서 내면의 세계를 조절하는 능력이 결여된 것이라고 여긴다. 따라서 통찰을 통해 내적 기제를 강화하여 외부에 대한 통제력을 만들 수 있다고 주장한다.
행동주의 입장	행동주의 입장에서는 중독행동이 학습된 것이라고 여긴다. 어떠한 행동을 통해 보상이 주어질 때 그러한 행동이 반복된다고 주장한다.
인지주의 입장	인지주의 입장에서는 인지적 사고과정을 강조한다. 엘리스와 벡은 중독치료를 위해 그것의 기저를 이루는 비합리적 신념과 인지오류를 바꾸는 기법을 사용해야 된다고 주장한다.

2. 인터넷 중독의 특징

인터넷 중독은 사이버 중독, 인터넷 증후군, 웨바홀리즘(webaholism) 등 다양한 명칭으로 불린다. 인터넷 중독이라는 용어는 골드버그(Goldberg, 1996)에 의해 최초로 사용되었으며, 이후 미국심리학회에서 인터넷 중독척도를 개발하여 발표함으로써 인터넷 중독이라는 용어를 공식적으로 사용하기 시작하였다. 그러나 아직까지 인터넷 중독이라는 용어 사용에 대한 합의는 이루어지지 않은 상태다.

1) 중독의 원인

인터넷 중독의 원인은 주로 사이버의 특성과 개인적 특성, 사회문화적 특성으로 구분하여 설명한다.

(1) 사이버 특성

한국정보화진흥원(2012)에서는 인터넷 중독에 대한 사이버 특성의 원인을 다음과 같이 설명하고 있다.

❶ 자유와 익명의 공간

인터넷 공간에서는 익명성으로 자신의 신분을 밝히지 않고 자유롭게 자신을 표현할 수 있는 이점을 지니고 있다. 현실과 달리 사회규범에 얽매이지 않고, 현실의 억압에서 탈피하여 환경을 통제하며 원하는 바를 자유롭게 누릴 수 있다. 이러한 자유로운 특성이 인터넷 중독을 일으키는 원인으로 작용한다.

❷ 새로운 자아의 공간

인터넷 공간에서는 성, 연령, 계층, 인종 등을 중요하게 여기지 않는다. 남자인데도 여자로 보이게 할 수 있고, 여자인데도 남자 행세를 할 수 있다. 얌전한 사람이 공격적인 사람이 될 수 있고, 약자가 강자 혹은 용감한 사람이 되기도 한다. 이러한 새로운 인격과 자아 형성의 가능성이 충분하여 중독을 야기한다.

❸ 대인관계의 공간

인터넷 공간에서는 네트워크를 통해 많은 사람이 의사소통을 하고 친밀감과 유대감을 형성한다. 현실 공간에서 소외되었던 사람이 관심을 공유하는 사람과 만나 정서적 유대감을 형성하고 지지와 위안을 받는다. 이렇게 대인관계 공간에서 자유로운 활동과 지지적인 관계를 과도하게 추구하면 인터넷 중독으로 이어진다.

❹ 욕구 충족의 공간

인터넷 공간에서는 현실에서 충족되지 못하는 통제력, 지배욕구 등이 충족될 뿐만 아니라 기분 전환, 재미, 호기심, 성적 만족 등을 얻을 수 있다. 이러한 다양한 욕구 충족과 심리적 보상의 경험이 인터넷 중독을 일으킨다.

(2) 개인적 특성

영(Young, 1998)은 개인의 성격특성이 인터넷 중독에 영향을 미친다고 설명하였다.

첫째, 인터넷에 중독된 사람의 우울 성향을 조사한 결과 인터넷 중독자의 대부분이 우울증 경력이 있는 것으로 알려졌다. 우울 성향과 인터넷 중독 간의 인과관계에 대해서는 아직까지 명확하게 밝혀지지 않았으나 우울증, 낮은 자존감, 과도한 인정욕구 등이 있을 때 사이버 공간에 쉽게 빠지는 것으로 알려져 있다.

둘째, 높은 불안이다. 불안 수준이 높은 사람은 다른 사람의 관심을 끄는 상황이 발생하면 두려움, 긴장과 같은 강한 정서적 반응을 일으킨다. 뿐만 아니라, 다른 사람의 평가에 대해서도 지나치게 신경 쓰고 염려한다. 이러한 사람은 사이버 공간에서 자신을 드러낼 필요 없이 다른 사람과의 관계 형성이 가능하기 때문에 인터넷에 쉽게 중독된다.

셋째, 낮은 자존감이다. 자존감이 낮은 사람은 자신을 공개하지 않아도 되는 사이버 공간에서 이상적인 자아 형성이 가능하다. 사이버 공간은 현실에서 충족되지 못한 여러 가지 심리적인 욕구를 채울 수 있어 중독으로 이어진다.

넷째, 문제해결능력의 부족이다. 중독자는 비중독자보다 문제해결능력이 더 낮은 것으로 알려졌다. 게임에 중독된 집단의 경우에는 중독되지 않은 집단에 비해 사회적 문제해결능력에서 더 부정적인 평가를 받고 있으며, 실제 상황에서도 문제해결능력이 낮게 나타난다.

다섯째, 왜곡된 인지적 특성이다. 인터넷 중독자는 일반 사람보다 부정적인 일이 일어날 것을 크게 걱정하는 경향이 있다. 이들은 과일반화, 이분법적 사고, 부정적 사건의 극대화, 선택적 추상과 같은 인지오류를 보이기도 한다. 중독자는 이러한 왜곡된 인지로 생기는 불편한 감정을 피하기 위해 가상공간을 찾게 되며, 그 결과 쉽게 인터넷에 중독된다.

(3) 사회문화적 특성

인터넷 중독에 대한 사회문화적 특성의 원인은 다음과 같다.

첫째, 건전한 놀이문화 및 가족과의 여가활동 부족에서 찾는다. 대다수의 신세대 장병은 군에 입대하기 전 입시 위주의 교육으로 가족과의 관계는 물론이고 과중한 학업에 억눌려 하루의 대부분을 공부하는 데 보냈을 가능성이 크다. 그래서 군에 입대한 후에는 휴가나 외출·외박 시에 특별히 여가를 즐기는 방법을 몰라 위병소를 나오자마자 인근 PC방에 가는 경향이 많으며, 군 생활에서 지친 마음의 위로를 얻기 위해 휴가 기간 내내 집에서 인터넷을 하기도 한다(심윤기, 2016).

둘째, 인간 존중과 유대감이 약화된 사회문화적 환경에서 찾는다. 우리가 살고 있는 현대는 다양한 사회변화를 특징으로 한다. 세계화에 따른 지역 공동체의 혼란, 가족의 붕괴, 환경오염 등 많은 사회문화적 변화가 일어나며, 이러한 급속한 변화를 겪어야 하는 현대인은 많은 스트레스 상황 속에서 생활한다. 이렇게 급변하는 생활 환경의 변화에 대한 요구가 많은 것에 반해 사회구성원과의 유대감이 상실되고, 삶이 만족스럽지 못하거나 희망을 가질 수 없는 경우에는 인터넷 중독으로 이어진다.

셋째, 건전한 사회문화의 결핍이다. 우리 사회는 적절한 통제력을 키워 주는 자녀양육의 문화가 만족할 만한 수준에 있지 못하다. 뿐만 아니라, 외부적으로도 적절한 수준의 통제력 발휘가 제한되는 문화적 특성을 지니고 있다. 전통적인 가치문화는 대부분 사라지고 개인 존중의 가치문화 역시 확고하게 뿌리내리지 않은 상태이다. 이러한 사회문화적 결핍현상은 인터넷 중독에 많은 영향을 끼친다.

2) 인터넷 중독의 유형

인터넷 중독의 유형에 대한 설명은 학자마다 다양하게 제시하고 있으나 공통된 내용은 대체로 다음과 같다.

〈표 8-2〉 인터넷 중독의 유형

구분	내용
사이버 게임 중독	컴퓨터 게임이나 새로운 프로그램에 몰두하는 것
사이버 채팅 중독	가족이나 친구보다 대화방에서 만난 사람과 더 친하게 교제하는 것
사이버 섹스 중독	성인 채팅방에서 만난 상대와 온라인 섹스, 폰 섹스 등을 하는 것
사이버 거래 중독	온라인 도박이나 경매, 거래 등에 몰두하는 것
사이버 정보검색 중독	웹 서핑이나 데이터베이스 탐색에 몰두하는 것

출처: Young (1996).

(1) 사이버 게임 중독

사이버 게임 중독에 빠진 사람은 매일 4~5시간 이상 또는 심하면 밤을 새워 가며 게임을 한다. 그런 이유로 낮에는 수면 부족으로 졸거나, 하는 일에 집중하지 못하는 등 일상생활을 제대로 하지 못한다. 특히, 게임을 통제하고 제한하는 부모와의 갈등이 많아지며, 심지어는 부모에게 반항하고 화를 내는 등 자기조절을 못하는 경우가 발생되기도 한다. 이들이 즐겨 하는 사이버 게임에는 어드벤처 게임, 시뮬레이션 게임, 롤플레잉 게임, 스포츠 게임 등 그 종류가 다양하다.

❶ 어드벤처 게임

어드벤처 게임은 일정한 줄거리와 목표가 주어진다. 사용자의 전략에 따라서 스토리 전개가 달라지며 문제를 해결하는 과정 중에 다양한 모험을 즐길 수 있다. '원숭이 섬의 비밀'이나 '인디아나 존스'가 그 대표적인 예가 된다.

❷ 액션, 슈팅, 아케이드 게임

손이나 발로 공격하거나 총에 해당하는 버튼을 빨리 누르기만 하면 적을 죽이거나 없애는 액션을 취할 수 있는 게임이다. 그렇기 때문에 조작이 쉬워 남녀노소 누구나 즐기는 게임으로 '스트리트 파이터', '둠', '툼 레이더', '케이크' 등이 이에 해당한다.

❸ 시뮬레이션 게임

개발자가 게임 진행 방향과 관련해 다양한 상황을 미리 설정해 놓은 것으로서 게임자가 그 상황을 어떻게 대처하느냐에 따라 진행방식이 달라지는 게임이다. '삼국지 시리즈'와 '워크래프트', '레인보우 식스', '스타크래프트', '에이지 오브 엠파이어' 등이 있다.

❹ 롤플레잉 게임

사용자가 가상으로 주인공 역할을 맡아 즐기는 게임이다. 게임을 진행하면서 주인공은 경험을 쌓아 공격 무기나 방어 장비를 갖추는 등 강력한 힘을 갖게 되며 레벨이 올라간다. 이러한 게임의 특성 때문에 사용자는 게임이 진행됨에 따라 등

장인물에 대한 애착이 높아지며, 마치 사용자가 그 게임 속 주인공이 된 것 같은 느낌을 받게 한다.

❺ 스포츠, 경주 게임

일반적인 스포츠 종목을 게임화하여 경기를 감독하거나 직접 선수로 참여할 수 있도록 만든 게임이다. 축구나 농구 등의 스포츠, 자동차나 오토바이를 이용한 경주 게임 등이 대표적 종목이다.

사이버 게임 중독의 원인으로는 게임의 특성과 게이머(gaymer)의 심리적 측면으로 설명이 가능하다. 먼저, 게임 자체의 특성으로는 스토리 전개가 무한하며, 가상의 공동체 형성이 가능한 점을 들 수 있다. 반면, 게이머의 심리적 측면에서는 대리만족과 인정 느낌을 받게 하며, 스트레스도 해소해 준다. 뿐만 아니라, 게임 속의 주인공이 되어 통제력과 성취감을 느끼게 한다.

사이버 게임 중독이 미치는 부정적인 영향은 지나친 경쟁을 유발하고 게임의 폭력성에 쉽게 노출된다는 점이다. 게임을 모방해 범죄를 저지르고, 대인관계를 악화시키며, 신체건강에도 해를 끼친다. 군에 입대한 신세대 장병 중에도 입대 전 사이버 게임 중독자가 상당수 있으며, 이들은 일반 장병에 비해 군 복무적응이 취약한 것으로 알려져 있다.

(2) 사이버 채팅 중독

❶ 중독의 증상

사이버 채팅에 빠진 사람은 아침에 일어나자마자 자신에게 온 메일을 확인하고, 자신이 즐겨 찾는 대화방이나 동호회를 검색하는 것으로부터 하루를 시작하는 경향이 있다. 컴퓨터 앞에 앉아 사이버상의 사람과 인사를 나누고, 일상에 대해 이야기를 하다 보면 어느새 시간이 훌쩍 지나 해야 할 일을 하지 못하는 경우가 다반사로 일어난다. 학업과 가사, 육아, 일상적인 업무뿐만 아니라 실제 사회활동도 감소하며, 고립감과 외로움을 경험한다. 사이버 채팅에 중독된 사람은 공통으로 채팅이나 동호회에 집착하며, 심리적 지지와 소속감을 추구하는 특징이 나타난다.

❷ 중독의 원인과 미치는 영향

사이버 채팅 중독의 원인은 사이버 속의 사람으로부터 심리적인 지지를 받는 등 대인관계의 다양한 욕구를 채워 주기 때문이다. 이상적 자아를 형성하는 욕구를 충족시켜 주고 기분이 전환되는 느낌을 받게 하여 쉽게 중독에 빠지도록 만든다. 이러한 중독은 긍정적 측면에서는 새로운 자신을 탐색할 수 있는 기회를 제공함으로써 사회적 기술을 학습하는 데 기여하지만, 부정적 측면에서는 자신의 성격을 거짓 조작하거나 은폐함으로써 자신의 정체성을 혼란케 하고 현실세계에 적응하지 못하게 한다.

(3) 사이버 섹스 중독

사이버 섹스 중독이란 사이버 공간에서 음란물을 보고 성인 채팅방을 통해 사이버 섹스에 몰입하는 것을 말한다. 사이버 섹스에 몰입하는 사람은 대체로 온라인상의 관계가 너무 흥분되고 환상적이어서 채팅방을 통해 반복적으로 사이버 섹스를 하는 경향이 나타난다. 사이버상의 음란물이나 포르노에 지나치게 집착하는 것도 사이버 섹스 중독이다. 호기심으로 음란 사이트를 탐색하고 음란 채팅 수준을 넘어 폰 섹스나 실제 관계로까지 발전한다면 사이버 섹스 중독을 의심해 봐야 한다.

❶ 발달단계

사이버 섹스는 성적인 욕구를 충족시키기 위해 가상공간에서 상대와 성적인 대화를 나누거나 성관계를 맺는 것을 말한다. 채팅방에서는 음란한 대화를 글로 나누는 컴섹(음란 채팅)과 실제로 성관계를 맺기 위해 상대를 찾는 번섹(번개 섹스)이 있다. 컴퓨터에 부착된 디지털카메라를 통해 성행위 장면을 서로 보여 주며 사이버 섹스를 하는 화상채팅도 이루어지고 있다.

❷ 중독의 원인

사이버 섹스는 안전하고 편리하며 새로운 성적 자극을 추구할 수 있게 하여 쉽게 중독되는 특성이 있다. 심리적 긴장과 스트레스에서 벗어나게 할 뿐만 아니라 성적 욕구를 자유롭게 표현하고 충족되게 하는 특징이 있다.

❸ 중독의 행동유형

- 포르노 보기
- 성적 대화 나누기
- 음란물을 보며 자위행위 하기
- 성과 관련된 인터넷 방송 보기
- 카메라를 통해 서로의 신체 보여 주기
- 사이버상의 사람과 폰 섹스하기

❹ 중독의 증상

- 사이버 섹스를 하면서 자주 자위행위를 한다.
- 사이버 중독 때문에 우울해하고 죄책감을 느낀다.
- 성과 관련한 인터넷 사이트에 접속하지 않으면 불안하다.
- 보는 것에 만족하지 못하고 폰 섹스나 사이버 섹스로 발전한다.
- 직장이나 가정에서 성 관련 사이트에 몰래 들어가고 흔적을 지운다.
- 일에 집중하지 못하고 직장에 자주 결근하는 일이 발생한다.
- 사이버 섹스가 주는 즐거움으로 배우자에 대한 성적 관심이 멀어진다.

통상 대부분의 성인 사이트는 사람들을 유인하기 위해 몇 가지 자료를 무료로 제공하는 수법을 사용하고 있으며, 자극적이고 야한 사진은 정식 회원으로 등록된 후에야 볼 수 있도록 만들어 놓았다. 일부 사이트는 계약기간이 만료된 후에도 신용카드에서 돈이 빠져나가도록 프로그램을 설치해 놓았으나 서버를 외국에 둔 경우가 많아 법적으로 제재하기가 힘든 상황이다.

일부 불법 음란 사이트 업체에서는 메일 주소를 전문으로 수집하는 프로그램이나 대행업체를 통해 성관계 동영상이나 자극적인 사진, 사이트 광고 메일 등을 발송하며, 나체 사진, 변태 행위나 아동 포르노와 같은 불법적인 음란물을 무차별적으로 발송한다. 어떤 경우에는 이러한 사진을 클릭하면 바로 해당 사이트 회원으로 등록이 되도록 연결해 놓은 곳도 있어 심각성을 더하고 있다.

(4) 사이버 거래 중독

사이버 거래 중독은 인터넷상에서의 도박, 쇼핑과 같은 사이버 거래에 집착하는 것을 말한다. 인터넷이 출현하기 전에는 도박을 위해 카지노나 경마장에 가고, 쇼핑을 위해서는 백화점이나 마트에 갔으나 인터넷이 보급되면서 그런 곳에 가지 않아도 쉽게 원하는 것을 해결할 수 있게 되었다. 컴퓨터 앞에서 클릭 하나로 모든 것이 간단하게 해결되기 때문에 일부 충동적인 사람은 사이버 거래 중독에 쉽게 빠지고, 이로 인해 가정과 직장, 학교에서 심각한 문제에 봉착한다.

❶ 중독의 증상과 원인

사이버 거래에 중독된 사람은 도박이나 주식거래에 온통 정신이 사로잡혀 충동에 저항하지 못하고 통제력이 상실된 상태에 놓인다. 도박이나 주식으로 돈을 벌 생각에 하루 종일 컴퓨터 앞에 앉아 있기도 한다. 돈을 잃으면 잃은 돈을 만회하기 위해 계속 도박을 하며, 거는 돈의 액수도 점점 커진다. 도박이나 거래를 하지 못하는 상황이 되면 신체적 불편감과 우울, 극단적인 초조감, 불안과 같은 금단 증상을 경험한다.

중독의 원인은 다양하게 설명되고 있으나 중독되기 쉬운 성격에 있다고 보는 관점이 일반적이며, 의학계에서는 뇌 구조나 신경계가 잘못된 것을 원인으로 보고 있다.

❷ 중독이 미치는 영향

사이버 거래 중독자는 일반적으로 전 재산을 날려 빚더미에 올라앉는 경우가 허다하다. 일부 중독자는 잃은 돈을 만회하기 위해 횡령, 사기 등의 범죄를 저지르는 경우도 있다. 재정적 파탄으로 가족 갈등이 만연하고 별거 및 이혼가정이 증가하며, 군에서조차도 사이버 거래 중독에 의한 경리사고가 심심찮게 발생한다.

사이버 거래 중독자는 죄책감, 후회, 무기력 등을 안고 살아가는 특징을 보인다. 음주와 흡연이 늘고 두통과 불면증 같은 신체적 증상이 나타나며, 절망감으로 자해와 자살을 시도하기도 한다. 이렇게 사이버 거래 중독은 가정적 · 경제적 · 사회적 · 심리적 측면에 이르기까지 다양한 영역에 심각한 부정적인 영향을 미친다.

(5) 사이버 정보검색 중독

사이버 정보검색 중독은 웹서핑이나 자료검색을 과도하게 하는 것을 말한다. 이들은 인터넷의 다양한 정보검색에 주된 관심을 갖고 목적 없이 여러 사이트를 돌아다니며 대부분의 시간을 보낸다. 자신이 원하는 바를 실행한 후에도 링크되어 있는 사이트를 계속 돌아다니며 끝낼 줄을 모른다. 자신의 활동목적에 부합하지도 않고 생산성이 없어도 오랜 시간 정보검색이나 웹서핑으로 시간을 보내는 것은 사이버 정보검색 중독을 의심해 봐야 한다.

사이버 정보검색 중독자가 가장 많이 사용하는 사이버 유형은 웹서핑, 게임, 오락, 채팅, 정보검색, 동호회 등이다. 인터넷 중독을 스스로 인정하는 사람은 자신의 중독을 부정하는 사람에 비해 게임이나 오락의 사용을 많이 하는 것으로 알려져 있다.

반면, 중독을 부정하는 사람은 중독을 인정하는 사람에 비해 정보검색이나 증권거래, 웹서핑을 더 많이 하는 것으로 조사되고 있다(한국정보화진흥원, 2012). 이러한 조사결과는 게임이나 오락의 목적으로 인터넷을 사용하지 않는 것과 혹은 목표지향적인 정보검색과 같은 행동 등은 중독으로 생각하지 않아서 나타난 결과로 분석하고 있다.

3) 중독조사와 영향

인터넷을 하는 동안은 기분이 좋아지거나 즐거운 감정이 느껴져 중독자는 오로지 인터넷에만 온 신경을 집중한다. 인터넷을 하는 시간이 증가할수록 더 많은 시간 인터넷을 하고 싶어 한다. 그러나 인터넷을 하지 못할 경우에는 심각한 불안 증세를 보이며, 짜증과 불평불만을 보이고 충동적인 반응과 공격적인 행동을 보이기도 한다. 군 장병이 인터넷에 중독되면 앞서 언급한 여러 가지 증상 외에도 복무부적응, 사고유발, 성적 문제 등의 위험성을 내포하고 있다.

(1) 중독조사

군에 입대하는 신세대 장병들은 발달적 측면에서 보면 청소년 후기에 해당한다. 성인기로 가는 발달단계에 있어 스트레스에 대한 효율적인 대처방식이 완전하게 발달되지 않은 상태라고 할 수 있다. 그러므로 한 번도 경험해 보지 못한 군대 생활은 그 자체로서 스트레스가 아닐 수 없다.

인터넷에 중독된 청소년이 치료가 되지 않은 채 군에 입대하면 그의 군 생활은 더욱 어려움에 처한다. 그러므로 장병의 인터넷 중독 여부를 진단하고, 그들의 부대적응 수준을 판단하는 것은 전투력 관리 차원에서 매우 중요한 과업이다. 그렇지만 입대 전 인터넷 중독자에 대한 국방부 차원의 조사는 아직까지 이루어지지 않고 있는 실정이다. 그러나 이와 대조적으로 장병을 대상으로 인터넷 중독에 대한 개인 차원의 연구나 조사는 계속 이루어지고 있다(심윤기, 2016).

육군에 복무 중인 병사 486명을 대상으로 인터넷 중독에 대한 개인적 차원의 연구가 이루어진 적이 있다. 조사대상 병사의 연령은 19세부터 29세까지였으며, 전투, 기술, 행정병과가 고르게 분포되었다(한인영 외, 2011). 조사결과 인터넷 중독성향군은 10.7%, 비중독군은 89.3%로 나타났다. 중독성향군에서는 이병이 13.9%로 가장 높게 나타났으며, 복무기간은 7개월 미만인 병사가 21.1%를 차지하였다. 이러한 연구결과는 전군의 병사를 대상으로 인터넷 중독 여부를 보다 정밀하게 진단할 필요성이 있음을 시사하고 있다.

(2) 중독이 군에 미치는 영향

❶ 복무부적응

군에서는 2006년부터 중대급까지 인터넷 보급을 통해 장병의 자기계발을 위한 기회를 확대하고 있다. 이에 따라 인터넷 중독으로 장병들의 군 부적응의 문제가 심각하게 나타날 위험성이 예견된다. 정서불안은 물론 인터넷 게임 중독에 의한 군무이탈, 휴가 지연복귀, 성폭력 등의 문제가 증가할 가능성이 있다.

❷ 사고유발

2005년 연천 지역 GP에서 수류탄과 소총으로 동료 병사 9명을 사망에 이르게 한 사건이 발생한 바 있다. 총기난사사고를 일으킨 병사는 인터넷 게임 중독이 심각한 수준이었음이 군 수사결과 밝혀졌다. 군대는 임무특성상 생명을 위협할 수 있는 무기와 장비를 다루는데, 만약 인터넷 중독성향이 있는 장병이 이러한 무기와 장비를 다루다가 잘못된다면 그 피해는 상상을 뛰어넘을 것으로 예측되고 있다(김용주 외, 2007).

인터넷에 중독된 상태로 군에 입대한 장병은 복무만족을 느끼지 못하고 군 생활의 의미와 가치마저 상실할 수 있다. 따라서 인터넷에 중독된 상태로 입대한 장병과 잠재적 중독성향이 있는 장병을 대상으로 구체적인 개입 대책을 마련하는 것이 그 어느 때보다 절실한 실정이다.

❸ 성(性)적 문제

인터넷에 중독되면 다양한 성적인 문제가 발생한다. 가상공간에서 일어나는 일을 종종 현실로 착각하고 성 행동을 모방한 사건이 일어나기도 한다. 잘못된 성의식과 가치관으로 부대 내에서 동성 성폭력을 시도하고, 휴가 중이거나 외출 중에는 애인에게 데이트 폭력을 저지를 위험성이 있다. 음란물을 본 후 성적 충동을 이기지 못해 성범죄로 이어질 위험성도 예측된다.

3. 스마트폰 중독의 이해

1) 개요

스마트폰은 컴퓨터와 달리 하루 종일 소지가 가능한 휴대성과 간편성을 지니고 있다. 장소에 상관없이 사용과 접근이 가능하고 조금씩 반복하여 오랜 시간 동안 사용이 가능하다는 점에서 인터넷보다 중독 가능성이 훨씬 크다.

맹위와 루이스(Mengwei & Louis, 2013)는 스마트폰 중독과 인터넷 중독의 차이를 설명하면서 스마트폰 중독의 유해한 결과는 집착과 통제력 부재, 불안, 상실감 등이라고 주장하였다. 한국정보화진흥원(2014)에서는 스마트폰을 과다 사용할 경우 금단과 내성, 일상생활 장애, 가상적인 대인관계 지향 등의 문제가 발생한다고 설명하고 있다.

스마트폰 중독에 대한 정의는 학자마다 조금씩 다르게 하고 있으며, 중독에 대한 개념도 인터넷 중독과 구분 없이 혼용 사용되고 있는 실정이다. 예를 들어, 스마트폰 중독을 설명하기 위해 인터넷 중독의 개념에 스마트폰을 대입하여 정의하거나, 스마트폰이 휴대폰의 진화된 형태라는 관점에서 두 가지 매체로부터 도출된 중독 개념이 사용되기도 한다.

그러나 여러 주장을 종합하면 스마트폰 중독은 인터넷 중독과 많은 차이점이 있다. 스마트폰 중독은 인터넷 중독과 다르게 대인관계에서의 외로움과 소외감을 해소하기 위한 목적으로 사용되는 경우가 일반적이며, 휴대가 간편하여 장소의 제약을 받지 않는다는 특성이 있다. 반면, 공통점은 인터넷 중독과 같이 금단, 내성, 일상생활에서의 부적응 증상이 동일하게 나타난다는 점이다.

스마트폰 중독의 특징은 대부분 금단 증상, 강박, 집착, 생활부적응 등으로 설명하고 있다. 어떤 상태의 사람을 스마트폰 중독자로 보아야 하는지에 대한 기준은 아직까지 명확하게 설정된 것이 없다. 그러나 스마트폰 중독자의 증상은 스마트폰을 사용하지 않으면 불안과 초조 증상이 나타나는 등 일상생활에서 많은 문제를 일으킨다. 화장실을 이용할 때조차도 스마트폰을 휴대하고 갈 정도로 수중에 스마트폰이 없으면 불안을 느낀다.

같은 종류의 스마트폰 이용자를 만나면 스마트폰과 관련된 이야기를 나누는 데 시간을 허비하고, 스마트폰이 고장 났을 때는 친구를 잃은 것 같은 느낌이라고 말하는 사람들은 대부분 스마트폰 중독자로 의심해 볼 수 있다.

한국정보화진흥원(2014)에서는 스마트폰을 많은 시간 이용하여 스마트폰 사용에 대한 금단과 내성이 나타나고, 이로 인해 일상생활 장애를 유발하는 것이 스마트폰 중독의 특징이라고 설명하고 있다. 스마트폰 중독 모형에 대해서는 다음과 같이 가상세계 지향과 금단, 내성, 일상생활 장애 등 네 가지 요인으로 설명하고 있다.

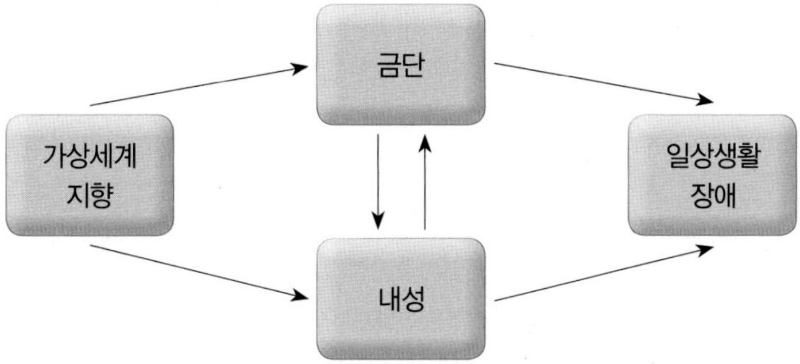

[그림 8-1] 스마트폰 중독 모형

출처: 한국정보화진흥원 (2014).

스마트폰 중독 모형에서 주장하는 가상세계 지향은 직접 현실에서 만나 관계를 맺기보다 스마트폰을 활용해 관계 맺는 것을 더 편안하게 인식하는 것을 의미한다. 스마트폰이 없으면 자신의 모든 것을 상실한 것 같다고 말한다거나, 그 어떤 즐거움보다 스마트폰 사용이 더 즐겁다고 반응하는 것 등이 이를 말해 준다. 금단은 스마트폰을 너무 과다 사용하여 스마트폰이 손에 없으면 불안과 초조를 느끼는 상태를 말한다. 내성은 스마트폰을 과다 사용하여 나중에는 더 많이 사용해도 만족감이 생기지 않는 상태다. 일상생활 장애는 스마트폰을 과다 사용하여 직장이나 학교, 가정 등에서 갈등과 문제를 일으키는 것을 의미한다.

2) 기기와 사용자의 특성

(1) 기기의 특성

스마트폰은 휴대전화에 인터넷 접속의 데이터 통신 기능을 결합시켜 휴대전화 기능과 컴퓨터 기능을 쉽게 이용할 수 있도록 한 지능형 단말기이다. 일반 PC와 같이 범용 운영체제를 탑재하여 다양한 모바일 앱을 자유롭게 실행할 수 있도록 만든 휴대폰이다. 모바일 앱은 게임, 전자책, 지도와 같은 다양한 서비스를 제공하기 위해 스마트폰에 맞춰진 응용소프트웨어로서 앱스토어를 통해 자신이 원하는 앱을 구입하여 추가 이용이 가능한 특징이 있다.

스마트폰은 3G, 4G, LTE, Wi-Fi 등을 통해 시간과 공간에 관계없이 무선인터넷에 접속할 수 있는 장점과 이용자가 원하는 앱을 다운로드해 자유롭게 설치하여 사용할 수 있다. 서비스 이용 환경과 플랫폼, 콘텐츠는 모바일 앱을 사용하는 동기에 따라 원하는 앱을 직접 선택하여 설치가 가능한 관계로 이용자 위주로 기기 사용의 다양성이 더욱 변화하고 있다(윤형보 외, 2013).

스마트폰은 현재 초등학생부터 노인에 이르기까지 대다수의 국민이 이용할 만큼 대중화되었다. 메신저, 음악, 영상, SNS 등 스마트폰을 활용한 모바일 콘텐츠 이용이 늘면서 앱과 웹 중심의 모바일 라이프가 일상화되었다. 모르는 것이 있으면 바로 모바일로 정보를 검색하고 좋아하는 콘텐츠를 이용하여 여가시간을 보내는 등 스마트폰이 일상생활 전반을 잠식하고 있어 중독 가능성은 그 어느 때보다 더욱 커진 상태다.

(2) 사용자의 특성

지난 2014년 5월부터 6월까지 2개월 동안 800명을 대상으로 스마트폰 사용자 이용실태조사(손영훈, 2014)가 이루어진 적이 있는데 그 결과를 살펴보겠다.

❶ 모바일 메신저

가장 빈번하게 사용하는 앱은 카카오톡과 같은 모바일 메신저로 나타났다. 이는 모바일 메신저가 커뮤니케이션뿐만 아니라 게임, 음악, 영상에 이르기까지 이용 영역이 다양하게 확대되어 이제는 개인의 생활양식(Life Style) 전반을 공유하는 플랫폼으로 자리매김하였다는 것을 알 수 있다. 모바일 메신저를 사용하는 비율은 66.38%로 나타났는데 이 중 20대가 89.6%로 가장 자주 사용하고 있었으며, 30대는 68.18%로 조사되었다.

❷ 동영상 콘텐츠

모바일 동영상을 가장 빈번하게 보는 시간은 대중교통을 이용할 때로 분석되었다. 이는 모바일 동영상 시청에 적합하게 스마트폰 화면이 커졌고 무제한 요금제 등장, LTE와 같은 빠른 네트워크 구축, HD 등 고화질 콘텐츠가 기인한 결과로 여겨진다. 모바일 동영상을 시청하는 시간은 대중교통수단을 이용할 때가 46.5%, 쉬는 시간 30.25%, 잠자기 전 24.8%, 수시 시청하는 비율은 18.38%로 나타났다.

❸ 음악 감상

스마트폰 사용자는 대부분 음악을 가장 많이 듣는 것으로 조사되었다. 스마트폰으로 음악을 듣는 시간을 조사한 결과, 검색하고 싶은 음악이 있을 때 60.3%, 수시 31.7%, 근무 중일 때 20.1%, 화장실에 있을 때 12.6%, 운동할 때 10%, 잠자기 전 9.1%, 대중교통수단을 이용할 때 5.1%로 나타났다.

3) 중독의 원인

(1) 개인특성

인간관계를 중요하게 생각하거나 외로움을 잘 이기지 못하는 성격특성의 사람, 외부로 투사되는 자신의 이미지에 민감하게 반응하는 사람일수록 스마트폰을 과다하게 사용하는 것으로 알려져 있다. 특히, 충동성이 높고 자기통제 수준이 낮은 사람일수록 스마트폰 중독성향이 높은 것으로 나타나고 있다.

❶ 외로움

외로움은 한 개인의 사회적 관계나 인간관계가 양적이나 질적으로 부족할 때 발생하는 불유쾌한 감정을 말한다(Peplau & Perlman, 1982). 외로움은 매우 보편적인 감정이지만 외로움의 경험이 지속되면 심리적 고통으로 작용하고, 정신적 · 신체적 건강을 해칠 뿐만 아니라 스마트폰 중독에도 영향을 미친다.

❷ 충동성

충동성은 반응시간이 매우 빠르고 행동을 제지하거나 통제하는 데 어려움이 많을 뿐만 아니라, 미래 상황에 대한 계획을 세우는 것에도 어려움을 겪는 상태를 말한다(Barratt & Patton, 1983). 충동성이 높으면 지금 해야 하는 것과 나중에 해도 되는 것을 계획하고 판단하는 능력이 약화되며, 즉각적이고 선정적인 유혹에 쉽게 빠지는 경향이 있다. 스마트폰을 사용하고 싶은 충동조절이 제대로 이루어지지 않으면 다른 일상에서도 순간적인 자극과 유혹에 쉽게 빠져 현실세계의 중요한 일을 그르치는 경우가 발생한다.

❸ 통제력

통제력은 충동성과 반대되는 개념의 용어다. 자기통제력이 높은 사람은 현실세계에서 대인관계를 지속시키고 자아효능감을 높이고자 노력하지만, 자기통제력이 낮은 사람은 가상공간에서의 즉각적인 만족에 집착하는 경향이 있다. 그 결과 자신의 생활에 도움이 되지 못하는 중독에 이르게 된다. 일반적으로 복잡한 과제를 피하고 단순한 과제를 선호하는 자기통제력이 낮은 사람일수록 스마트폰 중독 위험성이 높게 나타나는 특징이 있다.

❹ 자기감시

자기감시는 사회 적응을 위해 자기를 끊임없이 관찰하고 자기행동을 조절하며 교정하는 것을 말한다. 이러한 자기감시 경향이 높은 사람은 자신이 처한 상황에서 요구되는 조건을 충실히 이행하기 위해 노력한다. 그리고 상황에 따라 대인관계를 고려하기 때문에 타인에게 잘 보이고자 하는 마음에서 자신의 이미지에 기초한 행동을 자주 변화시킨다. 이렇게 자기감시가 높은 사람은 밖으로 투사되는 자기 이미지에 민감한 관계로 스마트폰 중독 위험성이 높게 나타나고 있다.

(2) 스마트폰 특성

휴대폰과 스마트폰의 가장 큰 차이점은 네트워크 접속 가능 여부로 판단하는데, 스마트폰은 목적에 따라 다양한 애플리케이션을 간편하게 설치하여 활용이 가능하다는 특징이 있다. 한국정보화진흥원(2012)에 따르면 스마트폰 중독은 스마트폰 자체 특성으로 중독되는 비율이 무려 81.8%나 된다고 밝힌 바 있다.

그럼 스마트폰 중독의 원인을 살펴보자.

❶ 용이한 이동성

스마트폰은 언제 어디서나 즉시 온라인 접속이 가능하여 시간과 장소에 구애받지 않고 사용이 가능하다. 스마트폰의 대표적인 기능으로는 이동성, 위치 기반 서비스, 휴대성이라고 할 수 있는데 이러한 특성은 스마트폰이 기존 데스크톱 PC와 뚜렷이 구별되는 기능이다. 사용자가 시간적 · 공간적 제약 없이 무선인터넷에 접속하여 즉각적으로 정보를 획득하고, 애플리케이션을 활용하여 다양한 활동을 하는 데에는 스마트폰 이동성이 큰 기반이 된다.

❷ 사용자 편리성

사용자의 편리성은 기술을 이용할 때 노력을 들이지 않는 정도를 의미한다. 스마트폰의 다양한 애플리케이션이 기기 사용에 많은 편리함을 가져다주는 것과 같이 사용자가 시스템을 효과적으로 활용할 수 있도록 한 제품의 편리성은 구매를 선택하는 데 결정요인으로 작용한다. 많은 사람들은 SNS, 음악, 게임, 동영상, 위치 추적 등 자신에게 필요한 애플리케이션을 다운받아 생활의 편리함을 누리고 있다.

이렇게 스마트폰은 사용자 환경이 간편하고 애플리케이션 설치가 용이하며, 스마트폰 사용을 위한 교육을 별도로 받을 필요가 없기 때문에 일상생활에 쉽게 활용할 수 있게 되었다.

❸ 기능적 가치성

스마트폰은 기능적 가치와 사회적 가치, 감정 가치, 인식적 가치가 동시에 존재한다. 스마트폰을 소유한 그 자체가 사회적 관계로서의 가치를 창출하고 자신의 감정상태를 변화시키는 가치가 있다고 여기는데 이러한 요인이 스마트폰 중독에 영향을 미치는 것으로 알려져 있다. 또한, 스마트폰은 통화나 문자보다 메신저와 SNS를 통한 실시간 의사소통이 편리해, 좀 더 다양한 사람과의 네트워크 형성이 가능하고 대인관계에도 도움이 된다.

대부분의 사람들은 스마트폰을 통해 여가와 오락 기능을 적극적으로 활용한다. 스마트폰을 통해 자기를 표현하며, 타인과의 관계를 형성하거나 유지한다. 이렇게 스마트폰은 다른 사이버 기기와 달리 개인의 다양성 추구를 지원하면서 감성적인 측면을 전달하는 기능이 있어 쉽게 중독되는 특성이 있다.

4) 중독조사와 영향

군 복무 중인 병사에게는 그동안 부대 안에서 스마트폰 사용이 일절 허락되지 않았다. 그러나 2019년 후반기부터는 병사 개인에게 스마트폰 사용이 개방되어 평일에는 오후 6시부터 10시까지 사용이 가능하고, 휴일에는 오전 7시부터 오후 10시까지 사용할 수 있다. 이 같은 변화는 병사의 병영생활에 스마트폰이 긍정적으로 기여할 수 있는 반면, 다른 한편으로는 스마트폰 중독의 위험성이 더 커지고 있음을 시사한다.

(1) 스마트폰 중독조사

2015년 5월 13일부터 28일까지 육군에서 복무하는 간부 209명을 대상으로 스마트폰 중독조사가 이루어졌다(장성석, 2015). 조사대상자의 신분은 장교 143명, 부사관 66명으로 장교가 부사관보다 많았으며, 이 중 대위가 98명으로 가장 많았다. 성별은 남군 148명, 여군 61명이었으며, 나이는 20대가 128명(61.24%)으로 가장 높은 비율을 차지하였다.

조사결과 스마트폰 중독 수준은 고위험자 2명(0.96%), 잠재적 위험자 13명(6.22%), 일반 사용자 194명(92.82%)으로 나타났다. 이는 2014년 한국정보화진흥원에서 성인(20세~54세)을 대상으로 실시한 스마트폰 중독실태조사와 비슷하게 나온 결과다(한국정보화진흥원, 2014). 신분별로는 장교 중 고위험자가 2명, 잠재적 위험자가 9명, 일반 사용자 132명으로 조사되었다. 부사관은 고위험자가 없는 반면 잠재적 위험자 4명, 일반 사용자 62명으로 조사되어 장교가 부사관보다 스마트폰 중독 위험군 수준이 높게 나타났다.

성별로는 남군 고위험자 1명, 잠재적 위험자 7명, 일반 사용자 140명으로 분석되었고, 여군은 고위험자 1명, 잠재적 위험자 6명, 일반 사용자 54명으로 나타났다. 나이별로는 20대 고위험자 1명, 잠재적 위험자 8명, 일반 사용자 119명이었으며, 30대는 고위험자 1명, 잠재적 위험자 4명, 일반 사용자 67명으로 나타났다. 40대는 고위험자가 없는 반면 잠재적 위험자 1명, 일반 사용자 8명으로 조사되어 장교단 20~30대가 40대보다 스마트폰 중독 위험군 수준이 높게 나타났다.

이 같은 조사결과를 보면 군 간부만을 대상으로 한 스마트폰 중독조사였음에도 불구하고 중독 고위험자와 잠재적 위험자가 예상외로 많은 비중을 차지하고 있음을 알 수 있다. 부대 내에서 병사들에게 스마트폰 사용을 전면 개방할 경우 나타날 수 있는 스마트폰 중독 가능성은 간부들 대상으로 이루어진 조사결과보다 더 높은 수준으로 나타날 가능성이 있어 그에 대한 대비책 강구가 요구되고 있다.

(2) 중독이 군에 미치는 영향

부대 내 스마트폰 사용을 전면 개방할 경우 병사들은 습관적으로 스마트폰을 자꾸 들여다보거나 손에서 놓지 않을 것으로 예측된다. 부대 식당을 갈 때도 들고 가고, 심지어는 화장실에서도 스마트폰을 사용할 가능성이 크다. 이 같은 현상은 신세대 병사의 병영생활을 스마트폰이 지배하게 되리라는 것을 쉽게 짐작할 수 있다. 스마트폰 중독이 군에 미치는 영향을 살펴보면 다음과 같다.

❶ 군사정보 유출

군대는 철저한 보안을 강조하는 집단이다. 작전계획을 아무리 잘 수립해 놓았다 하더라도 그 작전계획이 적에게 노출된다면 전투에서 패할 가능성은 명확하다. 이렇게 병사들이 스마트폰을 사용하는 과정에서 우려되는 가장 큰 문제점은 군사정보 유출이다. 스마트폰의 다양한 기능을 이용하는 과정에서 군사정보가 대외로 유출될 가능성이 있고, 스마트폰을 해킹하는 불순세력에 중요한 군사정보가 유출되어 군사대비태세에 문제가 발생할 가능성이 있다.

만약, 적대세력에 의한 계획적인 해킹이 아니더라도 스마트폰에 저장되어 있는 정보들이 불순한 목적을 가진 자에게 탈취당해 이용될 수 있다. 스마트폰이 휴대용 PC 기능까지 할 수 있게 되면서 다양한 정보를 다량 보관할 수 있게 되었는데, 악성코드에 감염되면 이 같은 정보가 쉽게 유출이 가능하다.

❷ 복무부적응

스마트폰은 군 생활의 여가시간을 즐기고 누리게 해 주며, 전역 후 생활에 필요한 정보와 지식을 제공해 줌으로써 만족감을 높여 준다. 하지만 스마트폰의 지나친 사용은 중독으로 인한 복무부적응의 원인이 될 수 있다. 스마트폰을 이용하는 병사는 생활관에서는 물론 사무실에서도 틈만 나면 스마트폰을 이용할 수 있으며, 심지어는 동료와 이야기를 나누는 동안에도 스마트폰을 보면서 대화할 가능성이 있다. 이렇게 과도한 스마트폰 사용은 부대업무 수행에 지장을 주고 동료와의 대인관계에도 좋지 않은 영향을 줄 수 있다.

❸ 대인관계 갈등

병사 개인에게 스마트폰 지급이 허용되면 혼자 스마트폰을 사용하는 시간이 많아질 것이다. 축구와 같은 집단적인 활동은 피하게 되어 전투력 창출의 근본이 되는 단결력과 협동력이 낮아질 가능성도 있다. 또한, 동료 및 선·후임과의 관계도 소원해져 소소한 대인관계 갈등을 불러올 수 있으며, 공동체 정신과 희생정신이 약화될 수 있다. 특히, 군 생활을 함께하는 군 동료보다 스마트폰을 통해 새롭게 알게 된 군대 밖의 애인에게 더 관심을 가져 끈끈한 전우애가 손상될 우려도 예측된다.

❹ 성(性)적 문제

스마트폰에 중독되면 다양한 성 문제가 발생할 수 있다. 가상공간에서 일어나는 일을 종종 현실로 착각하여 성적 행동을 모방하는 사례가 발생할 수 있고, 잘못된 성의식이나 가치관으로 남군 동성 간 성폭력이 자행될 수 있다. 휴가 중이거나 외출 중에는 애인에게 데이트 폭력을 행사할 수 있으며, 스마트폰으로 음란물을 본 후 성적 충동을 이기지 못해 성범죄를 저지르는 사례도 나타날 수 있다.

❺ 불법 도박

스마트폰 사용이 전면 개방되면서 나타날 수 있는 또 다른 문제는 스마트폰을 활용한 불법 도박을 자행하는 일이다. 도박은 심각한 전염성이 있어 병사 개인의 군 복무와 생활관 분위기에 큰 악영향을 줄 수 있다. 따라서 불법 도박 사이트에 접속하는 것을 원천적으로 차단하고 「군형법」을 개정하여 처벌 규정을 강화하는 등 대책 마련이 시급하다.

4. 군 미디어 중독 상담전략

1) 인터넷 중독예방

군 입대 전 인터넷에 중독되었더라도 군 복무를 하는 동안에는 인터넷을 할 수 없어 자연스레 치료가 될 수 있다고 생각하는 것은 위험하다. 인터넷에 중독된 장병은 자신의 업무에 집중할 수 없을 뿐만 아니라 동료 관계에도 심각한 손상을 주는 등 부대 전투력에 미치는 영향이 매우 부정적이다. 인터넷 중독 위험성이 있는 장병에 대한 치료전략을 살펴보겠다.

(1) 자기지도능력 향상

인터넷 중독치료를 위해서는 무엇보다 군 입대 전과 입대 후의 인터넷 사용시간, 패턴을 파악하는 것이 중요하다. 인터넷을 과다하게 사용하여 나타났던 좋지 않은 일이 있다면 이를 모두 글로 적게 하고 등급을 부여한다. 그런 다음 인터넷이 중요한지 혹은 인터넷 때문에 하지 못한 일이 중요한지를 평가해 보도록 하고, 인터넷의 과다한 사용으로 잃어버린 것이 무엇인지 깊이 생각하도록 조력한다.

자신도 모르게 많은 시간 사용하던 인터넷이 자신의 삶에 부정적인 영향을 주고 있다고 판단하면 즉시 자신에게 비상사태를 선포하고, 인터넷 사용을 절제하는 자기지도능력을 향상시키는 방법을 숙달시켜 나간다.

(2) 온라인 접속시간 점검

인터넷을 사용하다 보면 시간왜곡 속성 때문에 자신이 생각한 것보다 훨씬 많은 시간 동안 사용하고 있다는 것을 뒤늦게 알게 된다. 그러므로 인터넷을 과다 사용하는 출퇴근이 자유로운 간부나 휴가를 가는 장병은 인터넷 사용시간을 통제할 필요가 있다. 개인별 컴퓨터 사용일지를 준비해서 하루 동안 인터넷 사용시간과 내용을 매일 기록하는 것이 효과적이다. 그런 다음 기록된 자료를 통해 어떤 부분에 얼마나 많은 시간을 사용하였는지 스스로 깨닫도록 한다.

인터넷 사용시간을 비교하고 좋아하는 용도에 따라 등급을 매기면 주로 사용하는 온라인은 어떤 종류인지 구체적으로 평가할 수 있다. 뿐만 아니라, 일상생활에서 부분별로 얼마나 많은 시간을 인터넷에 빼앗기고 있는지 파악할 수 있어 인터넷 사용에 대한 통제계획 실천이 가능하다(심윤기, 2016).

(3) 과다 사용 원인 규명

장병의 부대생활이 힘들거나 다른 전우와의 대인관계 갈등을 겪고 있는 등 스트레스와 우울을 느끼는 상태인데도 불구하고 자신이 부대 사이버 정보방에서 인터넷을 하고 있다면 스스로 그 원인을 찾아보게 할 필요가 있다. 예컨대, 외로움은 인터넷을 과다 사용하는 데 영향을 준다. 인터넷 사용이 정말로 자신에게 필요한 것인지 스스로 물어보고 기분 전환용 혹은 오락용으로 사용하는 것은 아닌지 스스로 인식할 필요가 있다. 아울러 스트레스를 풀기 위해 인터넷을 습관적으로 하는 것은 인터넷 중독의 일반적인 패턴이라는 것을 스스로 깨닫게 하는 것이 중요하다.

(4) 대안활동 모색

인터넷을 과다 사용하여 잠재적 중독 위험성이 있는 장병은 인터넷을 사용하지 않고 다른 유익한 대안행동을 모색하는 것이 중요하다. 예를 들어, 인터넷에 중독되기 이전에 했던 취미 생활을 다시 시작하거나 새롭게 하고 싶은 흥미 활동을 찾는 것이다. 이때 새로운 활동은 인터넷과 관련이 없어야 하며, 운동과 같은 주로 몸을 사용하는 활동적인 것이 좋다. 또한, 새로운 취미나 활동을 가까운 동료와 함께함으로써 이전에 인터넷에서 충족되었던 사회적 욕구를 동료와 함께 채울 수 있도록 한다.

2) 스마트폰 중독예방

군 장병이 입대 전 스마트폰에 유독 집착했던 데에는 그들 나름의 이유가 있다. 과도한 학습 부담과 진학 스트레스 때문에 여가나 취미 생활 그리고 친구관계나 놀이를 즐길 만한 여유가 없어서일 수 있다. 사실, 스마트폰을 통해 만들어지는 공간은 청소년뿐만 아니라 성인에게도 삶의 비상구로 느껴질 때가 있다. 그럼에도 불구하고 우리가 안심할 수 없는 것은 스마트폰 중독으로 나타나는 부정적인 영향이 크기 때문이다.

2019년 후반기부터는 군 병사도 부대 내에서 개인 스마트폰 사용이 가능하게 되었다. 일과시간까지 스마트폰 사용 권한이 주어지는 것은 아니지만 일과 이후에 사용하는 것만으로도 중독의 위험성은 충분하다. 군 장병이 스마트폰에 중독될 경우에는 군사정보 유출 위험성이 증대되고 복무부적응, 동료와의 대인관계 갈등, 성(性)적 문제, 불법 도박 등이 나타날 수 있는데 이에 대한 대처전략은 다음과 같다.

(1) 주기적인 중독진단

병사들에게 부대 내 스마트폰 사용이 허용됨에 따라 스마트폰 중독 여부에 대한 진단의 중요성이 한층 커지고 있다. 군 입대 전 병무청에서 실시하는 정신건강진단과 함께 스마트폰 중독 여부도 함께 진단될 필요가 있다. 병무청에서 스마트폰 중독 여부를 진단한 결과 위험군으로 판단되면 군 입대를 보류하고 완치된 뒤 재입대하도록 하는 새로운 제도가 마련되는 것이 합당하다.

군 입대 후에는 스마트폰 중독척도를 활용하여 중독 위험군을 주기적으로 검사하여 식별할 수 있어야 한다. 현재 육군은 인터넷 중독을 판별하기 위해 여러 가지 과학적 식별도구를 활용하여 검사를 하고 있으나 스마트폰 중독 여부에 대한 진단 프로그램은 아직까지 미흡한 상태다.

(2) 스마트폰 사용문화 조성

스마트폰 중독으로부터 장병을 보호하는 일은 건전하게 스마트폰을 사용하는 새로운 군대문화를 조성하는 일이다. 군 입대 전 스마트폰을 과다 사용하던 장병 중에는 외로움과 자신감 결여, 자존감 부족, 현실에서의 고통 등과 같은 심리적인 취약점을 지니고 있을 가능성이 크다. 군 입대 후 스마트폰 중독 증상이 재발될 위험성이 있는 것으로 진단되면 사단 힐링캠프나 군단 그린캠프에 입소 조치하여 전문적인 중독치료를 받도록 한다. 자대에서는 부대 전 장병을 대상으로 스마트폰 중독예방 집단 프로그램을 주기적으로 시행한다.

(3) 사용습관 교정

부대 내 스마트폰 사용이 허용됨에 따라 전 장병을 대상으로 스마트폰 사용습관을 파악하여 교정할 필요가 있다. 그 이유는 스마트폰 사용습관에 대한 자기조절 실패에서 중독이 비롯되는 경우가 많기 때문이다. 스마트폰 중독의 심각성을 일깨워 주는 교육 프로그램을 시행하고 전문가를 통한 중독치료 교육이 필요하다. 특히, 스마트폰 사용시간을 엄격히 통제하여 사용 규정을 철저히 지키도록 하는 것이 중요하다.

군 간부는 주로 퇴근한 후 숙소에서 스마트폰을 집중적으로 하는 경향이 있는데, 잠을 잘 시간을 훨씬 지나서까지 스마트폰을 사용하는 간부라면 사용시간을 스스로 정하고 이를 엄격히 지키는 습관을 만들어야 한다.

(4) 사용 패턴 자기분석

개인별 하루 동안 혹은 일주일 동안 스마트폰을 사용하는 패턴이 분석되어야 한다. 스마트폰 사용의 주된 내용은 무엇인가? 스마트폰 사용시간은 얼마나 되는가? 일주일 중 온라인과 접속해서 무엇을 하는가? 특정 사이트에는 얼마나 오랫동안 머물러 있는가? 스마트폰 사용이 나의 군 생활 전체를 장악한 것은 아닌가? 등의 질문을 통해 스마트폰 사용 패턴을 바르게 교정할 수 있어야 한다.

(5) 취미활동 개발

스마트폰을 사용하는 것과 같은 재미있는 일을 스스로 만들도록 하는 것이 필요하다. 오프라인에서의 삶이 재미있을수록 그만큼 사이버 공간에 대한 욕구는 줄어들게 된다. 그러므로 군 생활 동안 즐길 수 있는 재미있는 일을 다양하게 만드는 것은 스마트폰 중독치료뿐만 아니라 중독예방을 위해서도 필요하다. 군 생활 동안 자기발전을 위한 의미 있고 가치 있는 일이 무엇인지 찾아 시행하는 것도 권장되어야 하는데, 검정고시 준비, 자격증 취득 준비, 진로 준비, 운동 등이 그 예라고 할 수 있다.

PART 2

군 위기상담 프로그램

CHAPTER 1

자살예방 프로그램

군 장병은 조직의 특수성으로 개인의 자유를 제한받으며 생활한다. 일반 사회조직에 비해 상대적으로 엄격하고 위계적인 분위기 때문에 적응하지 못하고 자살을 시도하는 장병이 발생하기도 한다. 장병의 자살은 자살을 시도하는 장병 개인과 그 가족에게만 영향을 미치는 것으로 끝나지 않는다. 자살장병이 소속된 부대는 순식간에 사기가 저하되고 군기가 약화되며, 각종 안전사고가 발생하는 등 부정적인 파급효과가 크게 나타나 전투력이 약화된다. 군 장병이 자살하는 이유는 대체로 부대 환경의 영향으로 발생하지만 부대 외적인 요인과 가정적인 요인도 영향을 미친다. 병사 자살보호요인에는 자아존중감을 포함하여 사회적 지지, 관계적 지지 등 여러 요인들이 다루어진다. 특히, 자신을 의미 있는 존재로 생각하도록 돕는 것이 중요하며, 원만한 대인관계능력과 긍정적인 정서를 유지하는 노력을 강조한다.

[프로그램의 회기별 내용]

구분	중점	세부내용
1회기	프로그램 소개 및 친해지기	• 프로그램의 목적 소개 • 3분 데이트 • 내 마음의 앨범
2회기	'나'를 아십니까?	• 나의 인생 곡선 그려 보기 • 고민쪽지 나누기
3회기	생각의 틀 바꾸기	• 위기상황 대처 연습하기 • 위기상황 대처 적용하기
4회기	원인은 스트레스!	• 나의 스트레스 유형은? • 나만의 스트레스 대처방법 소개하기
5회기	세상에서 가장 소중한 나	• 나의 희망 그리기 • 빈방 채우기

[1회기: 프로그램 소개 및 친해지기]

목표	• 집단에 참여한 장병들 간의 유대감을 형성한다. • 집단 분위기를 안정되고 편안하게 조성한다.

활동과정	진행내용	소요시간	준비물
도입	• 집단 리더를 소개한다. • 서약서를 작성하고 프로그램을 설명한다.	10분	워크북 ☞ 1-①
전개	• **별칭 짓기** – 집단상담 프로그램에 참여하면서 어떤 별칭으로 불리고 싶은지 스스로 정한다. • **함께 지킬 약속 정하기** – 집단에 대한 기대 나누기 – 프로그램을 진행하는 동안 지켜야 할 규정 정하기	25분	펜
	• **내 마음의 앨범** – 워크북(1-②)을 채운다. – 내가 좋아하는 사람, 나에게 가장 소중한 물건, 내가 가장 빛났을 때 혹은 기뻤을 때, 잊고 싶은 기억을 글로 써도 좋고, 그림으로 그려도 좋다고 설명한다. • **3분 데이트** – 2인 1조가 되어 3분간 서로에게 다음과 같은 질문을 하며, 따뜻한 분위기를 조성한다. Q1. 당신의 별칭과 그 의미는 무엇인가요? Q2. 취미나 성격, 버릇은 무엇인가요? Q3. 내 마음의 앨범 내용은 무엇인가요? Q4. 기타 질문사항 • **나의 파트너 소개하기** – 다른 집단원에게 나의 파트너를 소개한다.	40분	워크북 ☞ 1-②
마무리	• 오늘 프로그램에 대한 나의 감정 나누기 • 다음 회기 프로그램 설명	15분	

☞ 워크북 I-① 서약서 작성하기

생 명 존 중 서 약 서

우리의 만남은 자살예방 집단상담 프로그램을 통하여 새로운 변화와 발전을 목표로 만들어진 모임입니다. 우리는 이곳에서 '나와 타인'을 깊이 있게 이해할 수 있는 보다 편안해진 자기 자신과 전우들의 모습을 보게 될 것입니다. 프로그램을 진행하면서 여러 가지 감정을 느낄 수 있습니다. 우리는 이 만남을 통하여 성숙해져 갈 수 있으며, 나의 생명을 소중하게 생각하고 존중할 것입니다.

1. 나는 나의 생명을 소중히 여기며, 스스로 나의 생명을 해치는 일은 삼가겠습니다.
2. 나는 나의 생명을 해치는 일에 대한 생각이 구체적으로 떠오르거나 위급한 상황이 닥쳤을 때 상담자 혹은 ________________에게 도움을 청하겠습니다.
3. 나는 나의 부정적인 생각을 제어할 수 없을 시에는
   주간: ________________
   야간: ________________에게 연락을 취해 스스로를 지키겠습니다.
4. 여기서 나눈 이야기는 절대로 밖에서 말하지 않겠습니다.

위의 내용을 모두 읽었으며, 위의 내용에 동의합니다.

년 월 일

이름: ____________ 서명: ____________

※ 자살충동 발생 시의 응급위기상담 연락처
생명의 전화: 1588-9191 / 사이버상담: www.lifeline.or.kr

☞ 워크북 I-② 내 마음의 앨범

내가 가장 좋아하는 사람

나에게 가장 소중한 물건

내가 가장 기뻤을 때

이것만은 꼭 잊고 싶다!

[2회기: '나'를 아십니까?]

목표	• 나에 대해 깊이 있게 알아보고 생각한다. • 나의 강점과 약점을 통해 '나'에 대해 깊게 생각한다.

<table>
<tr><th>활동과정</th><th colspan="2">진행내용</th><th>소요시간</th><th>준비물</th></tr>
<tr><td>도입</td><td colspan="2">• 과제로 부여한 감사한 것을 돌아가면서 발표한다.
• 프로그램에 대해 설명한다.</td><td>10분</td><td></td></tr>
<tr><td rowspan="3">전개</td><td colspan="2">• 색종이 게임
– 서로 다른 색의 색종이 5장을 나누어 준다.
– 돌아다니면서 가위바위보를 한 후 이긴 사람은 자신이 필요한 색종이를 가져오고 자신의 색종이를 상대방에게 한 장 준다.
– 5장의 색종이가 같은 색이 되면 이긴다.</td><td>15분</td><td>색종이</td></tr>
<tr><td>개인 활동</td><td>• 나의 인생 곡선
– 내가 살아온 인생을 곡선으로 표현한다.
– 의미 있는 사건을 표시하여 기입한다.
– 자신의 인생 곡선을 발표한다.</td><td>25분</td><td>워크북
☞ 2–①</td></tr>
<tr><td>단체 활동</td><td>• 고민쪽지 나누기
– 각자의 고민을 쪽지에 적는다.
– 집단원끼리 하나씩 뽑아서 같이 해결해 나갈 수 있는 방식을 취한다. (타인의 고민을 가볍게 여기지 않도록 주의)</td><td>25분</td><td>워크북
☞ 2–②</td></tr>
<tr><td>과제부여</td><td colspan="4">• 하루에 3가지씩 감사한 일을 적어 본다.</td></tr>
<tr><td>마무리</td><td colspan="2">• 회기를 마친 후 느낌을 이야기한다.</td><td>15분</td><td></td></tr>
</table>

☞ 워크북 2-① 나의 인생 곡선

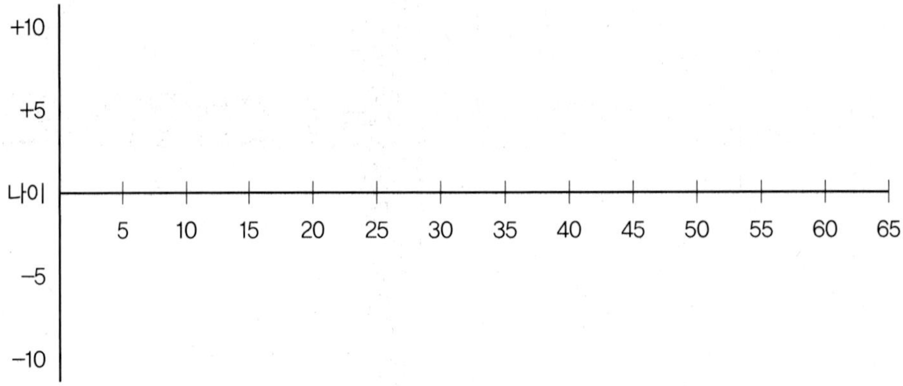

☞ 워크북 2-② 고민쪽지

나의 고민은 ________________이다.

왜냐하면,

____
____
____
____
____
____
____

나의 고민은 ________________이다.

왜냐하면,

____
____
____
____
____
____
____

[3회기: 생각의 틀 바꾸기]

목표	• Eills의 ABCDE이론을 이해한다. • ABCDE를 연습하고 적용하여 부정적인 나의 생각을 바꾸는 연습을 한다.

활동과정	진행내용	소요시간	준비물
도입	• 과제로 부여한 감사한 것을 돌아가면서 발표한다. • 이번 회기 프로그램에 대해 소개한다.	10분	
전개	• **질문 피구** 60초 동안 공을 던지면서 서로에게 질문을 하는 게임 – 게임 시작 전 벌칙을 정하고, 타인에게 물어볼 질문에 대해 생각한다. – 게임이 시작되면 질문을 하면서 질문 상대에게 탱탱볼을 전달한다. – 마지막 볼을 가진 집단원이 벌칙을 수행한다. ※ 모든 집단원이 하나 이상의 질문과 답을 하도록 한다. ※ 탱탱볼을 너무 세게 던지지 않도록 주의한다.	15분	탱탱볼
	• ABCDE이론에 대해 이야기한다.	15분	워크북 ☞ 3–①
	• 위기상황 대처 연습하기 • 위기상황에서 나도 모르게 나오는 생각, 기분, 행동에 대해 이야기 나눈다.	20분	워크북 ☞ 3–②
	• **위기상황 대처 적용하기** – 상황을 제시하고 생각, 기분, 행동을 바꾸는 연습을 한다.	15분	워크북 ☞ 3–③
과제부여	• 스트레스 상황에서 나의 생각, 기분, 행동을 느껴 보기		
마무리	• 오늘 프로그램에 대한 느낌 나누기 • 다음 회기 프로그램 설명	15분	

☞ 워크북 3-① ABCDE이론 배워 보기

여러분이 일상생활에서 흔히 경험하는 불안은 그러한 기분을 일으키는 한 사실 그 자체보다는 그 사실에 대한 여러분 개개인이 가지고 있는 비합리적 생각의 결과인 경우가 많습니다.

Ellis는 자신이 경험하는 정서적 혼란은 객관적 사실보다는 그 사실에 대한 생각, 그중에서도 비합리적인 생각 때문이라고 주장하면서 ABCDE이론을 제시하였습니다.

- A(Activating event: 사실, 선행적 사건)
  : 일상생활에서 경험하게 되는 어떤 사실을 의미합니다. 즉, A는 자신의 행동 또는 그와 관련된 다른 사람의 행동 그 자체를 의미하게 되는 것이죠.

- B(Belief: 신념)
  : A에 대한 자신의 생각 또는 신념입니다. B에는 합리적인 생각과 비합리적인 생각이 있습니다. 합리적인 생각이란 그 목표가 어떤 것이든 그것을 달성하는 데 도움을 주는 생각을 의미하고, 비합리적인 생각은 그 목표를 달성하는 데 방해가 되는 생각을 의미합니다.

- C(Consequence: 결과)
  : 사실, 즉 A의 결과로 정서적 결과와 행동적 결과로 나타납니다. 사실에 대해 합리적 생각을 하는 사람은 적절한 정서적 결과와 적절한 행동적 결과를 경험하게 되지만, 비합리적 생각을 하는 사람은 부적절한 정서적 결과와 더불어 부적절한 행동적 결과를 경험하게 됩니다. 비합리적 생각은 자기와의 대화, 자기언어화, 자기진술 등에 의해 더욱 내면화, 신념화되어집니다.

- D(Disputing: 논박)
  : 바람직하지 못한 정서에서 벗어나고 바람직하지 못한 행동을 하지 않도록 하기 위해 비합리적인 생각이 타당하지 못하다는 점을 밝히는 것입니다.

- E(Effects: 효과)
  : 논박의 효과를 말합니다. 논박을 하게 되면 먼저 비합리적 생각이 합리적으로 바뀌는 인지적 효과가 나타납니다. 그렇게 되면 비합리적 생각 때문에 생긴 바람직하지 못한 정서가 바람직한 정서로 바뀌는 정서적 효과가 나타나고, 바람직하지 못한 행동이 바람직한 행동으로 바뀌는 행동적 효과가 나타납니다.

☞ 워크북 3-② 위기상황 대처 연습하기

가장 기억에 남는 불안하거나 화가 난 상황에 대해서 자세하게 적어 보세요.

- 언제?
- 어디서?
- 왜?
- 무엇이?
- 그때의 기분은?
- 그래서 나는 어떻게 했나요?

☞ 워크북 3-③ 위기상황 대처 적용하기

A(선행사건)		B(신념)	
전	후	전	후

C(결과)		D(논박)	
전	후	전	후

E (효과)			
행동적 효과		정서적 효과	
전	후	전	후

[4회기: 원인은 스트레스!]

목표	• 나의 스트레스 유형을 이해한다. • 나만의 스트레스 대처방법을 이해하고 실천한다.

활동과정	진행내용	소요시간	준비물
도입	• 지난주 과제에 대해 이야기를 나눈다. • 프로그램에 대한 소개를 한다.	10분	
전개	• 스트레스 증상의 정도를 측정한다.	10분	워크북 ☞ 4-①
	• 스트레스에 대해 설명한다.	10분	워크북 ☞ 4-②
	• **스트레스 유형 알아보기** – 나의 스트레스 유형에 따라 그룹별로 나누어 대화를 나눈다. Q1. 나와 비슷한가? Q2. 나와 다른 점은 무엇인가? Q3. 우리 유형의 공통점이 있다면? Q4. 우리 유형의 스트레스 해소법이 있다면? – 그룹별로 이야기를 나눈 후 전체적으로 이야기를 나눈다. – 자신만의 기발한 스트레스 대처방법에 대해서도 나눈다.	40분	워크북 ☞ 4-③
과제부여	• 매일 감사한 일 3가지 이상에 대해 일기를 써 본다.	5분	
마무리	• 프로그램에 대한 평가와 마무리를 한다.	15분	

☞ 워크북 4-① 나의 스트레스 수준검사

	문항	해당 여부
1	재미있는 일이 있어도 즐길 수 없다.	
2	커피, 담배, 술 등을 찾는 일이 늘어나고 있다.	
3	쓸데없는 일에 마음이 자꾸 끌린다.	
4	매사에 집중할 수 없는 일이 자주 생긴다.	
5	아찔할 때가 많다.	
6	타인의 행복을 부럽게 느낀다.	
7	기다리게 하는 것을 참지 못할 때가 있다.	
8	금방 욱하거나 신경질적이 된다.	
9	잠이 깊이 들지 않고 중간에 깬다.	
10	때때로 머리가 아플 때도 있다.	
11	잠들기 어렵다.	
12	식욕에 변화가 있다.	
13	과거에 비해 자신감이 떨어진다.	
14	등과 목덜미가 아프거나 쑤실 때가 있다.	
15	쉽게 피로해지고 늘 피곤함을 느낀다.	
16	다른 사람이 내 말을 하지 않을까 두렵다.	
17	사소한 일에도 가슴이 두근두근거린다.	
18	나쁜 일이 생기지 않을까 불안하다.	
19	다른 사람에게 의지하고 싶은 마음이 강해진다.	
20	나는 이제 틀렸다는 생각이 든다.	
	해당 항목 수	

- 5개 이하: 아무 의욕도, 느낌도 가질 수 없는 상태로 이 또한 주의를 요하는 단계
- 6개 근접: 주의를 요하는 단계
- 7개 이상: 적극적인 관리가 요구되는 단계
- 16개 이상: 전문가에 의한 상세한 진단과 도움이 필요한 단계

☞ 워크북 4-② 스트레스란?

스트레스의 3D

모든 생명체는 스트레스 반응을 한다. 사람 역시 심박 수와 호흡의 증가, 불안과 분노, 공격적 행동 같은 온갖 스트레스 반응을 한다. 이처럼 스트레스를 받을 때 일어나는 몸, 마음, 행동상의 변화들은 태어난 후의 경험과 학습을 통해 얻어진 것이 아니라 진화와 유전의 결과물이다. 현대를 사는 우리는 스트레스가 가진 긍정적 측면보다는 건강과 행복에 악영향을 미치는 부정적 측면만이 인식되고 있다.

왜 그럴까? 대개가 심리적 원인에서 촉발되는 현대의 스트레스는 과거와 같은 생존반응이 거의 불필요한데도, 여전히 원시시대와 같은 스트레스 반응이 유발되어 몸과 마음을 소모시키고 질병을 야기한다.

현대의 스트레스 원인을 '스트레스의 3D'로 표현한다. 더럽고(Dirty), 위험하고(Dangerous), 어려운(Difficult) 일들도 물론 스트레스지만, 그 3D가 아니라 불쾌감을 느끼는 상태(Discomfort), 마음을 산란시키는 자극(Distraction), 판단과 결정을 해야 하는 압박(Decision making)이 그것이다.

스트레스를 왜 알아야 하나?

모든 병의 80%가 스트레스에서 기인한다. 스트레스가 건강하지 못한 생활습관을 불러온다. 담배, 폭식과 같은 생활습관에서 오는 질환이 선진국 조기사망 원인 70~80%를 차지하는데, 이러한 생활습관의 주된 원인은 스트레스다. 스트레스는 직접적인 생리적 변화를 유도하는 것 이외에도 흡연, 음주, 약물남용, 위험한 행위 등을 유발해서 건강을 위협하기도 한다.

스트레스가 없으면 행복해질까?

"백수가 과로사한다."라는 말을 들어본 적 있는가? 인간은 자극이 없으면 자극을 만들어서라도 삶을 느끼고 싶어 한다. 창조적인 활동, 의욕을 불러일으키는 도전에 동반되는 스트레스는 좋은 스트레스(유스트레스: eustress)다. 이처럼 짜릿한 전율을 느끼게 하는 자극들도 스트레스 반응을 일으키기는 하지만, 이러한 스트레스들은 결과적으로 생체에 해로움보다는 유익함을 가져온다. 좋은 스트레스와 나쁜 스트레스를 구별할 수 있을까?

딱 잘라 이야기할 수는 없지만 출산, 결혼, 취업, 승진, 스포츠 경기 등은 일반적으로 좋은 스트레스로 작용한다. 유스트레스는 심신의 능력을 증가시키고 성장과 발전의 원동력이 된다.

☞ 워크북 4-③ 나의 스트레스 유형

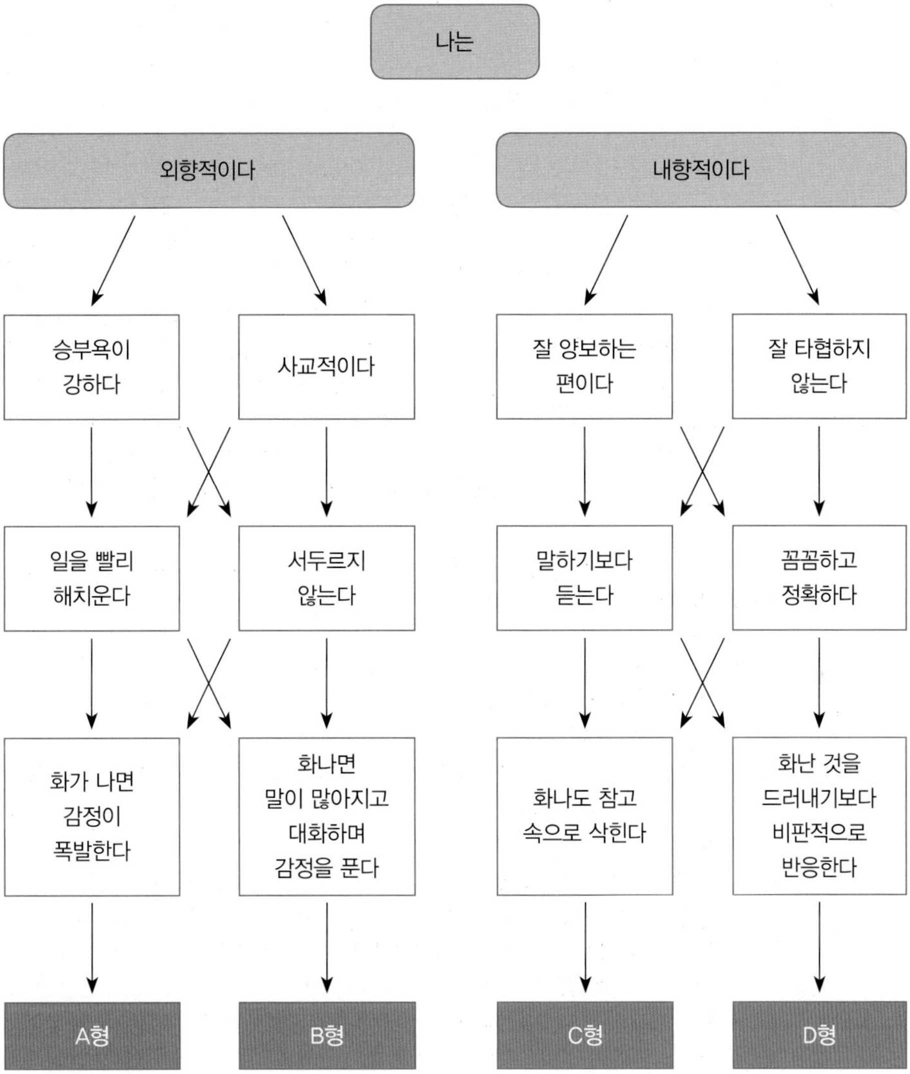

행동유형	내용
A형	과도한 경쟁심, 성취욕, 공격성, 조급성, 적개심 등이 주된 특징이다. 항상 바쁘고 분주하게 움직이며, 사소한 일에도 경쟁심을 일으켜 남보다 더 빨리 해내려고 분투한다. 말투가 빠르고 강하며, 지시적이고 단정적이다. 이야기를 들어 주는 것보다 말하는 것을 더 선호한다. 따라서 자신에게 통제권이 없거나 자신이 상대방보다 열등하다고 느껴지고, 목적 달성이 안 될 경우에는 불같이 화를 낸다. 화를 내고 나면 기분이 풀려 얼어붙은 분위기를 바꾸려고 한다. A형 행동유형은 호르몬 분비의 기복이 심하므로 심혈관계질환이 타 유형보다 많이 발생한다. 이 유형과 친하게 지내고 싶다면 세세한 지도나 관심을 주기보다는 의사결정권을 주고 알아서 하도록 하는 것이 좋다. 또한, 의견에 반하는 상황과 마주했을 시, 어느 정도 양보하는 것이 좋다.
B형	서두르지 않고 사람 만나는 것을 즐겨 하고, 일을 하면서 심리적 만족과 즐거움을 추구한다. 마음을 터놓을 수 있는 사람도 많아 스트레스 관리 차원에서 가장 유리하다고 생각되나, 때론 이러한 모습이 타인의 눈에 좋지 않게 보일 때가 있다. B형 행동유형은 집단 내 적대적인 분위기나 자신이 관심과 사랑을 못 받는 환경, 반복적이고 꼼꼼한 작업, 시간제한이 엄격한 일, 사람들과의 접촉이 적고 고립된 환경 등에서 스트레스를 받는다. 낙천적이고 매사를 긍정적으로 해석하기에 문제의 심각성을 깨닫지 못하여 일을 크게 만들 때도 있다.
C형	자신의 의견을 내세우지 않고, 다른 사람의 의견에 잘 동조하며 협조하여 인간관계에서 갈등을 만들지 않는다. 그러나 존재감이 없고 나약해 보여서 손해를 보거나 무시를 당하는 일이 발생한다. C형 행동유형을 가진 사람은 스트레스를 받으면 더욱 위축되고 표현이 적어진다. 감정을 억누르고 표현하지 않고, 스트레스를 속에 쌓아 두어 화병에 걸리기 쉽다. 문제가 있는 상황을 적극적으로 개선하기보다는 나서지 않기 때문에 만성적인 상황으로 몰리는 경우가 잦다. 그래서 이러한 행동유형을 지닌 사람은 예측 불가의 상황과 임기응변이 필요한 일에서 스트레스를 많이 받는다. 이들은 조용한 환경에서 스스로 안정을 찾는 것을 통해 스트레스 해소가 가능하다. C형 행동유형인 사람은 끈기, 성실함, 우직함이 장점이다.
D형	이들은 늘 생각이 많고, 머릿속에 곧 일어날 일들에 대한 생각으로 쉴 틈이 없다. 무슨 일이든 결과가 자기의 목표나 기준에 미치지 못하면 스트레스를 받으며, 자의식이 강하고 완벽주의이며, 강박적인 성향이 높다. 타인의 이목과 평가에 예민하다. 그래서 작은 실수나 실패에도 자책하여 열등감에 빠진다. 이들은 자기와 무관한 주변 사람들의 언행을 자신과 관련된 것으로 생각하는 관계 사고를 겪기도 한다. D형은 남이 간섭하거나 통제하려는 상황에서 스트레스를 받고, 사생활이 침해되는 상황을 싫어한다. 일의 성과나 진행 속도가 원하는 대로 진행되지 않으면 화가 부글부글 끓으나, 냉소적으로 반응한다. D형 행동유형을 가진 사람은 혼자 조용히 생각할 시간을 가지고, 상황을 머릿속으로 정리하여 개인적인 해결책이 내려지면 감정이 가라앉는다.

[5회기: 세상에서 가장 소중한 나]

목표	• 나의 변화된 모습을 찾는다. • 나의 소중함을 알아본다.

활동과정	진행내용	소요시간	준비물
도입	• 과제로 부여한 감사한 것을 돌아가면서 발표한다. • 프로그램을 소개한다.	10분	
전개	• **얼굴 그리기** – 2인 1조로 활동한다. – 가위바위보를 하여 이긴 사람이 화가가 되고, 진 사람이 모델이 된다. – OHP필름을 끼운 투명보드판을 들고 매직으로 화가가 모델의 얼굴을 그린다. – 역할을 바꾸어서 진행한다. ※ 투명보드판을 모델이 자신의 얼굴 앞에 대고 있으면 화가는 얼굴을 따라 그려 주는 방식으로 한다.	20분	OHP필름 투명보드판 매직
	• **나의 희망 그리기** – 앞으로 내가 기대하는 나의 20대부터 70대까지를 적어 본다. – 아주 사소한 것부터 아주 큰 것까지 다양하게 적어 본다. – 집단원들과 이야기를 나누어 본다. • **빈방 채우기** – 각 집단원들에게 필요한 물건을 방에 채워 준다. – 롤링페이퍼 형식이며, 그 집단원에게 꼭 필요한 것을 선물한다. – 자신의 방에서 가장 마음에 드는 선물을 뽑아 이야기를 나눈다.	40분	워크북 ☞5–① ☞5–②
과제부여	• 꿈과 희망 목록을 달성하기 위해 실천한다.		
마무리	• 소감을 나누고 마지막 회기를 마무리한다.	10분	

☞ 워크북 5-① 나의 희망 그리기

앞으로 내가 기대하는 나의 희망 적어 보기	
20대	
30대	
40대	
50대	
60대	
70대	

☞ 워크북 5-② 빈방 채우기

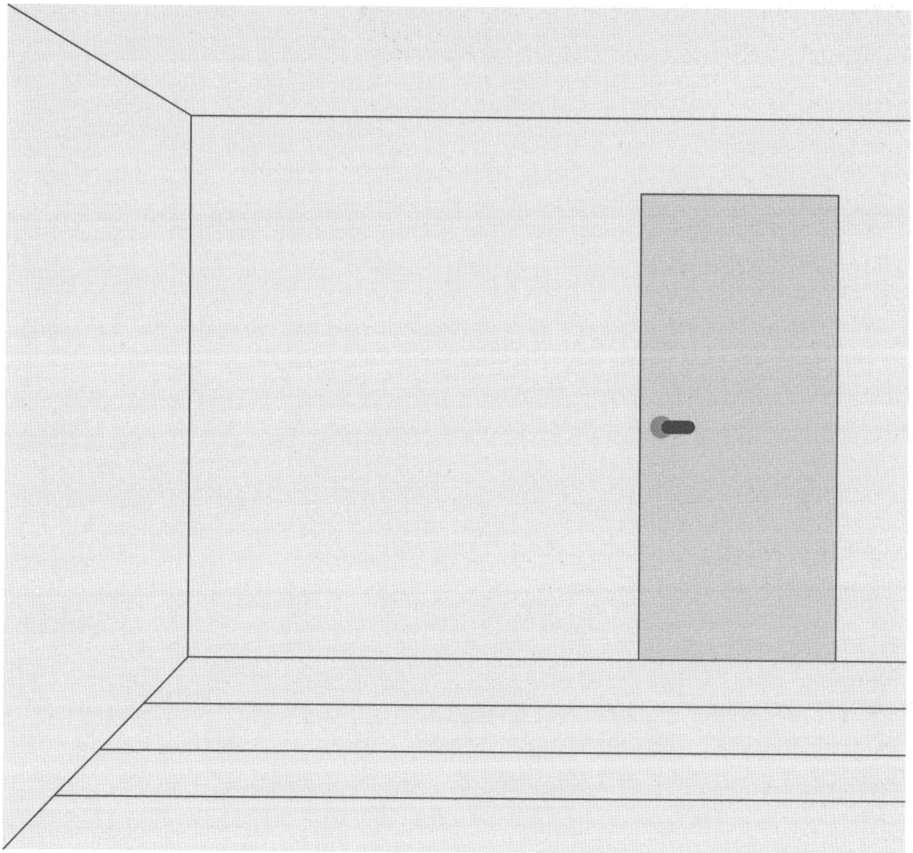

CHAPTER 2

성폭력 예방 프로그램

우리 사회에서 발생하는 성폭력 범죄는 과거와 비교해 볼 때 급격히 증가하고 있는 추세다. 엄격한 위계와 규율로 통제되는 군(軍)에서조차 성(性)과 관련된 범죄가 꾸준히 증가하여, 한 해 평균 200여 건에 이르고 있다. 장교와 부사관, 군무원, 병사, 사관생도에 이르기까지 어느 특정한 신분을 가릴 것 없이 모든 계층에서 발생하고 있다는 점에서 심각성이 있다. 군 장병들의 성 군기 위반사고는 대군 불신을 초래하고, 군 성문화를 왜곡시킬 뿐만 아니라 군의 사기를 떨어뜨려 중하게 다룰 필요가 있다. 우리 주위에 성폭력 피해자가 있다면? '누군가 도와주겠지.'라고 방관하는 사이 성폭력 피해자는 점점 더 고립되고, 급기야는 극단적 선택에 이를 수 있다.

본 프로그램은 서울시(2016)의 성폭력 예방교육과 군인 대상 성희롱 예방교육(한국양성평등교육진흥원, 2016)을 참고하여 군 상황에 맞게 재구성하였다.

[프로그램의 회기별 내용]

구분	중점	세부내용
1회기	즐거운 만남	• 프로그램 소개하기 • 자기소개하기
2회기	성희롱에 대한 개념	• 성희롱, 성폭력, 성적 자기결정권 등의 개념 이해 • 군에서 발생한 사례를 통해 자신의 생각 정리
3회기	성폭력의 주변인 역할	• 주변인의 역할에 대해 고민 • 군에서 발생한 사례를 통해 문제해결능력 증진
4회기	액션 플랜 세우기	• 성 평등문화 확산을 위한 액션 플랜 • 성희롱 피해자가 되지 않기 위해 해야 할 행동
5회기	미래를 향하여	• 친밀함이 형성된 관계에서의 성폭력 • 사랑에 대한 자기 생각 알아보기 • 나의 변화된 모습 찾기

[1회기: 즐거운 만남]

목표	• 프로그램 구조화와 집단 분위기를 안정되게 조성한다. • 집단에 참여한 장병 상호 간 유대감을 형성한다.

활동과정	진행내용	소요시간	준비물
도입	• 인사 및 소개 • 함께 지킬 약속 정하기 – 집단에 대한 기대 나누기 – 프로그램을 진행하는 동안 지켜야 할 규정 알려 주기	10분	워크북 ☞ 1–①
전개	• 주의 집중 게임하기  “여러분, 지금 화면에 보이는 그림에서 스마일이 몇 개인지 한번 찾아보세요. 다 찾았나요? 몇 개인가요? 스마일 표정을 일일이 찾아서 개수를 세어 보신 분? 네. 수고하셨습니다. 또 다른 방법으로 찾으신 분? 네. 찡그린 표정 4개를 세어서 전체 개수에서 빼면 되겠죠. 이렇듯 우리 군 생활도 웃는 얼굴만 찾을 게 아니라 찡그린 얼굴을 찾아서 찡그리지 않고 웃는 얼굴로 군 생활을 할 수 있게 하면 모두 다 즐겁게 군 생활을 할 수 있겠죠?”	5분	
	• 별칭을 작성하고 소개하기 – 워크북을 활용하여 자신을 직접 소개해도 좋고, 자기 짝을 집단원에게 소개하는 형식도 무방하다.	20분	워크북 ☞ 1–②
	• ‘누가누가 빨리 말하나’ 게임 – ‘성(性)’이라고 하면 떠오르는 단어들을 이어가며 이야기하는 게임으로, 팀을 나눠서 정해진 시간 10초 동안 이야기한다. 많이 말하는 조가 이긴다.	5분	
마무리	• 오늘 프로그램에 대한 짧은 소감 나누기	10분	

☞ 워크북 I-① 서약서 작성하기

서 약 서

우리의 만남은 성희롱 예방 집단상담 프로그램을 통하여 새로운 변화와 발전을 목표로 만들어진 모임입니다. 우리는 이곳에서 한층 더 당당해지고 멋있어진 자신의 모습과 전우들의 모습을 보게 될 것입니다. 자신과 전우들의 모습을 알아가면서 기쁠 수도 있겠지만 때로는 전우에게 실망하고 화가 나는 일도 생길 수 있습니다. 그러나 이 모임을 통해 더 나은 자신의 모습과 새로운 가능성을 만나게 될 것입니다. 보람 있고 즐거운 만남이 되기 위해 서로를 존중하는 우리의 약속을 정해 봅시다.

1. 내 마음에 있는 생각이나 느낌을 솔직하게 표현한다.
2. 전우들이 하는 말을 비판이나 편견 없이 있는 그대로 듣는다.
3. 여기서 나눈 이야기는 절대로 밖에서 말하지 않는다.
4. 전우가 이야기할 때에는 끼어들거나 방해하지 않고 잘 듣는다.
5. 집단 모임 시간을 잘 지키고 성실히 집단활동에 참여한다.

년 월 일

이름: ____________ 서명: ____________

☞ 워크북 I-② 나를 표현하기

부대에서 나는 어떤 존재인지 생각해 보고, 자신을 무엇으로 상징할 수 있는지 정의한다. 그리고 그 이유를 설명해 봄으로써 친밀감을 높인다.

- 나의 별칭은? 왜?
- 나를 한 단어로 표현하면?
- 내가 태어났을 때 어땠어?
- '성' 하면 떠오르는 느낌은?
- 남자(여자)로 사는 것은?

____

일이다.

[2회기: 성희롱에 대한 개념]

목표	• 성희롱의 개념, 성적 자기결정권 등을 이해한다. • 실제 군에서 발생한 사례를 통해 자신의 생각을 정리해 본다.

활동과정	진행내용	소요시간	준비물
도입	• 성폭력, 성희롱, 권력, 성적 자기결정권의 개념에 대해 설명한다. • 학습목표를 확인한다. (교육의 초점은 무엇을 알게 되었는가가 아니라 알고 있는 것으로 무엇을 할 수 있느냐에 목표를 둔다.)	10분	워크북 ☞ 2-①
전개	• **사례 토의** – 상황 글을 읽고 자신이라면 어떻게 할 수 있을지 생각을 정리해 본다. (유사한 사례 글을 현장에서 이야기해도 됨)	10분	워크북 ☞ 2-②
	• **영상 보기** ▶ 태어날 예정의 딸이 아빠에게 바라는 메시지(https://www.facebook.com/100006348691020/posts/1697777727110501?s=100006348691020&v=i&sfns=mo) • **영상을 보고 난 후 느낀 점 발표하기** – 성폭력, 성희롱을 하면 남자를 잠재적 범죄자로 취급하는 듯한 느낌이 있다. 사회문화적인 측면에서 나의 의도에 상관없이 농담으로 치부대고 넘어갔던 것들에 대해 생각해 볼 기회를 갖는다. 국방의 의무를 다하는 군인들이 성희롱 예방교육을 통해 더 나은 미래를 바라볼 수 있도록 한다.	20분	영상
마무리	• 회기를 마친 후 느낌을 이야기한다.	10분	

☞ 워크북 2-① 성폭력, 성희롱의 개념 바로 알기

• 성폭력이란?

권력이나 힘의 차이를 이용하여 동의 없이 상대방의 성적 자기결정권을 침해하는 신체적·언어적·정신적 폭력, 음란전화나 문자 메일 등 통신 매체 또는 카메라를 이용한 행위, 성기노출이나 성희롱 등 신체접촉 없이 행해지는 성적 행위, 성추행 강간미수 등을 포함한다.

• 성희롱이란?

〈국방부 부대관리 훈령〉

- 상급자, 동료, 하급자 등이 상대방에게 지위를 이용하여 업무에 관련하여 행하는 성적 행위(육체적·언어적·시각적 행위)로 상대방에게 성적 굴욕감, 혐오감을 유발하는 행위
- 군기 위반행위에 대한 불응, 성별 차이의 이유로 근무평가, 근무조건, 복지 등에서 불이익과 불공정한 환경 조성 행위
- 성희롱 행위자에 동조, 피해자에게 협박이나 강압 등을 가하여 피하자의 신고 등 권리행사를 방해하는 행위

〈양성평등기본법〉

- 지위를 이용하거나 업무 등과 관련하여 성적 언동 또는 성적 요구 등으로 상대방에게 성적 굴욕감이나 혐오감을 느끼게 하는 행위
- 상대방이 성적언동 또는 요구에 대한 불응을 이유로 불이익을 주거나 그에 따르는 것을 조건으로 이익공여의 의사표시를 하는 행위

• 성적 자기결정권

자율적으로 자신의 성적 행동을 결정할 권리. 단순히 성행위를 할 것이냐 말 것이냐를 결정하는 것을 넘어 언제, 어디서, 누구와, 왜, 어떤 방식으로 성적 교감을 나눌 것인지 자율적으로 결정할 수 있는 권리를 말한다.

• 권력관계

「성폭력범죄의 처벌 등에 관한 특례법」 개정으로 강간죄 객체가 부녀, 즉 여자에서 이제는 사람으로 바뀌게 되면서 성폭력 피해 대상자에 남자, 여자가 모두 포함됨. 성희롱 사건 전체 피해자와 피진정인의 성별을 볼 때 남성이 여성을 성희롱한 경우가 92.1%(1,061건)로 대부분을 차지했지만 남성 간 성희롱 54건, 여성 간 성희롱 21건, 여성에 의한 남성 성희롱도 13건을 차지하고 있다. (2012년 국가인권위원회 성희롱 진정사건 백서 제5집)

기존의 통념과 달리 성범죄는 성별뿐만 아니라 사회적 지위, 연령 등 다양한 권력의 차이에서 발생한다.

☞ 워크북 2-② 사례

이번 달부터 야간 당직 근무에 투입되는 A 상병은 근무 투입 전부터 고민으로 머리가 아프다. 악명이 자자한 B 상사 때문이다. 부사관들 중 가장 선임인 B 상사는 본인의 당직 근무일에 같이 근무를 하는 당직병에게 근무를 서는 밤새 온갖 사적인 질문을 하는 것으로 유명하다. "다 내가 동생 같아서 하는 말이야.", "편하게 누나라고 생각해."라는 말들로 시작하여 여자 친구는 있는지, 언제 헤어졌는지 등의 질문을 아무렇지도 않게 하며, 심지어는 몇 번 본 병사들에게 여자 친구와 잠자리는 가져봤냐는 물음까지 한다. 성적 수치심을 느꼈다는 선임병사들의 이야기를 들은 A 상병은 당장 다음 주 근무 투입이 두렵기만 하다.

☞ 워크북 2-③ 느낀 점 발표하기

영상을 보고 느낀 점

[3회기: 성폭력의 주변인 역할]

<table>
<tr><td>목표</td><td colspan="3">• 성폭력의 주변인 역할을 숙지한다.
• 실제 군에서 발생한 사례를 통해 문제해결능력을 증진한다.</td></tr>
<tr><th>활동과정</th><th>진행내용</th><th>소요시간</th><th>준비물</th></tr>
<tr><td>도입</td><td>• 성폭력에 대한 올바른 관점 갖기
• 주변인 역할에 대해 알기</td><td>5분</td><td></td></tr>
<tr><td rowspan="2">전개</td><td>• 성폭력에 대한 올바른 관점 갖기
– 폭력에 대한 민감성 필요
– 행위자의 의도와 상관없이 동의 없는 성행위는 성폭력임을 인지하기
– 피해자의 관점으로 성폭력 바라보기

주변인의 역할 고민
성적인 대화나 행동을 목격했다면 적극적으로 개입한다.
성차별적 농담에 함께 웃지 않는다. 오히려 이것을 진지하게 다루어 본다.
피해자를 정서적으로 지지해 주고 가해자에 대한 판단을 자제한다.
과도한 행동으로 본인이 사건을 해결하려고 하지 않는다.
[주변인의 역할]

• 피해자들의 증언에 의하면 2차 피해가 더 심각한 트라우마를 남긴다. 성폭력 피해자를 마주하게 되었을 때 주변인으로서 할 수 있는 역할에 대한 고민이 필요하다.
• 피해자의 이야기를 경청하고 함부로 피해자의 대처에 평가하지 않으며, 당신의 잘못이 아니라고 말해야 한다.
• 성폭력 사건은 신속한 대처가 중요하므로 빠른 시일 내에 전문기관의 도움을 받아 신고할 수 있도록 안내해야 한다.</td><td>10분</td><td>워크북
☞ 3-①</td></tr>
<tr><td>• 사례를 가지고 주변인, 피해자, 가해자의 입장으로 나누어 토의한다. (현장에서 나오는 사례를 한 가지 더 나눈다.)</td><td>20분</td><td>워크북
☞ 3-②</td></tr>
</table>

활동 과정	진행 내용	소요시간	준비물
전개	• 강의를 마무리하며 폭력에 대한 경각심을 가질 수 있는 짧은 영상을 시청한다. – 1 is 2 MANY. (단 한 번도 너무 많다. One is too many.) • 영상을 보고 느낀 점을 작성한 후 돌아가며 발표한다. (조용한 음악을 틀어 주거나 충분한 시간을 준다.) ▶ https://youtu.be/XXox6ma1gtE	10분	동영상 시청
마무리	• 회기를 마친 후 느낌을 이야기한다.	10분	

☞ 워크북 3-① 대처방안

1. 가해자로 지목되었을 때 대처방안
- 의도가 어떠하였든 상대방이 성희롱으로 불쾌감을 느꼈다면 이를 받아들이고 사과한다.
- 분쟁 조정 중에는 성실하게 내용을 받아들이고 피해자의 요구사항을 이행한다.
- 징계를 받을 시, 자신의 언행과 지속성에 비추어 징계가 합당한지 확인하고 수용한다.
- 행위자가 된 경우 상대방의 불쾌감인 거부 의사를 받아들이고 진심으로 사과한다.

2. 성희롱 발생 시 피해자가 할 수 있는 적절한 조치
- 문제 인식(성희롱을 경험했을 때)
  - '문제'가 발생했다는 사실을 인정하는 것이 가장 중요
- 분명한 의견 표출
  - 행위자에게 문제라는 사실을 인지시키고 그만둘 것을 요청
- 주변에 도움 요청
  - 가족이나 친구, 동료 등 주변의 신뢰할만한 사람들에게 조언과 도움을 요청
- 기록 및 증거 수집
  - 본인의 감정과 의견을 포함, 사건에 관한 모든 것을 육하원칙에 따라 정확하게 기록하고, 증거가 될 자료들을 확보
- 기관 내 고충처리기구에 신고
  - 경고에도 불구하고 상대방의 행위가 지속된다면 기관 내 성희롱 고충처리기구에 신고
- 조사 협조 전문상담원 또는 공식 조사자에게 적극적으로 협조하고 자신의 의사를 분명히 전달

출처: 서울시 (2015). 성희롱 사건처리 매뉴얼.

☞ 워크북 3-② 사례토의

1. 상황 글을 읽고 피해자, 가해자, 주변인의 역할을 생각하며 자신의 생각을 정리해 본다.

A 일병은 매일 일과를 마치고 샤워를 하러 샤워장에 갈 때마다 스트레스를 심하게 받는다. 샤워 때마다 자신을 모두가 보는 앞에서 놀리고 장난치는 B 상병 때문이다. 샤워장에 갈 때마다 B 상병은 옷걸이를 들고는 "야, A 일병 이리 와 봐. 차렷. 부동자세에서 움직이면 어떻게 된다?"라고 하며, A 일병을 세워 놓고 옷걸이를 걸쳐 놓으려고 하며 장난을 친다. A 일병은 성적 수치심이 들고 매우 불쾌했지만 곧 병장이 되는 B 상병의 행동을 제지하거나 나무라는 사람은 아무도 없다.

1) 내가 피해자라면 어떻게 할 것인가?

---

2) 내가 가해자라면 어떻게 할 것인가?

---

3) 피해자가 나에게 도움을 요청하고 있다. 내가 주변인이라면 어떻게 할 것인가?

---

2. 구성원의 상황 글을 읽고 피해자, 가해자, 주변인의 역할을 생각하며 자신의 생각을 정리해 보세요.

구성원들 중에서 나온 이야기를 가지고 토론한다.

1) 내가 피해자라면 어떻게 할 것인가?

---

2) 내가 가해자라면 어떻게 할 것인가?

---

3) 피해자가 나에게 도움을 요청하고 있다. 내가 주변인이라면 어떻게 할 것인가?

[4회기: 액션 플랜 세우기]

목표	• 성 평등의 문화를 확산하기 위한 액션 플랜을 세운다. • 성희롱 피해자가 되지 않기 위해 해야 할 행동을 알아본다.		
활동과정	**진행내용**	**소요시간**	**준비물**
도입	• **성희롱을 당한 피해자들은 사후 대처를 어떻게 할까?** 실제 조사결과, '참았다'고 답한 비율이 무려 92.9%에 달한 경우도 있다. 특히, 행위자가 상급자일 경우 불이익이 우려되어 침묵하게 된다. • 액션 플랜의 필요성: 우리는 위기상황이 오기 전에 매뉴얼을 준비해서 위기상황이 왔을 때 그대로 해 봄으로써 상황을 극복해 나간다.	5분	
전개	성희롱, 성폭력을 비롯한 인권침해 예방을 위해 우리의 병영문화에 문제는 없는지, 어떤 변화와 행동이 필요할지 3가지 이상의 액션 플랜을 마련해 보자. • **액션 플랜 짜기 1** 최근 단톡방에서 수위 높은 성희롱적 발언이 논란이 되고 있다. 사람들 사이에 성희롱을 하지 않는 문화를 어떻게 만들 수 있을지, 이런 상황이 발생한다면 어떻게 대처할지 플랜을 짠다. • **액션 플랜 짜기 2** A 병장은 중대에서 소위 '왕고'다. A 병장은 '왕고'가 된 뒤로 중대에 신병이 전입 올 때마다 못된 장난을 치기 시작했다. PX에서 파는 대형 소시지를 사 뒀다가 저녁점호가 끝나고 취침 소등을 한 뒤 신병을 앉혀 놓고 눈을 감고 입을 벌리고 있으라고 시킨다. 그리고는 그 앞에서 일부러 하의를 벗는 척 소리를 내고는 신병의 입에다가 사 둔 소시지를 집어넣고 신병이 소스라치게 놀라는 것을 보고 낄낄거리곤 한다.	30분	워크북 ☞ 4-①
	• 성희롱 피해자가 되지 않기 위해 해야 할 행동에 대해 이야기 나눈다.	10분	워크북 ☞ 4-②
마무리	• 회기를 마친 후 느낌을 이야기한다.	5분	

☞ 워크북 4-① 사례를 토론한 뒤 각 사례별로 액션 플랜 3개씩 적어 보기

- 피해자 입장에서 보기. 피해자가 겪는 2차 피해는 어떤 것이 있을까?
- 내가 속해 있는 단톡방에서 이런 일이 벌어진다면 나는 어떻게 행동할 수 있을까?
  (불편함을 말할 수 있을까? 말하지 못한다면 왜 그런 걸까? 어떻게 대처해야 할까?)
- 제삼자로서 우리가 행하는 행동을 돌아보고, 이런 사건이 우리 군에서 발생한다면 우리는 어떻게 행동해야 할지 액션 플랜을 적어 본다.

액션 플랜	내용
사례 1 액션 플랜	
사례 2 액션 플랜	

<table>
<tr><th>액션 플랜</th><th>내용</th></tr>
<tr><td>사례 3
액션 플랜</td><td>A 이병은 대학생 여자 친구로부터 임신했다는 연락을 받았다. 이 상황을 예상해 보고 이야기를 나눈다. (이 사례는 성희롱과 상관없으나 입대 후 발생하면 커다란 고민으로 다가올 수 있으므로 의견을 나눠 본다.)

아이를 낳아야 할까? 말아야 할까?

낳기로 했어!
• 아이를 낳을 때 좋은 점은?
• 예상되는 어려움은?
• 앞으로 어떤 삶을 살까?

낳지 않기로 했어!
• 아이를 낳지 않을 때 좋은 점은?
• 예상되는 어려움은?
• 앞으로 어떤 삶을 살까?</td></tr>
</table>

☞ 워크북 4-②

성희롱 피해자가 되지 않기 위해 해야 할 행동

1. 자신의 의사표시를 분명히 한다.
2. 조직 내에 성희롱이 받아들여질 수 없는 분위기를 조성하고, 동료들 간의 음담패설에 참여하지 않는다.
3. 음란한 사진이나 동영상을 보는 행위에 대해 이의를 제기하고, 성희롱을 당한 동료를 비난하지 않으며 공동으로 대처한다.

이 밖에 우리가 할 수 있는 것들에 대해 이야기 나눈다.

[5회기: 미래를 향하여]

목표	• 친밀함이 형성된 관계에서 발생되는 성폭력에 대해 이해한다. • 사랑에 대한 자기 생각을 탐색한다. • 프로그램을 통한 변화된 모습을 찾는다.

활동과정	진행내용	소요시간	준비물
도입	• **데이트 폭력에 대한 개념 이해하기** 데이트 폭력이란 교제 중인 연인이나 배우자가 강압적·폭력적 행동으로 파트너를 지배하려는 것을 의미한다. 친밀함이 형성된 관계에서는 서로가 폭력을 폭력으로 인식하지 못하고 폭력적인 관계를 지속해 나가는 경우가 많다. 대부분 명시적 동의 없이 암묵적 동의에 대한 잘못된 판단에서 성폭력이 발생할 수 있음을 이야기한다.	10분	영상
전개	• **교재 중인 연인과의 관계를 나타내는 검사 진행하기** – 스턴버그(Sternberg)의 사랑의 삼각형 이론에 대해 소개하고 자신이 무엇을 선호하는지 알아본 후, 서로의 생각을 나눈다. – 자신에 대해 앎으로써 오해가 생길 수 있는 부분을 예방할 수 있다. (나는 헌신이 사랑이라고 생각하나 상대는 친밀감을 사랑이라고 생각한다 등)	10분	워크북 5–①
	• **나에게 일어난 변화를 찾아 적어 보기** – 작은 변화일지라도 어떤 변화가 있었는지 혹은 어떤 변화가 기대되는지 작성하고 서로 소개하기 • **전우에게 일어난 변화에 대해 칭찬하기** – 아주 작은 변화라도 적극적으로 지지해 주기 • **영상보기** ▶ https://youtu.be/97sFK_Jg00I "it's simple as tea" : 동의는 동등한 힘의 관계에서 이루어져야 한다. 동의를 했더라도 중간에 철회할 수 있어야 한다. 한 번의 동의가 지속적인 동의를 의미하지 않는다. 동의는 반드시 명시적인 동의여야 한다.	20분	워크북 5–② 영상
마무리	• 소감을 나누고 마지막 회기를 마무리한다.	10분	

워크북 5-① 사랑의 삼각형(열정, 친밀감, 헌신) 그려 보기

각 문장을 읽고 교제 중인 연인과의 관계를 잘 나타내는 정도를 7점 척도에 표시하세요.

1. 전혀 그렇지 않다 2. 거의 3. 약간 4. 중간 5. 약간 6. 상당히 7. 매우 그렇다

	문항	1	2	3	4	5	6	7
1	나는 그/그녀의 행복을 적극적으로 지원한다.							
2	나는 그/그녀와 따뜻한 관계를 맺고 있다.							
3	그/그녀와 나의 모든 것을 공유할 의향이 있다.							
4	그/그녀로부터 상당한 정서적 지지를 받고 있다.							
5	나는 그/그녀에게 상당한 정서적 지지를 주고 있다.							
6	내 인생에서 그/그녀는 매우 중요하다.							
7	그/그녀에게 친밀감을 느낀다.							
8	그/그녀와의 관계는 편안하다.							
9	나는 그/그녀를 정말 이해하고 있다고 느낀다.							
10	나는 그/그녀가 나를 정말 이해하고 있다고 느낀다.							
11	나는 그/그녀를 보기만 해도 흥분된다.							
12	그/그녀와 나의 관계는 정말 낭만적이다.							
13	나는 그/그녀가 매우 매력 있다고 생각한다.							
14	그/그녀는 나의 이상형이다.							
15	그/그녀만큼 나를 행복하게 해 주는 사람은 없을 것이다.							
16	나는 다른 사람보다도 그/그녀와 함께 있고 싶다.							
17	이 세상에 그/그녀와의 관계보다 더 중요한 것은 없다.							
18	나는 그/그녀와 신체적 접촉하는 것을 특히 좋아한다.							
19	나는 그/그녀 없는 인생은 생각할 수 없다.							
20	그/그녀와 나의 관계는 열정적이다.							
21	그/그녀와의 관계를 지속하기 위해 최선을 다하고 있다.							
22	그/그녀와의 관계가 흔들리지 않을 것임을 확신한다.							
23	그/그녀에 대한 나의 사랑은 평생 지속될 것이다.							
24	그/그녀에 대한 나의 사랑은 확고하다.							
25	그/그녀와 관계가 끝나는 것은 상상할 수도 없다.							
26	그/그녀와의 관계가 영원히 지속될 것이라고 생각한다.							
27	그/그녀와 사귀기로 한 결정은 잘한 것이다.							
28	그/그녀에 대한 책임감을 느낀다.							
29	그/그녀와 관계를 지속할 작정이다.							
30	그/그녀와의 갈등이 생겨도 우리의 관계를 계속 유지할 것이다.							

☞ 워크북 5-② 나와 동료에게 일어난 변화 적고 이야기 나누기

변화하고 싶은 내 모습	
나에게 일어난 변화	
동료에게 일어난 변화 칭찬할 점	

CHAPTER 3

분노조절 프로그램

인간이 지닌 기본 정서 중의 하나인 분노는 스스로를 보호하기 위한 반응이다. 그럼에도 불구하고 우리 사회는 참는 억제만이 미덕인 것처럼 인식하는 경향이 있다. 그렇기 때문에 때로는 과하고 부적절하게 자신이나 타인에게 분노를 표출하는 경우가 발생한다. 이러한 행동은 결과적으로 자신의 정신건강뿐만 아니라 신체적 손상, 인간관계에까지 좋지 않은 영향을 끼친다.

본 프로그램은 분노를 조절하거나 완화하기 위해 다양한 전략을 사용하여 분노를 적절한 언어와 행동으로 전달하는 프로그램이다. 김현숙(2017)의 분노조절 집단상담 프로그램을 군 조직의 특수성과 문화, 상황 등을 고려하여 일부 내용을 수정하고 재구성하였다.

[프로그램의 회기별 내용]

구분	중점	세부내용	
1회기	즐거운 만남	• 사전검사 • 프로그램 소개	• 별칭 짓기, 자기소개 • 피드백 및 마무리
2회기	분노의 이해와 다양한 감정 알기	• 근육이완훈련 • 분노의 두 얼굴	• 내 마음의 온도계 • 감정카드 스피드게임
3회기	분노와 관련된 가족의 행동양식 이해하기	• 근육이완훈련 • 우리 가족 분노 패턴 탐색	• 나의 화난 상황은?
4회기	분노 상황 시 해결책 이해하기	• 근육이완훈련 • 분노 상황극	• 이어 그리기 게임 • 다양한 분노해결방법
5회기	경청으로 분노 줄이기	• 소극적 듣기, 적극적 듣기 체험 • 최종 분석, 나의 분노! • 집단을 정리하고 마감(집단상담에 참여하면서 깨달은 점, 느낀 점, 아쉬운 점을 나눔)	

[1회기: 즐거운 만남]

목표	• 프로그램 구조화와 집단 분위기를 안정되게 조성한다. • 집단에 참여한 장병 상호 간 유대감을 형성한다.

활동과정	진행내용	소요시간	준비물
도입	• 사전 설문 – 내가 '화가 날 때 어떻게 하는지' 간단한 설문조사(감정 표현 검사지)를 실시한다. • 장병들에게 프로그램 소개를 통해 앞으로 5주 동안 어떤 활동을 하게 되는지 이야기한다. **"본 프로그램은 총 5회기로 구성되어 있고, 1회기 활동시간은 60분입니다. 진행방식은 개별 및 모둠 활동을 통해 여러분이 직접 참여하는 프로그램으로 진행될 것입니다."**	10분	워크북 ☞ 1–①
전개	• 분노란 무엇인가?(5분) – 분노란 긍정감정도 부정감정도 아닌 자연스러운 감정임을 알게 한다. 분노는 망치처럼 무엇인가를 때려 부수는 파괴적인 방법으로 사용될 수도 있고, 반대로 새로운 무엇인가를 건설하는 방식으로도 사용될 수 있다. 따라서 분노를 느낄 때 이를 건설적인 방식으로 표현하여 관계를 파괴하고 갈등을 조성하는 것이 아니라 같이 사는 세상을 가치 있게 만들어 가는 방법을 배우는 것이 중요하다. • 규칙 정하기(5분) – '나의 약속' 활동지를 통해 이 프로그램을 통해 자신이 얻고 싶은 목표를 설정하고 이 프로그램 내에서 지켜야 할 규칙을 참여자들끼리 정하는 시간을 가진다.	10분	워크북 ☞ 1–②
	• 별칭 짓기와 자기소개하기(20분) – 감정카드에서 자신이 불리고 싶은 단어를 선택하여 내 이름표에 적는다. 'Let me introduce my self!' 활동지에 나의 소개를 작성해 보고 발표하는 시간을 통해 서로를 알 수 있는 시간을 갖는다. • 프라이팬 게임 (10분) – 둥글게 앉아 자신의 별칭을 소개한다. – 다른 장병의 별칭을 부른다. – 돌아가면서 별칭을 잘 외운다.	30분	감정카드 워크북 ☞ 1–③
마무리	• 오늘 프로그램에 대한 짧은 소감 나누기	10분	

☞ 워크북 I-① 나의 감정 표현 방식 찾기

사람은 누구나 화가 나거나 분노를 느끼지만, 화가 났을 때 반응하는 방식은 서로 다르다. 다음 문항은 사람이 화가 나거나 분노를 느낄 때 어떻게 반응하는가를 나타내는 문항들이다. 각 문항을 잘 읽은 후, 당신이 화가 나거나 분노를 느꼈을 때 일상적으로 얼마나 자주 다음 문항과 같이 반응하거나 행동하는가를 빈칸에 v표 하기 바란다. 이러한 문제에는 옳고 그른 답이 없다. 어느 한 문장에 너무 오래 생각하지 말고 응답하여 주기 바란다.

번호	문항	전혀 아니다	가끔 그렇다	자주 그렇다	매우 그렇다
1	나는 화를 참는다.	①	②	③	④
2	나는 화난 감정을 표현한다.	①	②	③	④
3	나는 말을 하지 않는다.	①	②	③	④
4	나는 사람들에게 인내심을 갖고 대한다.	①	②	③	④
5	나는 뚱해지거나 토라진다.	①	②	③	④
6	나는 사람들을 피한다.	①	②	③	④
7	나는 소리를 지른다.	①	②	③	④
8	나는 냉정을 유지한다.	①	②	③	④
9	나는 문을 꽝 닫아버리는 식의 행동을 한다.	①	②	③	④
10	나는 상대의 시선을 피한다.	①	②	③	④
11	나는 나의 행동을 자제한다.	①	②	③	④
12	나는 사람들과 말다툼을 한다.	①	②	③	④
13	나는 아무에게도 말하지 않으나, 안으로 앙심을 품는 경향이 있다.	①	②	③	④
14	나는 목소리를 높인다.	①	②	③	④
15	나는 화가 나더라도 침착하게 자제할 수 있다.	①	②	③	④
16	나는 속으로 다른 사람을 비판한다.	①	②	③	④
17	나는 나 자신이 인정하고 싶은 것보다 화가 더 나 있다.	①	②	③	④
18	나는 대부분 사람들보다 진정을 빨리 회복한다.	①	②	③	④
19	나는 욕을 한다.	①	②	③	④
20	나는 참고 이해하려고 노력한다.	①	②	③	④
21	나는 다른 사람들이 알고 있는 것보다 분통이 더 나 있다.	①	②	③	④
22	나는 자제심을 잃고 화를 낸다.	①	②	③	④
23	나는 화난 표정을 짓는다.	①	②	③	④
24	나는 화난 감정을 자제한다.	①	②	③	④

※ 분노통제: 1, 4, 8, 11, 15, 18, 20, 24 / 분노표출: 2, 7, 9, 12, 14, 19, 22, 23 / 분노억제: 3, 5, 6, 10, 13, 16, 17, 21

☞ 워크북 I-② 서약서 작성하기

서 약 서

우리의 만남은 화는 빼고 행복은 더하는 분노조절 프로그램을 통하여 새로운 변화와 발전을 목표로 합니다. 보람 있고 즐거운 만남이 되기 위해 서로를 존중하는 우리의 약속을 정해 봅시다.

1. 내 마음에 있는 생각이나 느낌을 솔직하게 표현한다.
2. 전우들이 하는 말을 비판이나 편견 없이 있는 그대로 듣는다.
3. 여기서 나눈 이야기는 절대로 밖에서 말하지 않는다.
4. 전우가 이야기할 때에는 끼어들거나 방해하지 않고 잘 듣는다.
5. 집단 모임 시간을 잘 지키고 성실히 집단활동에 참여한다.

년 월 일

이름: ______________ 서명: ______________

☞ 워크북 I-③ 자기소개하기

나의 이름	
나의 애칭 혹은 별명	
우리 가족 소개	
내가 좋아하는 음식	
내가 좋아하는 연예인	
내가 닮고 싶은 사람	
이 시간을 통해 배우고 싶은 점	
그 외 하고 싶은 한마디	

[2회기: 분노의 이해와 다양한 감정 알기]

<table>
<tr><td>목표</td><td colspan="3">• 분노의 두 얼굴과 화난 상황을 이해한다.
• 다양한 감정을 탐색하는 능력을 기른다.</td></tr>
<tr><th>활동과정</th><th>진행내용</th><th>소요시간</th><th>준비물</th></tr>
<tr><td>도입</td><td>• 손가락 레슬링
– 두 명씩 짝을 지어 손을 맞잡은 상태에서 엄지손가락만을 이용하여 상대방의 엄지손가락을 3초 동안 누르면 이긴다. (누군가 힘을 발휘하여 나의 마음을 표현하지 못하게 누르면 화가 날 수 있음을 이야기한다.)</td><td>5분</td><td></td></tr>
<tr><td rowspan="4">전개</td><td>• 근육이완훈련
– 영상을 보고 근육이완훈련을 배운다.
– 눈을 감고 배운 것을 따라 한다.</td><td>10분</td><td>영상</td></tr>
<tr><td>• 분노의 두 얼굴(10분)
– 분노의 두 얼굴에는 무엇이 있는지 알려 준다.
<table>
<tr><th>수동형(분노억제)</th><th>공격형(분노표출)</th></tr>
<tr><td>• 일단 화가 나면 아무 일이 없었던 것처럼 행동한다.
• 문제가 되는 것에 대해 말하지 않기 때문에 남들이 볼 때는 착한 사람이라 한다.</td><td>• 입에서 불이 나오는 듯한 분위기로 즉각적으로 화를 낸다.
• 격렬하게 자신이 화가 났다는 것에 대해 논리적인 듯 설명하지만, 비난, 위협, 괴롭힘, 빈정거리는 말을 한다.
• 자신이 옳다고 믿기 때문에 다른 사람의 의견을 들으려 하지 않고 상대방의 감정도 무시한다.</td></tr>
</table>
– 1회기 때 작성한 설문지의 결과를 가지고 나는 수동형인지, 공격형인지 분노 조절형인지 이야기한다.</td><td>10분</td><td>워크북
☞ 2–①</td></tr>
<tr><td>• 내 마음의 온도계(20분)
– 앉아 있는 모둠끼리 '내 마음의 온도계' 활동지를 통해 화나게 했던 일, 마음 온도계, 내 몸의 반응, 했던 행동을 이야기한다.</td><td>20분</td><td>워크북
☞ 2–②</td></tr>
<tr><td>• 감정 스피드 게임
– 감정카드 한 장을 다른 사람들에게 보이지 않게 주의하며 뽑는다. 말없이 표정만 보여 준다. 어떤 상황에서 이런 감정을 느꼈는지 이야기한다.</td><td>10분</td><td>감정카드</td></tr>
<tr><td>마무리</td><td>• 이번 시간에 느낀 점을 이야기하고 다음 시간을 소개하고 마무리한다.</td><td>5분</td><td></td></tr>
</table>

☞ 워크북 2-① 현재 나의 모습은?

수동형(분노억제)	공격형(분노표출)

• 일단 화가 나면 아무 일이 없었던 것처럼 행동한다. • 문제가 되는 것에 대해 말하지 않기 때문에 남들이 볼 때는 착한 사람이라 한다.	• 입에서 불이 나오는 듯한 분위기로 즉각적으로 화를 낸다. • 격렬하게 자신이 화가 났다는 것에 대해 논리적인 듯 설명하지만, 비난, 위협, 괴롭힘, 빈정거리는 말을 한다. • 자신이 옳다고 믿기 때문에 다른 사람의 의견을 들으려 하지 않고 상대방의 감정도 무시한다.

☞ 워크북 2-② 내 마음의 온도계

화나게 했던 일	마음 온도계		내 몸의 반응	했던 행동
	높은 수준	10 _______ 9 _______ 8 _______	머리 눈 눈썹	
	중간 수준	7 _______ 6 _______ 5 _______ 4 _______	턱 입술 목 어깨	
	낮은 수준	3 _______ 2 _______ 1 _______	다리 마음 목소리	

[3회기: 분노와 관련된 가족의 행동양식 이해하기]

목표	• 우리 가족의 분노 패턴 방식을 탐색한다. • 나와 가족의 분노 표현 방식을 이해한다.

활동과정	진행내용	소요시간	준비물
도입	• 3·6·9 게임 – 1부터 순서대로 세어본다. – 3·6·9라는 숫자 차례가 되면 박수를 친다. – 20부터 거꾸로 세어 본다.	5분	
전개	• 근육이완훈련(10분) – 비디오를 보고 근육이완훈련을 배운다. – 눈을 감고 배운 것을 따라 한다.	10분	영상
	• 우리 가족의 화내는 형태는? (20분) – 나만의 분노 표현 양식 활동지를 나누어 준다. "우리는 가족과 함께 살아가고 있기 때문에 서로에게 영향을 주고받으며 살아갑니다. 그래서 먹는 것, 자는 것, 말투나 행동까지 알게 모르게 닮아 있습니다. 알게 모르게 닮아 있는 학습된 분노의 형태를 알아봅시다." – 우리 가족이 분노를 표현하는 방식을 이야기한다.	20분	워크북 ☞ 3–①
	• 나의 화난 상황은? (20분) – '나의 화난 상황' 활동지에 이번 주에 내가 화났던 상황을 간단히 적고, 어떻게 행동했는지 적어 봅니다. – 서로 이야기 나누고 나라면 그 상황에서 어떻게 했을지 이야기해 봅니다. (내 마음의 온도계를 기억하며 적어 본다.)	20분	워크북 ☞ 3–②
마무리	• 이번 시간에 느낀 점 등을 이야기하고 다음 시간을 소개하고 마무리한다.	5분	

☞ 워크북 3-① 가족 분노 표현 방법

여러분이 알아차렸든지, 알아차리지 못했든지 간에 우리 가족이나 다른 누군가가 사용하는 화의 표현방식으로부터 '나의 분노 표현 방식'이 생겼어요.
질문지를 통해 나의 분노가 무엇의 영향을 받았는지 생각해 볼까요?

1. 아버지가 화가 날 때, 주로 사용하는 말이나 행동 중에서 내가 비슷하게 사용하는 것은 무엇인가?
   - 질문에 '네'라고 답한다면, 어떤 말과 행동이었나요? '아니요'라면 2번 질문으로 가세요.

2. 어머니가 화가 날 때, 주로 사용하는 말이나 행동 중에서 내가 비슷하게 사용하는 것은 무엇인가?
   - 질문에 '네'라고 답한다면, 어떤 말과 행동이었나요? '아니요'라면 3번 질문으로 가세요.

3. 부모님이 사용하는 말과 행동을 닮지 않았다면 내가 화가 날 때 주로 사용하는 말과 행동은 무엇의 영향을 가장 받은 것일까요? 이 질문에 대해 생각해 보고 글을 써 보세요.

☞ 워크북 3-② 나의 화난 상황은?

1. 이번 주에 내가 화났던 상황을 간단히 적어 봅니다.

2. 내가 어떻게 행동했는지 적어 봅니다. (가족의 분노 표현 방법과 연관시켜 보기)

- 서로 이야기 나눕니다.
- 나라면 어떻게 했을지 이야기해 봅니다.

[4회기: 분노 상황 시 해결책 이해하기]

목표	• 다양한 분노해결방법을 이해한다. • 병영생활에서 일어나는 상황에서 분노해결방법을 찾는다.

활동과정	진행내용	소요시간	준비물
도입	• **맨발의 트위스트** – 신문지 위에 맨발로 음악에 맞춰 발바닥을 움직이면서 신문지를 조각내는 것, 음악에 맞춰 움직이는 것으로도 분노를 조절할 수 있는 다양한 방법이 있음을 나눈다.	5분	음악
전개	• **근육이완훈련** – 영상을 보고 근육이완훈련을 배운다. – 눈을 감고 배운 것을 따라 한다.	10분	영상
	• **상황극하기** – 병영생활에서 일어날 수 있는 세 가지 정도의 이야기를 나누어 본다.	20분	워크북 ☞ 4–①
	• **이어 그리기 게임** – 내가 그리고자 하는 것을 먼저 생각하게 한다. – 양쪽으로 두 장을 돌려가며 이어서 그리게 한다. (이 활동을 통해서 똑같은 그림을 보고 내가 그리고자 하는 것과 다른 사람이 그리고자 하는 것이 다를 수 있음을 이야기한다. 다른 사람의 생각을 알 수 없다는 것과 내가 화가 났을 때 말하지 않으면 타인은 나의 상황을 잘 모른다는 것을 알려준다.)	10분	A4 2장
	• **다양한 분노해결방법** – 내가 분노를 만난다면 화가 난 것을 알아차리고 멈춘다. – 어떤 해결방법이 있는지 이야기한다. – 진행자가 알려 준 것과 장병들이 가지고 있는 분노해결방법을 서로 나눠 본다.	10분	워크북 ☞ 4–②
마무리	• 이번 시간에 느낀 점 등을 이야기하고 다음 시간을 소개하고 마무리한다.	5분	

워크북 4-① 상황극 하기

☆ 내가 분노를 만나면

1. 내 허락 없이 담당하는 일을 침해했을 때
(예: 취사병이었는데 부대 규모가 적다 보니 병사도 적어 서로 친하게 지냈다. 그런데 친하다고 공과 사를 구별하지 못하고 내 허락도 없이 라면을 끓여 먹었다. 내가 발견한 것이 아니라 밤새 가스밸브를 열어둔 것을 당직 사관이 발견했다. 결국, 나만 ** 됐다.)

잠깐! 내가 분노를 만나면...

분노 알아차리기
멈춰라
타임아웃!

2. 행정병이었던 나에게 병사들이 휴가계획서와 근무 명령서를 제출해야 하는데 시간을 지키지 않는다. 등

나만의 분노 조절모드 전환

3. 구성원들이 공유할 수 있는 상황을 제시해서 진행한다.

☞ 워크북 4-② 다양한 분노해결방법

☆ 나의 분노를 해결하려면

- 화난 장소 잠시 떠나 있기
- 심호흡하기
- 좋아하는 노래 떠올리기
- 좋아하는 친구나 연예인 떠올리기
- 좋아하는 음식 떠올리기

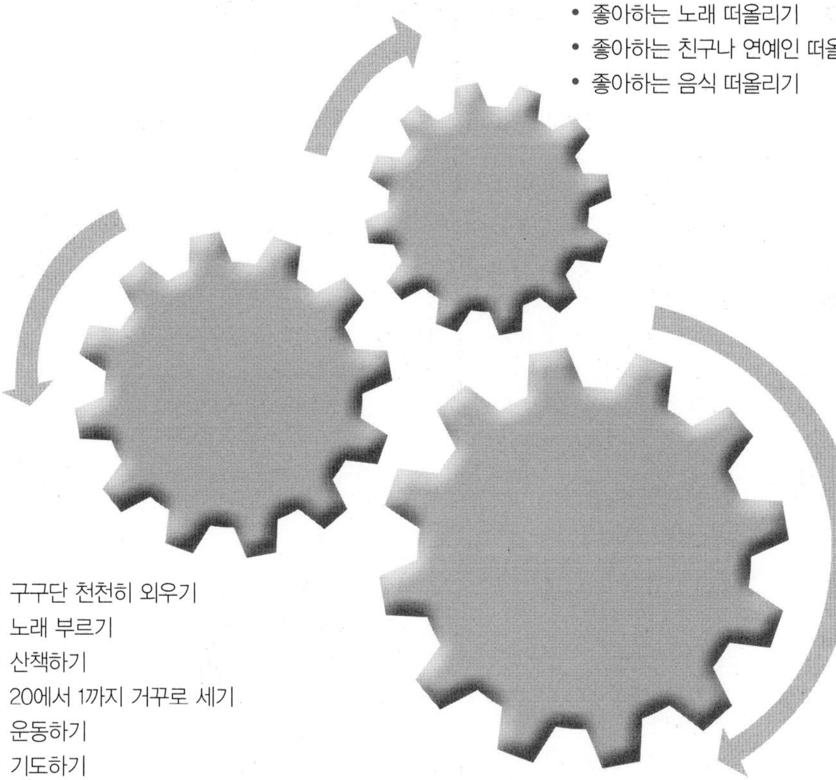

- 구구단 천천히 외우기
- 노래 부르기
- 산책하기
- 20에서 1까지 거꾸로 세기
- 운동하기
- 기도하기

- 명상하기
- 친구와 이야기하기
- 즐거운 상상하기
- "마음을 가라앉히자, 천천히 침착하자." 등을 반복하며 자신에게 말하기
- 주먹을 꽉 쥐었다 폈다를 반복하기

[5회기: 경청으로 분노 줄이기]

목표	• 듣기 체험을 통해 경청의 중요성을 인식한다. • 나의 분노를 최종 분석한다.

활동과정	진행내용	소요시간	준비물
도입	**• 경청의 중요성 이야기하기** – 경청의 걸림돌과 분노를 줄이는 지름길인 적극적 경청의 태도에 대해 설명한다.	10분	워크북 ☞ 5–①
전개	**• 근육이완훈련** – 비디오를 보고 근육이완훈련을 배운다. – 눈을 감고 배운 것을 따라 한다.	10분	영상
	• 소극적 · 적극적 듣기 체험 – 한 사람은 이야기하고 한 사람은 딴짓하기, 역할 바꿔서 해보기 – 한 사람은 말하고 듣는 사람은 적극적으로 듣고 반응하기 (소극적 · 적극적 듣기 체험의 느낌이 어땠는지 전체가 함께 이야기 나누면서 적극적으로 듣고 반응하는 것에 대한 중요성을 이야기 나눈다.)	10분	워크북 ☞ 5–②
	• 최종 분석, 나의 분노! 활동하기 – 패턴적인 나의 분노 상황과 그 과정 속의 고민 등을 나눠보고 대안을 선택하여 실행계획을 세워 본다.	10분	워크북 ☞ 5–③
마무리	**• 1회기부터 5회기까지 배운 내용을 리뷰한다.** – 분노가 나의 선택임을 알고 다양한 분노해결방법에 어떤 것이 있는지, 그중에서 내가 선택한 분노해결방법은 무엇인지 생각해 본다. 내가 분노를 만나면 화가 남을 알아차리기, 멈추기, 생각하기, 선택하기를 통해 분노를 조절할 수 있음을 인지한다. – 집단을 정리하고 마감하고 마무리한다. (집단에 참여하면서 깨달은 점, 느낀 점, 아쉬운 점을 이야기 나눈다.)	10분	

☞ 워크북 5-① 경청하기

경청의 걸림돌

1. 짐작하기	• 자기 생각에 빠져 상대방이 무슨 말을 하든 있는 그대로 받아들이기보다는 말꼬리를 물고 늘어지거나, 자기의 생각대로 판단해서 더 이상 대화를 진행할 수 없다.
2. 내가 할 말 준비하기	• 자기 할 말을 생각하기에 바빠 상대방의 말을 온전히 듣지 못한다. • 상대방의 말이 끝나자마자 자기 주장을 쏟아 낸다.
3. 걸러 내기	• 듣고 싶지 않은 말에 대해서는 들으려고 하지 않는다. • 그래서 상대방의 말을 듣긴 하지만 있는 그대로 듣지 못한다.
4. 판단하기	• 상대방에 대해 부정적인 생각으로 판단하여 들어서 제대로 듣지 못한다.
5. 언쟁하기	• 상대방의 생각을 전혀 들을 생각이 없고, 상대방이 어떤 이야기를 해도 무시하며 자기 생각만 장황하게 말한다.

슬쩍 넘어가기, 비위 맞추기

분노를 불이는 지름길 - 적극적 경청의 태도

1	상대방이 이야기할 때 눈맞춤을 한다.
2	상황에 맞게 고개를 끄덕인다.
3	말하는 내용에 맞는 표정을 한다.
4	말하는 상대방 쪽으로 몸을 기울인다.
5	상황에 맞는 반응을 한다.
6	말하는 사람의 기분(감정)이 어떨지 생각하며 듣는다.
7	이야기가 끝나면 들은 것을 말해서 확인한다.
8	상대방 이야기 중간에 말을 자르지 않는다.
9	다른 생각하지 않고 집중해서 듣는다.

☞ 워크북 5-② 소극적·적극적 듣기 체험

(최근에 공감받고 싶었던 내용으로 이야기를 나누어 본다.)

A 장병	B 장병
이야기하기	딴짓하기 (하품, 기지개, 다른 곳 바라보기, 이야기 내용과 상관없는 질문하기 등)
역할 바꿔 해 보기	
이야기하기	적극적으로 듣고 반응하기 ('음, 아, 그래...' 등의 반응 보이기 / 고개 끄덕이기)
역할 바꿔 해 보기	

☞ 워크북 5-③ 최종 분석, 나의 분노!

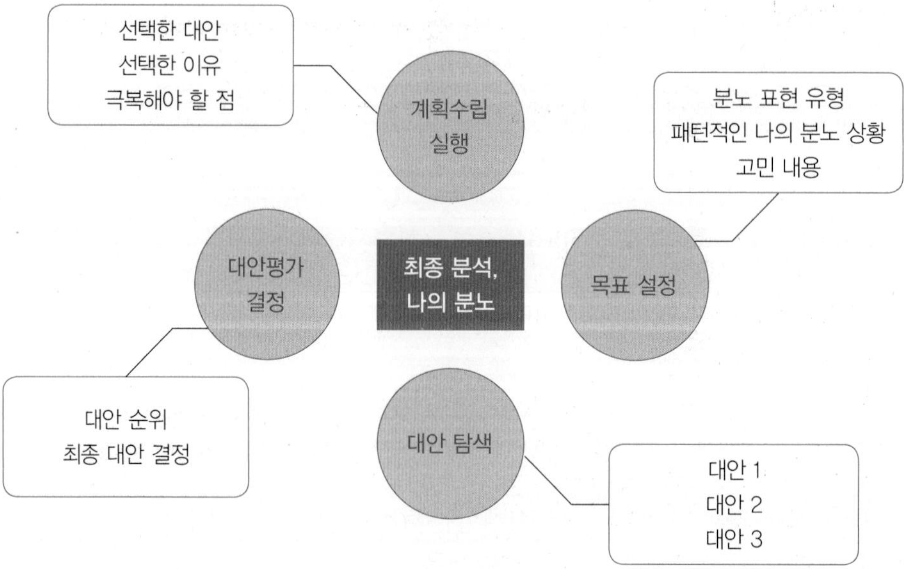

CHAPTER 4

전우용서 프로그램

인간은 누구 할 것 없이 여러 가지 상처와 고통을 겪으며 살아간다. 특히, 대인관계에서 오는 갈등은 분노와 좌절, 두려움, 불안 등의 부정정서를 유발하여 삶을 황폐하게 만든다. 뿐만 아니라, 삶의 만족감을 저하시키고 갈등과 분쟁의 원인으로 작용되기도 한다. 군 장병들은 복무기간 동안 다양한 조직구성원들과의 인간관계를 유지하며 생활한다. 상명하복의 조직체계와 계급으로 이루어진 위계적 상황에서 원만한 대인관계를 유지한다는 것은 매우 어려운 일이다.

본 프로그램은 군대 내 대인관계 과정에서 일어나는 갈등을 인식하고, 그 갈등에 대한 대처를 잘 할 수 있도록 도움을 주기 위해 도입하였다. 뿐만 아니라, 용서의 참 의미를 배워 인간관계 갈등으로 인한 부정정서와 심리적 상처를 치유하고 회복하는 데 도움을 주기 위해 프로그램을 구성하였다. 본 장에서 제안하는 전우용서 프로그램은 정성진 외(2016)의 『용서를 통한 치유와 성장』에 나오는 집단상담 프로그램을 참고하였으며, 군 장병들을 대상으로 적용하는 데 적합하도록 그 내용을 일부 수정하고 재구성하였다.

[프로그램의 회기별 내용]

구분	중점	세부내용
1회기	마음 문 열기	프로그램 참여 이유와 기대하는 목표에 대한 이야기를 나누고 자신의 인간관계를 돌아본다.
2회기	상처 직면과 표현하기	미해결된 상처와 대상을 회상하고 상처를 직면한다. 상처의 부정적 영향에 대해서 자각한다.
3회기	새로운 시각으로 바라보기	자신의 대처방식을 점검하고 상처를 준 사람을 큰 맥락 속에서 새롭게 바라본다.
4회기	용서의 결정과 행동	용서의 필요성과 진정한 용서의 의미를 이해하고 상처를 준 상대방을 용서한다.
5회기	용서 여정	용서의 의미를 성찰하고, 지속적인 용서의 삶을 살아갈 수 있도록 마음을 새롭게 다진다.

[1회기: 마음 문 열기]

목표	• 프로그램의 목적과 집단 운영 방법을 이해한다. • 자신의 인간관계를 돌아본다. • 자연스럽게 자기를 개방하여 서로 신뢰감을 형성한다.

활동과정	진행내용	소요시간	준비물
도입	• 집단구성원을 소개한다. • 서약서를 작성한다.	10분	워크북 ☞ 1-①
	• 대인관계의 상처와 갈등으로 인한 부정적인 반응을 극복하는 방법을 배워 적용함으로써 정서적 안녕과 행복을 경험한다.		
전개	• **장점 관련 별칭 짓고 자기소개하기** – 자신의 장점을 찾고 장점과 관련된 별칭을 지은 후 준비된 이름표에 별칭을 적고 아름답게 꾸민다. – 돌아가며 별칭을 지은 이유와 자기소개를 한다.	30분	명찰 필기도구
	• **프로그램 참여 이유와 기대 목표 나누기** – 프로그램 참여 이유와 기대 목표에 대해 이야기한다. – 시작의 중요성과 변화를 향해 나아갈 때 어떤 장애물이 생길 수 있는지에 대해 허심탄회하게 이야기를 나눈다.	20분	필기도구
	• **나의 인간관계 돌아보기** – 나의 인간관계에 대해서 깊게 생각해 본다. – 좋은 관계를 위해 필요한 것은 무엇인지, 관계의 위기를 극복하는 좋은 방법은 무엇인지 의견을 나눈다. – 관계 돌아보기를 통해 깨달은 점을 이야기한다. – 사람은 누구나 고의적이든 무의식적이든 누군가에게 상처를 주거나 마음을 아프게 할 수 있다. 중요한 것은 상처를 어떻게 다루어 나가느냐가 중요하다.	40분	워크북 ☞ 1-②
과제부여	• 상처 체크리스트를 작성해 오도록 안내한다.	5분	
마무리	• 회기를 마친 후 느낌에 대해 공유하고 정리한다.	10분	

☞ 워크북 I-① 서약서 작성하기

서 약 서

우리의 만남은 전우용서 프로그램을 통하여 새로운 변화와 발전을 목표로 만들어진 모임입니다. 우리는 이곳에서 한층 더 당당해지고 멋있어진 자신의 모습과 전우들의 모습을 보게 될 것입니다. 자신과 전우들의 모습을 알아가면서 기쁠 수도 있겠지만 때로는 전우에게 실망하고 화가 나는 일도 발생할 수 있습니다. 그러나 이 모임을 통해 더 나은 자신의 모습과 새로운 가능성을 만나게 될 것입니다. 보람 있고 즐거운 만남이 되기 위하여 서로를 존중하는 우리의 약속을 정해 봅시다.

1. 내 마음에 있는 생각이나 느낌을 솔직하게 표현한다.
2. 전우들이 하는 말을 비판이나 편견 없이 있는 그대로 듣는다.
3. 여기서 나눈 이야기는 절대로 밖에서 말하지 않는다.
4. 전우가 이야기할 때에는 끼어들거나 방해하지 않고 잘 듣는다.
5. 프로그램이 진행되는 시간을 엄수하고 성실히 참여한다.
6. 부여된 과제는 성실히 수행한다.

년 월 일

이름: ____________ 서명: ____________

☞ 워크북 I-② 관계 돌아보기

1. 과거나 현재의 관계 중에서 나에게 도움이 되었던 사람에 대해 기록해 보십시오.

   1) 누구와 어떤 일이 있었습니까?

   2) 어떤 점이 도움이 되었습니까?

2. 과거나 현재의 관계 중에서 나를 힘들게 했던 사람에 대해 이야기해 보십시오.

   1) 누구와 어떤 일이 있었습니까?

   2) 어떤 점이 힘들었습니까?

[2회기: 상처 직면과 표현하기]

목표	• 미해결된 상처와 대상을 회상하고 상처를 직면한다. • 내면에 남아 있는 상처로 인한 분노와 부정적 감정들을 자각하고 자유롭게 집단구성원들과 이야기 나눈다. • 문제해결의 대처방식을 알아보고 변화의 필요성을 인식한다.

활동과정	진행내용	소요시간	준비물
도입	• 지난 회기를 마친 이후의 느낌을 나눈다. • 미해결된 상처는 오래된 감정으로 남아 삶 속에 역기능을 일으키는 주요한 심리적 요인이 됨을 설명한다.	10분	필기도구
전개	• **내가 받은 상처 직면하기** – 자신에게 부당함과 고통을 주었던 대상과 상처를 구체적으로 떠올려 본다. – 상처를 준 대상이 누구인지 이야기해 본다. – 상처가 내게 미치는 영향평가표를 작성한다. – 활동지를 이용하여 자신이 받았던 상처에 직면하고 그것이 현재 자신에게 미친 영향을 평가한다.	50분	워크북 ☞ 2–① ☞ 2–②
	• **부정적 감정을 자유롭게 표현하기** – 상처를 준 대상에게 표현하지 못했던 분노나 슬픔을 표현해 본다. – 예시: 그에게 하고 싶은 말은 ____________이다. 그에게 듣고 싶은 말은 ____________이다.	20분	인형
	• **대처방식 점검하기** – 갈등에 처하거나 분노를 느낄 때 자신이 사용하는 대처방식이 바람직한지 점검한다. – 자신이 주로 사용한 대처방식이 상처를 치유하고 편안한 마음을 갖는 데 도움이 되었는지 스스로 평가해 보고 집단원과 새로운 대안이 필요한지 고민해 본다.	20분	워크북 ☞ 2–③
과제부여	• 다음 회기 목표 및 활동주제에 대하여 설명하고, 워크북 3–①을 작성해 온다.	5분	
마무리	• 명상카드를 나누어 주고 명상자세를 취한 후 자신에게 나직하게 말해 보는 시간을 갖는다.	5분	명상카드

☞ 워크북 2-① 상처 체크리스트

누군가가 나를 부당하게, 그리고 상당히 아프게 했던 경험을 한 가지만 생각해 보십시오. 힘들겠지만 언제, 어떤 일이 일어났는지, 나에게 어떤 영향을 미치고 있는지를 자세히 떠올려 봅니다. 그 후에 다음의 질문에 대답하십시오.

1. 언제 그 일이 발생했습니까?

_________일 전 _________주 전 _________달 전 _________년 전

2. 그 일로 인해 당신은 얼마나 상처를 받았습니까?

상처받지 않음	약간 상처받음	상처받음	많이 상처받음	매우 많이 상처받음
1	2	3	4	5

① 2번 질문에서 3점 이상이라고 대답한 경우에만 다음 질문으로 넘어가십시오.

② 3점 이하인 경우에는 당신을 많이 아프게 했던 다른 상처 경험을 떠올린 후 1번 질문부터 다시 시작하십시오.

3. 누구와 어떤 일이 있었습니까? (최대한 구체적으로 적어 보십시오.)

4. 그 일이 당신에게 어떤 상처를 주었습니까?
   - 그 상처가 당신에게 미치는 영향은 무엇입니까? (최대한 구체적으로 적어 보십시오.)

☞ 워크북 2-② 상처가 내게 미치는 영향평가표

내가 받은 상처:

영향 점수:

전혀 없음			중간			매우 심함
0	1	2	3	4	5	6

기분:

화가 난다. ____________ 배신감을 느낀다. ____________

우울하다. ____________ 억울하다. ____________

불안하다. ____________ 기타 기분 ____________

생각:

상대방을 믿지 못하게 되었다. ____________

이 세상이 불공평하다는 생각이 든다. ____________

내가 약하고 무능력하다는 생각이 든다. ____________

상처에 대해서 반복해서 계속 생각하게 된다. ____________

기타 생각 ____

행동:

상대방과의 관계가 나빠졌다. ____________

식욕도 없고 잠도 잘 못 잔다. ____________

사람들을 피한다. ____________

기타 행동 ____

☞ 워크북 2-③ 대처방식 알아보기

⊙ 갈등을 겪거나 분노를 느낄 때 여러분이 자주 사용하는 대처방식은 무엇입니까?

1. 위의 예를 참고하여 자신이 자주 사용하는 대처방식을 떠올려 보고 얼마나 도움이 되었는지 다음 체크리스트를 작성해 보십시오.

내가 사용한 대처방식	전혀 효과가 없다	별로 효과가 없다	보통이다	어느 정도 효과가 있다	매우 효과가 있다
단절하기					
무시하기					
공격하기					
비난하기					
기타					

[3회기: 새로운 시각으로 바라보기]

목표	• 상대방의 환경에 대해 알아보고, 상처를 맥락 속에서 재인식한다. • 상대방의 입장에서 공감을 통해 용서하기를 노력한다. • 인간은 단점과 한계를 가진 불완전한 존재임을 이해한다.

활동과정	진행내용	소요시간	준비물
도입	• 상처에 대해서 새로운 눈으로 바라보는 것은 상처를 단편적으로 보는 것이 아니라 보다 큰 맥락 속에서 총체적으로 바라보는 것임을 설명한다.	10분	
전개	• **인간에 대해 새로운 눈으로 바라보기** – 지난 시간에 과제로 내준 워크북을 이용하여 상대방에 대해 새롭게 알게 된 내용을 나눈다.	40분	워크북 ☞ 3-①
	• **상대방의 입장이 되어 느껴 보기** – 빈 의자 기법을 실시한 후 자신의 마음을 점검한다. – 상대방의 입장이 되어 어떨지 상상해 보고 질문에 답해 본다. – 상처를 준 사람으로서 어떠한 심정인지, 무슨 생각이 드는지, 어떤 변화가 일어나는지 이야기한다.	30분	의자
	• **불완전한 인간임을 통찰하기** – 인간은 불완전하므로 다른 사람에게 잘못하며 상처 줄 수 있음을 이해한다. – 자신이 타인에게 상처를 준 경우에 대해 말해 본다.	30분	워크북 ☞ 3-②
마무리	• 명상카드를 나누어 주고 자신에게 나직하게 말해 본다. • 나에게 피해나 상처를 주었던 사람을 떠올리며 축복을 기원한다.	10분	명상카드 명상음악 은은한 조명

☞ 워크북 3-① (　　　)의 삶

⊙ **당신에게 상처를 준 사람을 위의 괄호 안에 써넣고, 다음을 중심으로 그 사람의 삶에 대해서 최대한 자세하게 써 보십시오.**

1. 그 사람의 성장과정은 어떠했습니까? (그 사람이 어린아이였을 때, 청소년이었을 때, 성인이 되었을 때 어떠했습니까? 구체적인 사건들을 예로 들면서 써 보십시오.)

대처방식 예시

도피하기, 욕하기, 남 탓하기, 반복해서 생각하기, 회피하기, 술 마시기, 공격하기, 집착하기, 무시하기, 따돌리기, 합리화하기, 폭언하기, 요구하기, 회유하기, 잊어버리기, 자기비하하기, 억압하기, 기도하기, 운동하기, 노래방 가기

2. 당신에게 상처를 줄 당시 그 사람의 삶은 어떠했습니까?
(구체적인 사건을 예로 들면서 구체적으로 써 보십시오.)

3. 상대방의 장점을 세 가지만 써 보십시오.

4. 상대방의 단점을 세 가지만 써 보십시오.

☞ 워크북 참고자료

빈 의자 기법(Empty Chair)

상담자는 빈 의자를 내담자 앞에 두고 상상의 인물, 즉 내담자에게 상처 준 사람과 대화하도록 유도한다. 또한, 내담자가 그 인물이 되어 의자에 앉아서 대답한다. 필요시에는 의자 대신 보조 자아를 등장시켜 그 인물의 역할을 맡도록 할 수 있다. 또는 비특정인, 예를 들어 울고 있는 아이, 과거에 상처받던 상황의 자기 모습, 어린 시절 늘 지니고 다녔던 인형, 슬픔에 잠긴 사람, 앉아서 떨고 있는 사람 등을 상상하게 한 후 자신을 투영해 볼 수도 있다. 의자 이외에 침대, 창가, 탁자, 식탁 등도 같은 이미지로 사용될 수 있다.

빈 의자 기법은 다음과 같이 진행한다.

"우리는 이런저런 상상들을 많이 합니다.
저는 이제부터 여러분을 상상의 세계로 안내할까 합니다.
여기 빈 의자가 하나 있습니다. 누군가가 앉아 있습니다.
누구일까요? 여러분에게 상처를 준 사람이 앉아 있다고 상상해 볼까요?
어떻게 앉아 있나요? 표정은 어떤가요? 시선은 어디를 보고 있죠?
뭐라고 첫마디를 건네겠습니까? 그러면 그 사람은 뭐라고 대답하나요?
눈을 감아도 좋습니다. 자, 이제 그 사람에게 정말로 하고 싶었던 이야기를 해 보세요."

☞ 워크북 3-② 내가 상처를 주었던 경험

⊙ 살아가면서 우리는 다른 사람에게 잘못하고 상처를 줄 때가 있습니다. 내가 누군가에게 잘못하고 상처를 주었던 경험에 대해서 생각해 봅니다.

1. 언제, 누구와 무슨 일이 있었습니까?

2. 그 일은 나와 상대방에게 어떤 영향을 미쳤습니까?

3. 이런 경험이 나에게 상처를 준 사람에 대한 생각과 태도에 어떤 영향을 미치고 있습니까?

[4회기: 용서의 결정과 행동]

목표	• 용서 경험을 통해 용서의 필요성을 생각해 보고 진정한 용서를 이해한다. • 나에게 상처를 준 사람을 용서하기로 결심하고 선물을 준다.

활동과정	진행내용	소요시간	준비물
도입	• 과거의 용서 경험을 통해 용서의 필요성과 진정한 용서의 의미에 대해 알아본 후, 나에게 상처를 준 사람에 대해 용서하기로 결심해 본다.	10분	
전개	• 용서 경험 나누기 – 용서받았거나 용서했던 경험, 그때 느꼈던 감정, 자신이 생각하는 용서의 의미, 용서의 필요성에 대해 이야기를 나눈 후 한 사람이 요약하여 소개한다. – 용서는 가해자를 위한 것이기보다 상처 입은 피해자가 상처를 극복하고 회복하기 위해 필요한 과정임을 숙지한다.	30분	워크북 ☞ 4–①
	• 진정한 용서의 의미 이해하기 – 퀴즈를 통해 용서에 대한 오해를 점검해 본다. – 맞힌 참여자에게 선물을 주어 즐거운 분위기를 유도한다.	20분	워크북 ☞ 4–②
	• 용서의 선택과 결심하기 – 상처를 극복하기 위한 방법으로 용서를 결심하도록 노력한다. – 나에게 상처를 준 사람을 용서하기로 결심했다면 서약서를 작성해 본다.	30분	워크북 ☞ 4–③
	• 상대에게 선물 주기 – 나에게 상처를 준 사람을 만난다면 어떻게 대할지 생각해 보고, 그에게 선물을 준다면 무엇을 주고 싶은지 목록을 작성해 본다. – 두 사람씩 짝지어 선물 전달 연습을 한다.	20분	워크북 ☞ 4–④
마무리	• 선물 전달은 다음 시간까지 계속한다. • 다음 회기에 필요한 집단원의 선물을 준비하게 한다.	10분	

☞ 워크북 4-① 용서 경험

⊙ 우리는 살면서 실수를 하기도 하고, 누군가로부터 부당한 대우를 받거나 상처받기도 합니다. 자신이 실수를 했을 때 용서를 받았던 기억과 누군가를 용서했던 기억을 되살려 보십시오.

1. 누구에게 용서받은 경험이 있나요? 용서받았을 때 어떤 감정을 느꼈습니까?

2. 누군가를 용서한 경험이 있나요? 용서했을 때 어떤 감정을 느꼈습니까?

3. 용서란 무엇이라고 생각하는지요?

4. 용서는 왜 필요하다고 생각하는지요?

☞ 워크북 4-② 진정한 용서의 의미 이해하기

1. 다음 문장에 대해서 O, X로 답해 보십시오.

가. 용서는 잊는 것이다. (　　)
나. 용서는 참는 것이다. (　　)
다. 용서하면 정의가 훼손된다. (　　)
라. 용서하면 화해해야 한다. (　　)
마. 용서는 나를 위한 것이다. (　　)

2. '진정한 용서'의 의미에 대하여 알아봅시다.

가. 다음 중 '진정한 용서'에 해당하는 것을 찾아보십시오. (　　)
① 상대방이 나처럼 피해를 입었을 경우에 용서하는 것
② 주위에서 용서하기를 기대하기 때문에 용서하는 것
③ 자발적으로 상대방을 이해하고 수용하는 마음으로 용서하는 것

3. 용서는 일회적 행위가 아니라 '과정'입니다. 우리가 걸어온 과정을 체크해 보십시오.

개방	➡	결심 및 작업	➡	심화
☐ 관계 돌아보기 ☐ 상처 마주하기 ☐ 상처의 영향 자각하기		☐ 새롭게 바라보기 ☐ 새롭게 느끼기 ☐ 용서 시도 결심하기 ☐ 새롭게 행동하기		☐ 변화 발견 ☐ 고통의 의미 ☐ 삶의 목적 ☐ 용서의 자유

⊙ 답지

1. 가(X), 나(X), 다(X), 라(X), 마(X)
2. ③
3. 개방(☑ 관계 돌아보기, ☑ 상처 마주하기, ☑ 상처의 영향 자각하기)
결심 및 작업(☑ 새롭게 바라보기, ☑ 새롭게 느끼기)

☞ 워크북 4-③ 용서 증서

나는 이제 나에게 상처를 준 (   )을(를) 용서합니다.
그리고 다음을 약속합니다.

1. 그 사람에 대해서 부정적으로 생각하고, 느끼고, 행동하지 않겠습니다.

2. 그 사람에 대해서 최대한 긍정적으로 생각하고, 느끼고, 행동하도록 노력하겠습니다.

3. 내 용서를 표현하기 위해서 그 사람에게 선물을 주도록 노력하겠습니다.

이름:	서명:	날짜:	년	월	일
보증인:	서명:	날짜:	년	월	일

☞ 워크북 4-④ 상대에게 줄 수 있는 선물 목록

⊙ 나에게 상처를 준 사람에게 주고 싶은 선물 목록을 작성해 보고 어떻게 느껴지는지 체크해 보십시오.

선물 목록	아주 편안함	조금 편안함	별로 편안하지 않음	전혀 편안하지 않음

선물 목록 예시

비난하지 않기, 상대방의 장점 찾기, 기도하기, 눈 맞추며 반갑게 인사하기, 미소 짓기, 먼저 안부 묻기, 먼저 말 걸기, 상대방의 이야기를 귀 기울여 듣기, 작은 선물 전하기, 함께 식사하기

⊙ 실천 가능한 범위에서 선물 전달을 계획해 보십시오.

누구에게	
무엇을	
언제	
어떻게	
상대방의 반응은 어떨까?	

[5회기: 용서 여정]

목표	• 용서 경험의 의미를 성찰한다. • 긍정적 변화를 살펴보고 앞으로 계속될 용서 여정을 준비한다.		
활동과정	**진행내용**	**소요시간**	**준비물**
도입	• 선물 받은 경험 나누기 – 선물 전달 계획을 실행한 집단원의 경험과 소감을 듣고, 전하지 못한 사람은 앞으로 어떻게 하고 싶은지 이야기를 나누어 본다. – 용서 경험의 의미를 성찰해 보면서 앞으로 용서 여정을 가기 위해 서로 격려하는 시간을 갖도록 한다.	15분	
전개	• 얼마나 용서했을까? – 용서 척도를 사용하여 자신이 받은 상처와 상처를 준 사람에 대한 생각이 얼마나 변화되었는지 확인한다.	30분	워크북 ☞ 5-①
	• 용서 여정 되돌아보기 – 용서 여정에 나타난 긍정적 변화와 미해결 과제에 대해 생각해 본다. – 용서 여정에서 예상되는 걸림돌은 무엇이고 그것을 어떻게 극복하면 좋을지 함께 이야기한다.	30분	워크북 ☞ 5-②
	• 칭찬하기 – 서로의 장점을 칭찬하며 격려한다. – 지도자가 먼저 제비를 뽑고 뽑힌 사람은 지도자에게 선물을 받고 준비한 주인공의 자리에 앉는다. – 집단원은 앉은 사람에게 2분 정도 칭찬을 한다. – 주인공이 된 사람은 가장 기억에 남는 칭찬과 칭찬받은 소감을 말하고 자신이 받은 선물을 공개한다. – 제비를 뽑아 계속 순서를 이어간다.	25분	
마무리	• 프로그램 성과를 전체적으로 평가하고 가장 도움이 되었던 활동과 가장 어렵고 힘들었던 활동은 무엇인지, 더 좋은 프로그램이 되기 위해 개선할 점은 무엇인지 소감을 나눈다.	20분	워크북 ☞ 5-③

☞ 워크북 5-① 얼마나 용서했을까?

1. 다음 문항들은 당신이 받은 상처와 상처를 준 사람에 대해서 지금 어떻게 생각하고 느끼고 행동하는지 알아보는 내용입니다. 자신과 가장 적합한 문항에 표시해 보십시오. 모든 문항에 솔직하게 응답해 주십시오.

	내용	매우 그렇지 않다	대체로 그렇지 않다	그저 그렇다	대체로 그렇다	매우 그렇다
1	그 사람에 대한 미움이 남아 있다.	1	2	3	4	5
2	그 사람을 봐도 마음이 편안하다.	1	2	3	4	5
3	그 사람을 보면 화가 난다.	1	2	3	4	5
4	그 사람을 봐도 아무렇지 않다.	1	2	3	4	5
5	그 상처를 잊기 어렵다.	1	2	3	4	5
6	그 일로 사람들을 경계하게 되었다.	1	2	3	4	5
7	그 사람과 웃으며 이야기할 수 있다.	1	2	3	4	5
8	그 사람을 형식적으로 대한다.	1	2	3	4	5
9	그 사람에게 잘해 주려고 노력한다.	1	2	3	4	5
10	그 사람에게 편하게 연락한다.	1	2	3	4	5

2. 채점 방법

① 2번, 4번, 7번, 9번, 10번의 점수를 더합니다.

② 1번, 3번, 5번, 6번, 8번은 점수를 역으로 바꾸어서 더합니다.
(예: 1점 → 5점 / 2점 → 4점 / 4점 → 2점 / 5점 → 1점)
①과 ②의 점수를 더하여 총점을 구합니다. 총점은 얼마입니까?

3. 총점 해석 기준

① 22점 이하는 낮은 수준입니다. 당신은 아직도 상처를 많이 받고 있으며, 그 때문에 당신의 생각과 감정과 행동이 부정적입니다. 당신은 치유가 많이 필요하므로 천천히 용서 과정을 거치기 바랍니다.

② 23~32점은 보통 수준입니다. 당신이 상대방을 어느 정도 용서했다는 것을 의미합니다. 상처에서 완전히 벗어나기 위해서는 용서하기 과정을 거칠 필요가 있습니다.

③ 33점 이상은 높은 수준입니다. 당신은 이미 많이 용서하고 있으며 당신이 원한다면 이번 상처에 대해서는 용서하기 과정을 수행하지 않아도 됩니다. 그러나 상대방을 더 용서하고 싶다면 그 상처를 대상으로 용서하기의 과정을 따라가도 좋습니다.

☞ 워크북 5-② 나의 용서과정 정리하기

1. 나에게 상처를 준 사람을 용서하는 과정을 거치면서 얻은 것은 무엇입니까?

2. 상대방에게 용서를 실천하는 데 가장 도움이 된 것은 무엇입니까?

3. 상대방에게 용서를 실천하는 데 가장 방해가 된 것은 무엇입니까?

4. 이런 방해는 어떻게 극복해 나갈 수 있습니까?

☞ 워크북 5-③ 평가

1. 용서 프로그램에 참여하면서 얼마나 도움이 되었는지 다음 문항에 답해 주세요.

	내용	매우 도움 됨	약간 도움 됨	보통	별로 도움 안 됨	전혀 도움 안 됨
1	이 프로그램에 대한 전체적인 나의 평가는 무엇입니까?					
2	이 프로그램은 나의 상처받은 마음을 회복하는 데 얼마나 도움이 되었습니까?					
3	이 프로그램은 나에게 상처를 준 사람에 대한 태도 변화에 얼마나 도움이 되었습니까?					
4	이 프로그램은 나의 인간관계 변화에 얼마나 도움이 되었습니까?					
5	이 프로그램은 내가 행복한 삶을 살아가는 데 얼마나 도움이 되었습니까?					

2. 프로그램 개선을 위한 제안 사항이 있으면 적어 주십시오.

3. 프로그램을 마치는 소감을 남겨 주십시오.

CHAPTER 5

재난 트라우마 극복 프로그램

재난 트라우마 극복 위기상담은 초기개입과 인지행동치료, EMDR, 게슈탈트치료, 최면치료 등 다양한 방법이 활용되고 있다. 일반적으로 개인 특성과 위기평가 결과, 위기상황을 고려하여 방법을 달리 적용한다. 군 재난피해장병의 경우에는 현재의 심리상태에 대한 위기평가 결과를 고려한 인지행동치료를 활용하는 것이 효과적이다.

인지행동치료는 인간의 사고, 인지에 따라 인간의 정서와 행동이 달라진다는 점을 바탕으로 하는 이론이다. 한 사람의 사고나 행동은 그가 세상을 구조화하는 방식에 따라 결정된다는 인지에 기초를 두고, 역기능적인 사고와 행동을 수정하여 현재의 문제를 해결하는 데 초점을 둔다. 이러한 인지행동치료는 군 재난피해장병의 위기극복에 활용하기가 수월할 뿐만 아니라 효과도 크다.

본 프로그램은 인지행동치료를 통해 스스로 자신의 행동을 통제하고, 감정 변화를 적절히 조절하는 능력을 증진하는 것에 목표를 두고 만들어진 소방방재청(2011)과 심윤기(2018)의 프로그램을 일부 수정·보완하여 재구성하였다.

[프로그램의 회기별 내용]

구분	중점	세부내용
1회기	프로그램 소개하기	• 재난 트라우마 교육 및 프로그램 설명
2회기	트라우마 경험 노출하기	• 재난 트라우마 경험일지 작성 및 발표
3회기	인지 재구조화하기	• 트라우마 경험 발표 • 인지 재구조화(A–B–C)
4회기	인지오류 이해하기	• 트라우마 경험 발표 • 인지오류 교육
5회기	불안 상황 인식하기	• 트라우마 경험 발표 및 불안위계 목록 작성하기
6회기	상상노출하기	• 불안위계에 의한 상상노출훈련 실시
7회기	현장노출하기	• 불안위계에 의한 현장노출훈련 실시
8회기	대처전략 개발하기	• 트라우마 대처전략 교육 및 공유

[1회기: 프로그램 소개하기]

1) 개요

목표	재난 트라우마와 프로그램 절차 이해
도입	• 진행자 및 참가자 소개 • 집단상담 프로그램 설명 • 프로그램 진행 시 지켜야 할 유의사항 설명 • 근육이완훈련 실시

2) 진행요령

① 재난 트라우마와 PTSD에 대한 이해

트라우마와 PTSD의 진단, 원인, 증상, 미치는 영향 등을 설명한다.

② 인지행동치료 절차와 전체 프로그램 개관

인지행동치료의 이론적 근거를 설명하고, 전체 프로그램 진행을 개관한다.

③ 근육이완훈련

근육이완훈련에 들어가기에 앞서 이완에 방해가 될 수 있는 시계나 안경 같은 물건을 풀어 놓도록 합시다. 자~ 다음 지시문을 상담자가 말하는 대로 따라 해 봅니다.

근육이완훈련 지시문

• 오른손 주먹을 힘껏 쥡니다.

손에 긴장을 느껴 봅니다. 손가락 사이로, 엄지, 손목, 그리고 팔까지 긴장이 어떻게 느껴지는지 주의를 기울여 봅니다. 손가락, 엄지, 손목의 긴장감을 집중해 봅니다. 모든 근육에서 긴장을 느끼고, 모든 긴장에 주의를 기울입니다. 그리고 이완할 때 그 차이를 느껴 보는 겁니다. 당신의 손가락은 얼얼하고 따뜻하게 느껴질 수 있고, 어떤 사람은 이완에 들어가면서 근육이 따뜻하고 무겁게 느끼는 것을 발견하기도 합니다. 또 어떤 사람은 긴장이 사라지면서 근육이 가벼워진다고 느끼기도 합니다. 당신이 어떻게 느끼는지를 주목하고 이 느낌들을 간직해 보십시오. 당신이 긴장했을 때 근육이 어떻게 느끼는지와 지금 어떻게 느끼는지를 비교해 보도록 합니다. 이완의 파도가 모든 근육을 만지고 이완을 깊이 하면서 당신의 팔을 휘감는다고 상상해 봅니다. 파도는 썰물이 되어 나가고 이때 모든 긴장이 함께 빠져나간다고 상상합니다. 자, 이 차이를 느끼고 느낌을 간직해 보세요.

• 이제 우리는 오른손 위쪽 팔의 근육으로 주의를 옮깁니다.

오른쪽 손을 들어 어깨를 만져 봅니다. 그리고 위쪽 팔의 근육, 이두박근과 삼두박근을 긴장시켜 봅니다. 위쪽 팔의 긴 근육에서 긴장을 느껴 봅니다. 위쪽 팔 주변에서 밴드가 꽉 조여서 긴장을 만들어 낸다고 상상해 봅니다. 모든 근육이 어떻게 느끼는지를 주목하면서 그 긴장에 집중해 보며 이완합니다. 차이를 느껴 보세요. 당신이 긴장했을 때 근육이 어떻게 느끼는지와 지금 어떻게 느끼는지를 비교해 봅니다. 이완의 느낌은 오른손과 아래쪽 팔로 뻗쳐 나가서 이완의 느낌이 전달된다고 상상해 보십시오. 당신의 팔은 무겁고 따뜻하게 느낄 것입니다. 변화에 집중해 보세요. 이완의 파도는 당신의 팔을 적시고 썰물처럼 빠져나가는 것을 느껴 봅니다. 깊고 완전한 이완이 오는 것을 느껴 봅니다. 이 느낌들을 간직해 보세요. 고요하고 평온합니다. 긴장되었을 때 근육이 어떻게 느껴지는지와 이완되었을 때 어떻게 느껴지는지 그 차이에 주목하고, 이 느낌들이 커지는 것을 상상해 봅니다.

• 우리는 이제 왼손에 주의를 옮기겠습니다.

왼손에 주먹을 쥡니다. 손가락, 엄지, 손목을 통해서 아래쪽 팔까지 긴장을 느껴 봅니다. 긴장의 느낌에 주목해 봅니다. 손가락, 엄지, 손목에서 다시 팽팽함에 집중합니다. 모든 근육에서 긴장을 느껴 봅니다. 그리고 이완합니다. 차이를 느껴 보세요. 손가락은 얼얼하고 따뜻하게 느껴질 것입니다. 변화에 집중해 보세요. 그것이 당신에게 어떻게 느껴지는지 주목하고 이 느낌들을 간직해 봅니다. 긴장했을 때 근육이 어떻게 느껴졌는지, 지금 어떻게 느끼는지를 비교해 보세요. 이완의 파도는 다시 모든 근육을 어루만지며 당신의 팔을 휘감는다고 생각해 봅니다. 이완을 깊이 하며 파도는 썰물이 되어 모든 긴장을 쓸어간다고 상상해 봅니다.

• 이제 우리는 왼손 위쪽 팔의 근육으로 주의를 옮겨 봅니다.

왼쪽 손을 들어 어깨를 만져 봅니다. 그리고 위쪽 팔의 근육, 이두박근과 삼두박근을 긴장시켜 봅니다. 위쪽 팔의 긴 근육에서 긴장을 느껴 봅니다. 위쪽 팔 주변에서 밴드가 꽉 조여서 긴장을 만들어 낸다고 상상해 보십시오. 모든 근육이 어떻게 느끼는지를 주목하면서 그 긴장에 집중해 봅니다. 그리고 이완해 보세요. 차이를 느껴 보세요. 당신이 긴장했을 때 근육이 어떻게 느끼는지와 지금 어떻게 느끼는지를 비교해 보세요. 이완의 느낌은 왼손 아래쪽 팔로 뻗쳐나가 이완의 느낌이 전달된다고 상상해 봅니다. 당신의 왼팔은 무겁고 따뜻하게 느껴질 것입니다. 변화에 집중해 보세요. 이완의 파도는 당신의 팔을 적시고 썰물처럼 빠져나가는 것이 느껴질 것입니다. 깊고 완전한 이완을 가져오는 것을 느껴 보세요. 이 느낌을 간직해 보세요. 고요하고 평온한 느낌입니다. 긴장했을 때 근육이 어떻게 느끼는지와 이완되었을 때 어떻게 느껴지는지 그 차이에 주목해 봅니다.

- 이제 우리는 얼굴과 어깨 근육으로 주의를 옮기겠습니다.

이마 근육과 눈에서 시작합니다. 눈썹을 조이고 눈을 찌푸리면서 이마 근육을 아래쪽으로 눌러보세요. 눈 주위의 모든 긴장을 느껴 봅니다. 여기에는 얼굴 표정을 만드는 많은 근육이 있는데요. 이 근육들을 모두 느껴 봅니다. 관자놀이와 눈 주변을 잡아당기면서 이마에서 긴장을 느껴 보세요. 그리고 이완해 보세요. 긴장을 모두 밖으로 보내고 차이에 주목해 봅니다. 이마의 조임이 점점 풀리고 이완되면서 이마가 편안해지는 것을 느낄 것입니다. 얼얼하거나 따뜻하게 느껴질 수도 있습니다. 어떤 변화가 생겼든 간에 그 변화에 주목하고 간직해 보세요. 긴장이 빠져나가고 이완이 깊어짐에 따라 눈이 이완되는 것을 느껴 보세요. 점점 더 이완되고 있음을 느껴 봅니다. 긴장되었을 때 근육이 어떻게 느끼는지와 지금 어떻게 느끼는지를 비교해 봅니다. 우리가 볼과 턱으로 주의를 옮길 때에도 이 느낌을 기억해 봅니다. 우리가 하려고 하는 것은 어금니를 꽉 깨물고 입꼬리를 잡아당기고 찡그린 얼굴을 만드는 것입니다. 가능하다면 혀로 입천장이나 위 치아를 누르는 것이 좋습니다. 그 긴장을 유지하면서 어느 곳이 팽팽한지를 느껴 보세요. 그리고 멈춰 보세요. 그리고 또 이완해 보세요. 모든 긴장이 빠져나가게 하고 차이에 주목해 봅니다. 턱이 완전히 이완되면 사실상 입이 벌려진 채로 턱은 매달려 있는 상태임을 느끼게 됩니다. 그대로 완전히 이완해 보세요. 당신 얼굴에 있는 모든 근육은 이제 이완되었으며 이마, 눈, 볼, 턱도 완전히 이완된 느낌을 기억합니다.

- 이제 우리는 목과 어깨 근육으로 주의를 옮기겠습니다.

만약, 우리 몸의 어떤 부분을 다쳤거나 아픈 곳이 있다면 그 부분을 너무 긴장시키지 마십시오. 긴장했을 때와 긴장이 풀렸을 때 근육이 어떻게 느끼는지만 알면 됩니다. 목 뒤쪽에서 근육을 긴장시키면서 머리를 부드럽게 뒤로 젖힙니다. 동시에 어깨에 있는 근육들이 서로 꽉 묶여서 매듭지어진 것처럼 느껴지도록 어깨를 올려 봅니다. 긴장을 유지한 채 근육이 얼마나 탄탄하게 느껴지는지를 느껴 보세요. 어느 곳에 긴장이 있는지를 주목하고 그 긴장을 느껴 봅니다. 그리고 이완해 보십시오. 머리가 편안한 자세에 있도록 해서 그곳이 긴장되지 않도록 해 보십시오. 어깨를 이완해 보세요. 근육은 느슨해지고 편안해집니다. 나른해집니다. 따뜻하고 편안합니다. 아무런 힘을 들이지 않고 따뜻함과 편안함이 온몸으로 퍼져 나가, 온몸이 완전히 이완되는 것을 느껴 봅니다.

• 이제 우리는 가슴과 뒤쪽 등의 근육으로 주의를 옮기겠습니다.

여기서 우리는 약간 다른 방식으로 긴장감을 만들 것입니다. 시작하기 전에 숨을 들이마시고, 잠시 멈춘 후에 숨을 내쉬면서 이완하겠습니다. 준비가 되면 숨을 깊게 들이마시고, 잠시 멈춘 후에 가슴과 뒤쪽 등 근육을 긴장시킵니다. 숨을 멈추고 근육의 팽팽함을 느껴 봅니다. 긴장과 팽팽함이 어떻게 느껴지는지와 어디서 느껴지는지를 지각해 봅니다. 그리고 이완해 봅니다. 숨을 내쉬면서 긴장도 함께 내보냅니다. 다음 호흡은 느리고 편안하게 합니다. 신선한 공기를 들이마시고 다시 내뱉으면서 긴장도 날숨과 함께 내보냅니다. 숨을 쉴 때마다 점점 더 평온해지고 더욱 깊이 이완되는 것을 느껴 봅니다. 아주 평온하고 평화로운 느낌을 느껴 봅니다.

• 이제 우리는 복부와 복부 뒤쪽 허리 근육으로 주의를 옮기겠습니다.

숨을 들이마시면서 가슴 근육을 긴장시키고 숨을 멈췄다가 다시 숨을 내쉬면서 이완합니다. 준비가 되면 깊게 숨을 들이마셔서 폐에 공기를 가득 채우고, 아랫배를 바깥쪽으로 밀어서 등과 아랫배 사이의 공간을 확장시키고, 복부와 옆구리와 아래쪽 등에서 팽팽함을 느껴 봅니다. 숨을 참고 팽팽함을 느껴 봅니다. 그리고 이완해 봅니다. 숨을 내쉬어 가슴과 아랫배가 들어가게 해 봅니다. 다음 호흡을 하면서 신선한 공기가 폐에 가득 차는 것을 느끼고 아랫배가 부풀어 오르도록 해 봅니다. 숨을 내쉴 때마다 당신의 몸이 쿠션으로 깊이 빠져든다고 상상해 봅니다. 당신의 모든 근육은 흐느적거리고 느슨해지는 것을 느껴 봅니다. 힘을 빼고 쿠션에 몸을 맡겨 보세요. 아무런 긴장을 느끼지 않고 숨을 쉬는 어린 아기처럼 당신의 아랫배는 부드럽게 올라온다고 느끼며, 위쪽 전체 몸으로 이완이 퍼져 나가는 것을 느껴 보세요. 평온하고 평화로운 느낌을 느껴 봅니다. 숨을 내쉴 때마다 이완이라는 단어를 생각하고, 당신의 몸이 가는 대로 내버려 둡니다.

• 이제 우리는 엉덩이와 위쪽 다리 근육으로 주의를 옮기겠습니다.

여기서는 근육을 긴장시킬 때 근육이 어떻게 느껴지는지와 이완할 때 어떻게 느껴지는지의 차이에 초점을 두면서, 근육들을 조였다가 이완하도록 하겠습니다. 엉덩이, 대퇴부, 위쪽 다리 근육을 조이면서 시작합니다. 엉덩이와 위쪽 다리를 조이면서 팽팽함을 느껴 보세요. 팽팽함을 느끼고, 긴장을 느끼고, 긴장을 잡아두세요. 그리고 이완합니다. 차이를 느껴 보세요. 다시 따뜻하고 편안한 파도가 당신의 근육들로 타고 넘어 들어오는 것처럼 느껴질 것입니다. 긴장이 풀리면서, 당신은 쿠션으로 빠져듭니다. 이완의 파도가 다른 부분으로 넘어 들어가 그곳의 모든 긴장을 침식시키는 것을 상상해 보십시오.

- 이제 우리는 아래쪽 다리와 발로 주의를 옮깁니다.

발가락을 위쪽으로 올려서 발가락과 발과 발목과 종아리가 긴장을 느끼도록 합니다. 팽팽함을 느끼고 모든 근육이 어떻게 느끼는지에 주목해 봅니다. 완전하게 이완해 보세요. 모든 긴장이 아래쪽으로 흘러내려 가서 발로 빠져나가는 것을 상상해 보세요. 이완은 온몸을 씻어 내고, 따뜻한 느낌이 충만하도록 해 줍니다. 모든 근육에 평온함이 깊어집니다. 긴장과 이완의 차이를 비교해 봅니다. 그리고 이 느낌을 간직해 봅니다. 어떻게 느꼈는지를 기억하고 그 근육의 기억을 간직해 봅니다.

- 이제 각각의 근육군을 다시 연습할 것입니다.

그러나 이번에는 근육들을 긴장시키지 않을 것입니다. 근육이 언급될 때 조금 더 이완만 하면 됩니다. 자, 발과 아래쪽 다리 근육에서 이완을 느낍니다. 위쪽 다리와 엉덩이... 평온하다... 편안합니다. 아랫배와 허리... 이완되고 있습니다. 당신의 호흡은 평온하고 평화롭습니다. 가슴과 뒤쪽 등... 조용하고... 따뜻하고... 무겁습니다. 어깨와 목... 느슨합니다... 그리고 평온합니다. 얼굴, 아래쪽 이마, 눈 사이, 볼과 턱 아래... 느슨하고... 무겁습니다. 그리고 팔, 위쪽 팔, 아래쪽 팔, 그리고 손과 손가락, 평온하고, 평화롭게 느껴집니다.

- 이제 마음으로 이완하면서 전체 몸을 연습합니다.

근육이 더 이완할 수 있다고 느낀다면 그 근육에 주의를 기울이고, 이완을 깊이 합니다. 아무런 힘이 들지 않고 단지 평온하게 느낍니다. 그리고 다음 다섯 번의 호흡에 집중해 봅니다. 부드럽고 평온하게 숨을 쉬는 데 집중해 봅니다. 하나부터 다섯까지 세는 동안 숨을 들이쉬고 내쉬면서 이완이라는 단어를 생각합니다. 숨을 쉴 때마다 당신 자신이 더 평온하고 더욱 이완되고 있는 것에 주목해 봅니다. 몇 분간 이러한 감각을 즐겨 봅니다. 이제 이완의 단계에서 다시 평상의 삶으로 돌아올 시간입니다. 마음속에서 삼에서 하나까지 거꾸로 셀 겁니다. 각 숫자를 세면서 당신 자신이 평온하고 편안한 채로 조금씩 깨어나는 것을 발견할 것입니다. 셋~ 당신은 여전히 평온하고 편안합니다. 둘~ 당신은 조금씩 깨어납니다. 하나~ 자, 이제 천천히 눈을 뜨고 깨어납니다.

☞ 과제부여: 근육이완훈련을 매일 2회 실시

☞ 마무리: 프로그램 후 느낌 공유, 다음 회기 프로그램의 간단한 소개

[2회기: 트라우마 경험 노출하기]

1) 개요

목표	트라우마 경험일지를 작성하고, 이를 발표하여 기억을 촉진한다.
도입	• 일주일간의 경험을 공유한다.

2) 진행요령

① 트라우마 경험일지 작성

장병 여러분이 경험한 충격적이고 끔찍한 재난에 대한 경험일지를 작성해 보겠습니다. 경험일지 내용은 사건의 사실 자체에 대한 것이라기보다 여러분이 그 사건에 대해 어떻게 기억하는지에 대한 내용을 쓰는 것입니다. 무슨 일이 일어났는지, 왜 일어났는지, 어떻게 그 일이 일어나게 되었는지를 쓰시고, 여러분이 기억하고 있는 재난과 관련한 생각, 이미지, 소리, 냄새, 느낌까지 모두 써 봅니다.

이 과정은 재난사건에 대한 여러분의 기억과 관련한 정보를 수집해서 여러분을 돕기 위한 것이므로 문법이나 문장에 대해서는 걱정하지 않으셔도 됩니다. 재난 트라우마 경험일지를 쓰는 것은 여러분 스스로 부정적인 증상에 대처하고, 여러분을 불편하게 만드는 외상기억에 직면하기 위하여 제일 먼저 하는 과정입니다.

외상사건을 경험한 세부사항과 사건을 경험할 당시의 생각, 정서에 집중하셔서 작성하도록 하겠습니다(질문을 자주하여 기억을 촉진한다).

② 트라우마 경험일지 발표

자, 다 쓰셨으면 이번에는 작성된 경험일지를 발표하는 시간을 갖도록 하겠습니다(경험일지를 발표하지 못하고 침묵하고 있다면 "재난경험일지를 써 보시니 여러분은 어떤 기분이 드세요?", "표정이 불안해 보이시는데 그 사건에 대해 어떤 감정을 가지고 계신지 말씀해 주시겠어요?"라고 격려한다.

트라우마 경험일지 발표를 마치면 신체적 · 정서적 반응에 대해 "지금 여러분 몸이 어떤 느낌입니까?", "지금 어떤 기분이세요?"와 같은 질문을 한다. 그리고 재난사건에 대해 어떻게 대처했는지에 대해서도 이야기 하도록 격려한다. 불안을 일으킨 장면을 회피하는 것은 정상적인 반응이지만, 이에 대한 경험노출은 심리적 회복을 위한 대처방법으로 매우 중요한 과정임을 이해시킨다.

☞ 과제부여: 근육이완훈련과 복식호흡 매일 2회 실시, 외상경험일지 매일 3번 읽기

☞ 마무리: 프로그램 후 느낌 공유, 다음 회기 프로그램의 간단한 소개

[3회기: 인지 재구조화하기]

1) 개요

목표	인지 재구조화를 통해 부정적 감정을 해소한다.
도입	• 트라우마 증상과 관련한 일주일간의 경험을 공유하기 • 트라우마 경험일지를 읽고, 지난 시간과 느낌이 어떻게 다른지 느껴 보기

2) 인지 재구조화 A-B-C 설명

일반적으로 우리는 나를 불안하게 만드는 사건(A: Activating 사건) 때문에 내가 불안(C: Consequences 감정적 · 육체적 결과)하게 느낀다고 생각합니다. 그러나 자세히 살펴보면 어떤 사건이나 사람 때문에 불안한 것이 아니라 그 사건에 대해 우리가 가지고 있는 생각, 특히 비합리적인 믿음 때문에 불안하게 느끼는 경우가 많습니다. 이는 비합리적인 생각이나 사고가 우리의 정서나 행동에 좋지 않은 영향을 미치고 있다는 것을 나타내 주는 것입니다.

홍수 재난피해를 입은 사람을 예로 들어보겠습니다. 예를 들어, 비가 온다(A) → 또 홍수가 날 거야. 나는 지난번 홍수에서 죽을 고비를 넘겼는데, 그런 사고가 또 발생할 수 있을 거야.(B) → 불안(C)이 발생한다. 이렇게 내가 지닌 신념으로 인해 불안한 나의 감정(C)이 발생하는 것입니다. 이 말은 나의 신념(B)이 어떤 내

용이냐에 따라 나의 감정(C)이 달라질 수 있다는 이야기입니다. 이처럼 두려움, 분노, 죄책감, 상실감, 좌절, 무력감, 열등감 등 우리를 괴롭히는 정서는 거의 대부분 우리의 비합리적인 사고방식에 의해 생겨나고 있음을 알 수 있습니다.

우리가 느끼는 정서는 우리 자신이 생각한 결과입니다. 사고와 느낌은 분리되어 있지 않습니다. 우리가 합리적인 사고방식을 가지고 있으면 우리의 마음이 편안하지만, 경직된 사고방식을 가지고 있으면 우리의 마음도 피곤해집니다. 우리가 자신의 어떤 문제 때문에 또는 어떤 경험 때문에 필요 이상으로 힘들고 피곤하다면 그것은 우리가 그러한 사고방식을 가지고 있음을 나타내 주는 증거입니다. 이제부터 과거에 우리를 불안하게 했거나 화나게 했던 경험을 떠올려 보고 A, B, C로 나누어 생각해 보겠습니다.

☞ 과제부여: 근육이완훈련 매일 2회 실시, 트라우마 경험일지 매일 3번 읽기

☞ 마무리: 프로그램 후 느낌 공유, 다음 회기 프로그램의 간단한 소개

[4회기: 인지오류 이해하기]

1) 개요

목표	나의 인지오류 찾기
도입	• 트라우마 경험일지를 읽고, 지난 시간과 느낌이 어떻게 다른지 느껴 보기 • 재난경험 노출 과정이 트라우마 회복을 위해 중요하다는 것을 설명하기 • 정서의 A, B, C 내용에 대한 복습과 구체적인 예를 들어 설명해 보기

2) 인지오류 설명

나를 불안하고 힘들게 하는 생각으로는 대체로 다음과 같은 것들이 있다.

- 당위적 생각(반드시 ~해야만 한다)
  - 나는 무슨 일이 있어도 꼭 1등을 해야만 해.
  - 재난을 경험했지만 나는 강하니까 아무 일도 없었던 것처럼 보여야 해.
- 흑백논리(이것 아니면 저것이라는 생각)
  - 1등을 하지 못하면 그것은 실패한 인생이야.
  - S 대학이 아니면 다 삼류대학이야.
- 극단적 생각
  - 나는 이번에 실연을 당했어. 여자들은 아무도 나를 좋아하지 않아.
  - 이번 일에 실수를 했어. 나는 항상 실수만 하고 사는 병신이야.
- 개인화
  - 자신과 관련이 없는 일을 자신 때문에 생긴 일이라고 생각함
  - 경기에서 우리가 패한 것은 모두 나 때문이야.
- 자기비하적인 사고
  - 잘못된 행동 하나로 자신을 평가 절하함
  - 시험 성적이 떨어졌어, 나는 이것밖에 안 되는 인간이야.

☞ 과제부여: 근육이완훈련, 복식호흡 매일 2회 실시, 경험일지 매일 3번 읽기

☞ 마무리: 프로그램 후 느낌 공유, 다음 회기 프로그램의 간단한 소개

[5회기: 불안 상황 인식하기]

1) 개요

목표	재난경험 노출을 통해 트라우마 회복하기
도입	• 트라우마 증상과 관련한 일주일간의 경험 공유 • 트라우마 경험일지를 읽고, 지난 시간과 느낌이 어떻게 다른지 느껴 보기 • 재난경험 노출 절차가 충분한 회복을 위해 중요함을 설명하기

2) 진행요령

① 불안 상황 기록하기

자, 여러분에게 가장 큰 불안을 야기하는 하나의 상황을 적어 보도록 하겠습니다. 그 상황은 자주 또는 적어도 일주일에 한 번 이상은 일어나며, 불안하고 두려워서 피하는 상황입니다.

자, 이제부터는 다음 질문에 대해 구체적으로 답해 보시기 바랍니다.

- 이 상황에서 당신은 어느 정도의 불안을 경험하셨습니까? 그 상황에서 당신이 느낀 불안 점수를 기록해 보십시오. (10점 척도에서 0은 전혀 불안이 없음을 의미하는 것이고, 10은 최고의 불안 수준을 나타낸다.) 당신의 불안 수준(0~10)은 얼마입니까?
- 당신은 이러한 상황을 얼마나 자주 경험하십니까? (일주일에 몇 번 이러한 상황을 경험하는지 적는다.) 당신의 불안 상황 발생 빈도는 일주일에 몇 번입니까? (　)번
- 이러한 불안 상황이 지속되는 시간은 얼마입니까? (불안이 일반적으로 얼마나 지속되는지 적는다.) 당신의 불안 지속시간은 얼마입니까? (　)분
- 이 상황에서 불안이 당신의 삶을 얼마나 방해합니까?(10점 척도상에서 0은 전혀 방해가 없음을 뜻하고, 100은 아주 많은 방해를 받는 것을 나타낸다). 당신 삶의 방해 정도(0~10)는 얼마입니까?

② 불안위계 목록 작성하기

최근 일주일간 자신의 행동을 돌아보고 불안을 느낀 상황 5가지를 기록해 보겠습니다. 그런 다음 10가지 상황을 불안 수준 척도(0~10점)로 평정하여 가장 불안이 작은 것부터 큰 순서대로 기록해 보겠습니다. 그리고 하루 동안 경험한 불안 횟수와 가장 불안을 회피하고 싶었던 이유도 기록해 보겠습니다.

- 불안이 낮은 것부터 높은 순으로 5가지 불안 상황 기록하기

- 하루 동안 경험한 불안 횟수 기록하기

- 가장 불안을 회피하고 싶었던 이유 기록하기

☞ 과제부여: 근육이완훈련 매일 2회 실시, 트라우마 경험일지 매일 3번 읽기

☞ 마무리: 프로그램 후 느낌 공유, 다음 회기 프로그램의 간단한 소개

[6회기: 상상노출하기]

1) 개요

목표	상상노출훈련을 통해 재난 트라우마 증상 제거하기
도입	• 재난 트라우마 증상과 관련한 일주일간의 경험 공유 • 트라우마 경험일지를 여러 사람 앞에서 읽은 후, 느낌이 어떻게 다른지 느껴 보기 • 상상노출 절차가 트라우마 증상 회복을 위해 중요함을 설명하기

2) 진행요령

① 노출치료의 원리 교육

유인물을 이용하여 노출치료의 원리를 이해하도록 설명한다.

노출치료의 원리

노출치료는 두 개의 큰 구성요소로 되어 있습니다.

첫 번째는 상상노출입니다. 상상노출은 마음속에 있는 상처를 계속해서 되새기는 것입니다. 두 번째는 현장노출로 사고 이후에 두려움 때문에 피하는 상황을 직면하게 하는 것입니다. 재난을 경험한 사람들은 재난과 관련된 생각이나 감정을 피하려고 합니다. 또한, 불안해지기 때문에 재난을 회상할 수 있는 그러한 상황, 장소, 활동을 피하려고 합니다. 그렇지만 피하는 것은 잠시 동안은 좀 편할 수 있지만 결국 장기적으로 보아서는 도움이 되지 못하고 오히려 공포 극복을 방해합니다. 상상노출과 현장노출은 이러한 문제를 해결할 수 있도록 도와줍니다.

노출치료가 효과를 거두게 되는 것은 무엇 때문일까요? 비교적 안전한 상황에서 공포스러운 기억을 차근차근 직면하면 다음과 같은 현상이 일어납니다. 첫째, 기억을 되살리는 것은 재난경험을 감정적으로 처리할 수 있게 해 줍니다. 둘째, 재난경험을 직면하여 기분이 나빠지는 것이나 불안해지는 것이 위험한 것이 아니라는 것을 알게 해 줍니다. 셋째, 재난을 떠올리게 하는 다른 상황에 대해서도 조금씩 덜 공포감을 느끼게 합니다. 넷째, 공포와 불안을 잘 처리하는 법을 배우게 되고, 자기 자신에 대해서도 보다 나은 느낌을 갖게 합니다. 마지막으로 그동안 회피해 왔던 기억이나 상황을 반복적으로 직면하게 되면서 공포와 불편감이 점차 감소하는 것을 알게 됩니다.

다시 말해, 이런 상황에 대해서 조금씩 편해진다는 것입니다. 이것을 습관화 또는 둔감화 현상이라고 합니다. 습관화는 불안이 차츰차츰 가라앉게 되는 과정을 말하는데, 안전한 상황에서 불안에 노출되는 과정을 자꾸 반복하면 조금씩 덜 불안을 느끼게 됩니다. 몇 번 넘어지면서 자전거 타는 법을 배우는 것과 비슷합니다. 몇 번 넘어졌다고 자전거 타는 것을 피해버린다면 자전거를 타는 데 더 불안합니다. 그러나 불안한 상태이지만 자전거를 계속 탄다면 결국은 두려움이 덜해집니다.

습관화는 공포스러운 기억에도 똑같이 작동합니다. 외상사건에 대한 기억을 피하는 것보다 자꾸 그 기억을 떠올리게 되면 그 기억에 대해서 조금씩 덜 괴롭게 느껴지고, 그 기억이 위험하지 않다는 것을 알게 됩니다. 고통스러운 기억에 폭로되는 것, 즉, 그 사건을 상상으로 되새기는 것은 그런 기억들을 조절할 수 있게 해 줍니다. 이렇게 되면 공포스러운 기억은 점차 사라지게 됩니다.

큰 사건을 겪고 나면 사람들이 자기 자신이나 세상이 변했다고 믿게 됩니다. 자신을 둘러싼 상황이나 세상을 위험하게 보게 되는 것이지요. 사람에 대한 태도가 부정적으로 변하고, 자기 자신에 대해서도 부정적으로 생각하게 됩니다. 이러한 이유로 치료하는 기간 동안에 재난사건과 자기 자신 그리고 다른 사람과 상황에 대해서 어떻게 생각하는지 자주 논의하게 됩니다. 재난사건과 관련된 변화가 감정에 어떠한 영향을 주었는지 트라우마와 관련된 생각의 변화를 자주 알아보게 되는 것입니다.

상상노출 및 현장노출은 처음에는 어렵게 보일 수 있습니다. 실제로 많은 재난사건의 피해자들이 이것에 참여하는 것을 두려워합니다. 그러나 시간이 지나면서 이러한 치료가 정말로 효과가 있다는 것을 알게 됩니다.

② 상상노출훈련

상상노출훈련은 30분 정도 시행하되 재난사건 하나에만 국한하여 실시한다. 재난경험을 현재 시제로 바꾸어 진행한다(노출 강도를 약하게 약 5분 노출, 노출 강도와 시간을 점차 증가). 재난피해장병은 눈을 감고 그때의 재난사건을 그려 보고 느낌과 생각에 머무르도록 한다(노출 강도를 강하게 약 25분간 노출). 이에 충분히 머무르도록 상담자는 피해장병의 기억에 대해 세부적인 것을 질문하고, 세심하게 탐색함으로써 기억을 더 생생하게 만들 수 있도록 도와야 한다.

상담자는 피해장병이 생각과 감정, 신체적 지각에 집중할 수 있도록 격려한다. 필요하다면 경험을 잘 적정화한다(예를 들어, 눈을 뜨라든지, 과거시제를 쓰라든지, 조금 더 이야기하는 식으로 재현하라든지, 혹은 더 몰입할 수 있는 방법을 이용해서 도와주는 것 등이 포함됨). 재난피해장병의 불안감이 올라가고 힘들어한다면 상상노출을 제대로 시행하고 있다는 증거다. 계속 그 상상에 머물러 있도록 격려하다가 불안감을 줄여야 할 필요가 있을 경우에는 이완훈련을 실시하고, 휴식 시간을 가진다.

상상노출 기록지			
일자		성명	
회기 수		상상노출 횟수	
상상노출 내용			

③ 상상노출의 처리

상상노출이 끝난 후에는 그 과정이 어떠했는지, 어떻게 느꼈는지 소감을 나누는 시간을 20분 이상 충분히 갖는다.

☞ 과제부여: 상상노출 목록을 스스로 작성하여 연습한다.

☞ 마무리: 프로그램 후 느낌 공유, 다음 회기 프로그램의 간단한 소개

[7회기: 현장노출하기]

1) 개요

목표	현장노출훈련을 통해 재난 트라우마 극복하기
도입	• 재난 트라우마 증상과 관련한 경험 공유 • 현장노출훈련 전, 불안위계 하위 5단계에서 상위 1단계까지 상상노출을 한 후, 근육이완훈련, 복식호흡을 한다. • 실제 현장노출을 한다.

2) 진행요령

① 현장노출 목록 작성

재난 관련 회피자극과 상황을 이끌어 내고, 5~7개 정도의 현장노출 목록을 작성한다.

구분	항목	불안감 수준
1		
2		
3		
4		
5		
6		
7		

② 현장노출 지시문

다음의 예가 현장노출 과제를 만드는 데 도움이 된다. 적어도 30분 이상 버텨야 한다.

[예: 시장에 가기]

- 누군가와 함께 시장에 가서 함께 걸어 다니기
- 누군가와 함께 시장에 가서 혼자 서 있다가 혼자 걸어 다니기
- 누군가와 함께 시장에 가서 혼자 서 있다가 어느 가게에 혼자 들어가기
- 누군가와 함께 시장에 가지만 그 사람은 주차장에 있고 나 혼자 시장 보기
- 누군가와 함께 시장에 가지만 30분 후에 데리러 다시 오고 혼자 시장 보기
- 누군가가 집에서 전화 연락이 되는 곳에 있고 혼자 시장에 가기
- 아무에게도 이야기하지 않고 혼자 시장에 가기

③ 현장노출의 처리

현장노출이 끝난 후에는 그 과정이 어떠했는지, 어떻게 느꼈는지 소감을 나누는 시간을 20분 이상 충분히 갖는다.

☞ 과제부여: 현장노출 장면을 스스로 선정하여 연습한다.

☞ 마무리: 프로그램 후 느낌 공유, 다음 회기 프로그램의 간단한 소개

[8회기: 대처전략 개발하기]

1) 개요

목표	스트레스 대처에 대한 교육 및 실천할 수 있는 대처전략 세우기
도입	• 재난 트라우마 증상 회복과 관련한 일주일간의 경험 공유 • 대처전략이 트라우마 증상 회복을 위해 중요함을 설명하기 • 현재까지의 치료과정에서 나타난 증상의 변화를 논의하기

2) 진행요령

① 트라우마에 대한 교육 및 실천할 수 있는 대처전략 세우기

- 지지 구하기: 친구에게 전화 걸어 이야기하기/가족과 이야기하기
- 이완운동: 점진적인 근육이완/복식호흡
- 사고중지: 산책이나 운동을 하며 좋지 않은 생각 버리기
- 일기 쓰기: 불안 상황과 자신의 감정을 글로 적어 보기
- 자기대화: 자신이 잘 해낸 것을 생각하고, 부정적 사고를 인식하기
- 규칙적인 운동: 걷기, 수영, 자전거, 스트레칭 등
- 매일 하는 활동/의식 지속: 같은 시간에 일어나서 하루를 시작하기, 규칙적으로 식사하기, 매일 · 매주 · 매월 하는 기분전환활동 지속
- 자기보상: 자신을 위해 작은 선물, 특별한 시간 등을 내어 보상하는 방법 찾기, 긍정적인 활동을 통한 기분 전환하기(영화, 운동 등)

② 도움이 되었던 트라우마 대처전략 공유하기

앞서 언급한 트라우마 대처전략 리스트 외에 평소 자신이 스트레스 상황에서 도움이 되었던 대처전략을 공유한다.

CHAPTER 6

PTSD 극복 프로그램

PTSD 치료는 크게 심리치료와 약물치료로 구분하는데, 이 중 심리치료는 인지행동치료가 가장 효과적인 것으로 알려져 있다. 인지행동치료에는 인지치료와 노출치료 등 두 가지 방법이 주로 활용된다. 인지치료는 외상사건을 경험한 자신의 어떤 생각이 스트레스를 유발하고 증상을 악화시키는지를 이해하는 것에서 시작한다. 외상을 경험한 사건과 주변 환경에 대한 자신의 어떤 생각이 자신을 불안하고 혼란스럽게 하는지 알 수 있게 하며, 상담자의 도움을 받아 이러한 자신의 생각을 좀 더 합리적이고 긍정적으로 대치하는 방법을 익히게 된다. 뿐만 아니라, 화, 분노, 죄책감 등의 감정을 다루는 방법도 터득한다. 한편, 외상을 경험한 대부분의 사람들은 외상사건과 관련된 생각이나 감정을 회피하려고 노력한다. 그러나 회피하는 것은 잠시 동안은 편하게 느낄 수 있으나, 장기적인 측면에서는 별 도움이 되지 못하고 오히려 치료를 더 어렵게 만들기도 한다. 노출훈련은 이러한 문제를 해결해 주는 치료방법이다.

본 프로그램은 앞서 언급한 내용을 모두 포함하고 있는데, 국가보훈처(2010)와 심윤기(2018)의 프로그램을 일부 수정 · 보완하여 재구성하였다.

[PTSD 위기상담 프로그램의 회기별 내용]

구분	중점	세부내용
1회기	시작하기	• 프로그램과 치료과정 개관 • 자율신경계 이해하기
2회기	트라우마 직면하기	• 직면의 중요성 이해 및 트라우마에 직면하기
3회기	플래시백 다루기	• 플래시백과 트라우마 유발자극 다루기
4회기	상상노출하기	• 상상노출 목록을 작성한 후 노출훈련 실시하기
5회기	현장노출하기	• 현장노출 장소를 선정한 후 노출훈련 실시하기
6회기	부정정서 조절하기	• 화와 분노감, 죄책감 다루기
7회기	긍정 강점 찾기	• 자신의 강점 찾기와 미래 인생 설계
8회기	마무리하기	• 삶의 의미 찾기

[1회기: 시작하기]

1) 치료목표

신뢰관계를 형성하고 치료과정을 이해한다.

2) 진행요령

① 신뢰관계를 형성한다.

외상사건을 겪은 피해장병에게는 무엇보다도 군 상담관의 안정적이고 지지적인 모습이 필요하다. 이를 위해 상담자는 방어적이거나 경계의 자세가 아닌 모든 가능성을 열어 두는 개방적인 자세를 보여야 한다. 외상피해 위기장병을 향하여 몸을 약간 기울이면서 그의 말에 관심을 기울이고 있다는 자세를 취하며, 위기장병이 말하는 순간순간 시선을 맞춰 당신에게 관심을 기울이고 있다', '당신의 입장을 공감한다.'라는 의미를 전달하는 것이 필요하다.

뿐만 아니라, 상담자가 지나치게 조심하거나 긴장하는 표정을 짓는 것은 바람직하지 않다. 편안하게 이완된 자세를 취하며, 전문가로서 치료에 대한 신뢰감을 주는 모습을 보일 수 있어야 한다. 그리고 상담과정에서 다루어지는 내용은 반드시 비밀이 보장됨을 주지시킨다.

② 프로그램을 개관한다.

군 상담관은 트라우마 증상을 겪고 있는 위기장병에게 상담 전반에 대한 내용과 진행과정, 기대효과에 대해 설명해 주는 것이 필요하며, 다음과 같은 내용을 강조하는 것이 좋다.

- 군 상담관은 위기장병과 함께 치료를 목표로 협력하고 도움을 주는 사람이다.
- 위기장병은 자신의 생각과 감정을 적극적으로 탐색하고, 상담절차를 따른다. 특히, 상담 시간을 엄수하고 과제를 꼭 해 온다.
- 상담과정에서 상담자와 위기장병은 서로 신뢰관계를 유지한다.
- 상담자는 프로그램에 대해 다음과 같은 자료를 준비하여 설명한다.

[PTSD 및 상담 프로그램 내용 개관]

PTSD는 심신의 충격을 경험한 후 극도의 공포와 불안 같은 정서적 혼란스러움이 재경험되는 장애입니다. 신경계가 과각성되어 매우 예민해지고 충격과 관련 있는 자극을 회피하는 등 심리적 고통을 받는 장애이기도 합니다. 따라서 상담 초반에서는 PTSD가 무엇이고 왜 일어나는지를 알아보고, 불안을 감소시키는 훈련이 이루어져야 합니다. 상담 중반에 불안이 감소되면 자신의 고통을 차분히 바라볼 수 있으므로 트라우마에 대한 이해를 통해 자신감을 회복하는 데 중점을 둘 것입니다. 상담 후반부에는 과거 자신의 위기극복 성공 경험이나 갈등 극복 경험을 되돌아보고, 자기 안에 있는 강점을 찾아 향후 인생을 재설계해 봄으로써 새롭게 태어나는 계기가 될 수 있는 시간을 가질 것입니다.

[상담 과정]

상담과정은 총 8회기로, 매 회기 60~90분 정도 소요됩니다. 매 회기 주제가 다르고, 그 회기에 다룬 내용을 충분히 학습하고 숙련될 수 있도록 연습과제를 줄 것입니다. 이후 숙제를 통해 훈련 경험과 노력에 대해 서로 이야기 나누는 시간을 가지도록 하겠습니다.

[연습과제와 노력]

연습과제는 상담실이 아닌 가정이나 직장 등에서도 이루어질 수 있도록 연계된 내용이므로 충실하게 따라야 효과를 얻을 수 있습니다. 본인 자신을 위해서 노력할수록 자신에게 도움이 된다는 것을 인식해야 할 것입니다.

③ 스트레스에 대해 설명한다.

이 세상 사람은 누구 할 것 없이 스트레스를 받고 살아갑니다. 스트레스가 전혀 없는 삶이란 있을 수 없지요. 스트레스가 전혀 없다면 사람은 아무 일도 하지 않을 것이고, 자극에도 반응이 없는 무기력한 사람이 될 것입니다. 내일 자격증 시험이 있는데 아무런 긴장이 생기지 않는다면 제대로 시험을 치를 수 있겠습니까? 과속하는 차가 내 앞으로 오는데 피하지 않는다면 어떻게 되겠습니까? 적당한 스트레스는 우리가 살아가는 데에 꼭 필요한 것입니다. 우리는 이를 정상적인 스트레스 반응(normal stress response)이라고 부릅니다.

스트레스를 받으면 우리의 몸과 마음은 다양한 방식으로 반응합니다. 신체적 반응으로는 맥박이 증가하고 근육이 긴장되거나 얼굴이 붉어지고 땀이 나지요. 정서적 반응으로는 불안, 공포, 분노가 생길 수 있습니다. 행동적 반응으로는 그 상황과 맞서 싸우려고 하거나 상황으로부터 도망가려고 합니다. 이것들은 모두 정상적인 반응들입니다. 긍정적인 스트레스는 유스트레스(eustress)라고 하는데요. 이것은 우리의 생명을 보호하고 위급상황에서 긍정적인 반응을 유발합니다. 따라서 유스트레스 반응은 우리를 보호하는 역할을 합니다.

그러나 스트레스 반응이 너무 강하거나 과도하면 부정적인 스트레스가 나타나는데요. 우리는 이를 디스트레스(distress)라고 합니다. PTSD는 과도한 디스트레스로 인해 나타나는 장애입니다. 디스트레스는 과도한 긴장으로 몸을 피로하게 하고 위급상황에 올바르게 대처하지 못하게 하는 등 우리의 신체, 정서, 사고, 관계에 부정적인 영향을 줍니다.

④ PTSD에 대한 정보제공교육을 한다.

PTSD의 증상은 첫 번째로 외상사건에 대한 침투 증상이 나타납니다. 외상사건을 경험한 것과 관련된 기억, 이미지, 생각들이 밀려와 악몽으로 재경험되고, 순간순간 과거의 장면들이 스쳐 지나가는 플레쉬백 형태로 나타납니다.

두 번째로는 외상사건과 관련 있는 자극을 회피합니다. 외상사건과 관련 있는 침투적 사고가 떠올라 너무 불안하고 두렵기 때문에 외상사건을 떠올릴 수 있는 장소, 사람, 자극들을 피하게 됩니다. 외상사건과 관련된 자극을 피하기 위해 사회활동을 하지 않고 집에만 머무른다거나, 고통을 잊기 위해 알코올이나 약물에 의존하기도 합니다. 일부는 외상사건에 대한 일시적 기억상실이나 해리를 경험하기도 하고, 정서적 마비 상태에 빠지기도 합니다.

세 번째는 인지 및 감정의 부정적 변화입니다. 외상사건의 중요한 측면을 기억하지 못하고, 자신과 타인 및 세상에 대한 과장된 부정적 신념이나 기대를 가집니다. 외상사건의 원인이나 결과에 대해서는 왜곡되게 생각하고, 부정적인 정서상태를 보일 뿐만 아니라 중요한 활동에 대한 관심이나 참여도 감소하게 됩니다.

네 번째는 각성과 반응성의 변화가 찾아옵니다. 작은 자극에도 쉽게 흥분하고 예민해지거나 소스라치게 놀라고 겁에 질릴 수 있으며, 지나치게 조심하는 경계상태를 가지게 됩니다. 또한, 위험상황에 대한 분노, 수치심, 불안, 우울 등 정서적 흥분과 충동조절의 어려움을 느끼게 됩니다. 이외에도 외상사건으로부터 자신을 방어하지 못했다는 자책감을 느낄 수도 있고, 동료가 위험상황에 처해 있는데 아무런 도움을 주지 못했고 또 자신만 살아남은 것에 대한 죄책감과 수치심을 느끼기도 합니다.

⑤ 호흡이완훈련을 진행한다.

호흡이완훈련은 일반적으로 복식호흡과 비슷하다고 생각하면 쉽게 이해할 수 있습니다. 이 훈련은 예민해진 우리의 자율신경계를 둔감화시키고 안정시킬 수 있는 효과적인 방법입니다. 이를 익숙하게 연습하여 몇 주 동안 지속된다면 불안증상의 감소, 불면증 감소, 스트레스 수준의 감소를 얻을 수 있습니다. 깜짝깜짝 놀라는 증상과 심장박동의 증가, 호흡곤란, 식은땀, 몸의 떨림 증상을 감소시킬 수 있습니다.

[이완훈련 전 준비사항]

① 가능한 한 산만하지 않은 조용한 장소에서 하는 것이 좋다.
② 바닥에 담요를 깔고 편안하게 눕는다. 꽉 끼는 옷은 느슨하게 풀어놓는다.
③ 마음에 떠오르는 복잡한 생각을 버린다.
④ 행복했던 기억을 생각하면서 근육의 긴장을 늦춘다.

[호흡이완훈련 연습]

① 바닥에 담요를 깔고 누운 자세에서 무릎을 당신을 향해 굽히고 양발은 8인치 정도 떨어지게 하며, 발가락은 바깥을 향하도록 한다. 척추는 가능한 한 곧게 편다.
② 전체 몸 중에서 긴장되는 곳을 찾는다.
③ 한 손은 복부에 한 손은 가슴 위에 얹는다.
④ 코에서 배로 숨을 천천히 들이마셔서 손이 위로 올라오는 것을 느끼게 한다.
이때 가슴은 약간만 움직여야 한다. 다섯을 세면 잠시 숨을 멈춘다.
⑤ 살짝 미소를 지은 후, 가능한 한 오랫동안 입으로 숨을 내쉰다.
내쉬는 동안 쉬이-소리가 나게 한다.
⑥ 이것을 다섯 번 반복한다. 심호흡하는 시간을 5분에서 10분으로 점차 늘려 간다.
⑦ 연습이 끝나면 다시 전체 몸을 지각하여 긴장된 곳이 남아 있는지 확인한다.
⑧ 익숙해지면 몸에서 긴장을 느낄 때마다 앉아서 또는 서서 한다.

3) 평가 및 과제

Q1. 오늘 배운 점은 무엇인가?

Q2. 오늘 배운 것이 몸과 마음에 어떤 도움이 되었는가?

⊙ 과제: 매일 아침 15분, 저녁 15분, 하루 두 차례 호흡이완훈련을 연습한다.

[2회기: 트라우마 직면하기]

1) 치료목표

직면의 중요성을 이해하고 외상에 직면하는 방법을 숙달한다.

2) 진행요령

① 불안의 조건화 원리와 직면의 중요성을 이해한다.

외상사건을 경험한 후 극도의 불안이 오래 지속되는 이유에 대해 설명해 드리겠습니다. 불안은 흔히 조건화 과정으로 설명할 수 있습니다. 생명이나 생존을 위협하는 자극은 자연적으로 불안이나 공포 반응을 일으킵니다. 원래는 생존과 관련 없는 일반적인 상황이나 장면, 시간, 냄새, 그림과 같은 자극들은 아무런 정서 반응을 일으키지 않지만, 이들 자극이 생명을 위협하는 자극과 연합되면 불안이 확산됩니다. 그래서 충격적인 사건을 경험하게 되면 불안, 공포를 느끼는 것은 자연스러운 반응입니다.

그러나 이때 충격적인 사건과 다른 자극(외상 당시 보았던 차량, 소총, 냄새 등)이나 그와 유사한 자극(가해자와 유사한 얼굴, 걸음걸이, 목소리 등)이 연합되면 병리적인 불안으로 확산될 수 있습니다. 이때 충격적인 사건과 관련 있는 유사한 자극만 보고도 불안, 공포를 느끼기 때문에 회피하게 됩니다. 외상과 유사한 상황을 회피하면 단기적으로는 불안이 감소하겠지만, 장기적으로는 유사한 자극들이 무해하다는 것을 인식하지 못하여 오히려 자극에 더 예민하게 반응하게 됩니다. 따라서 불안에 대한 치료는 불안을 일으키는 장면과 이완자극을 반복적으로 연합시키는 역조건화 원리를 이용하여 불안을 상쇄시켜야 합니다.

오늘 저와 함께 외상사건 당시의 기억을 떠올리면서 해결하지 못한 감정들을 정리해 봅시다. 오늘은 분명히 ㅇㅇ년 ㅇㅇ월 ㅇㅇ일입니다. 지금 여기에 제가 여러분과 함께 있다는 것을 명심하십시오. 그 전에 먼저 긴장된 근육들을 풀어 보는 훈련을 해 보겠습니다.

② 근육이완훈련을 연습한다.

교감신경계의 과각성을 줄이는 방법으로는 호흡이완훈련과 근육이완훈련이 있습니다. 지난 시간에 호흡이완훈련을 배웠고 연습과제로도 실천하였는데 오늘은 근육이완훈련을 배우도록 하겠습니다. 연습과제의 핵심은 이완에 대한 주관적 감각에 주의를 기울이는 것입니다. 연습을 통해서 우리는 깊고 빠르게 이완하는 방법을 배울 수 있습니다. 이것은 매우 중요한 것인데요. 일단 빠르게 이완하는 방법을 배우게 되면 불안을 가져다주는 어떤 상황에도 이 기술을 적용할 수 있습니다. 만약, 우리가 불안을 이완으로 이길 수만 있다면 우리는 스트레스를 쉽게 견뎌낼 수 있고 통제할 수 있습니다.

이완을 배우는 최적의 방법은 하루 두 번씩 연습하는 것입니다. 아침에 한 번, 저녁에 한 번, 하루 두 번 이상 연습하면 좋습니다. 체계적이고 규칙적인 연습을 통해 우리 몸의 자율신경을 조절하는 기술을 배우는 것이니까요. 처음에는 다음과 같이 온몸의 근육을 11개 부분으로 나누어서 긴장과 이완을 연습합니다. 이것을 매일 연습하여 일주일 후에 익숙해지면 온몸의 근육을 8부분으로 나누어 연습하고, 나중엔 4부분으로 나누어 연습할 수 있습니다.

이완 순서

오른손과 아래 팔 → 오른손 위 팔 → 왼손과 아래 팔 → 왼손 위 팔 → 이마와 눈 → 아래 얼굴과 턱 → 목과 어깨 → 흉부와 흉부 뒤쪽 등 → 복부와 복부 뒤쪽 허리 → 엉덩이와 위쪽 다리(오른쪽 다리) → 아래쪽 다리와 발

이완을 위한 장소로는 기댈 수 있는 곳이나 침대, 의자 또는 베개로 편하게 받혀진 곳이면 좋습니다. 머리와 목을 지지해 주는 것이 좋으며, 안경이나 콘택트렌즈를 착용하지 않고 꽉 끼는 옷은 헐렁하게 풀어 줍니다. 시작할 때 근육을 긴장시키고 5~10초간 이 상태를 유지합니다. 긴장할 때는 스스로 자신이 얼마나 긴장하고 있는지를 인식해야 합니다. 목표는 긴장과 이완 사이의 차이를 충분히 느낄 만큼 긴장을 하는 것인데, 이를 통해 근육이완의 느낌을 확실히 알도록 연습합니다.

③ 트라우마 기억을 다룬다.

외상피해장병을 괴롭히는 증상이 어디에서 비롯되는지 아는 것이 중요하다. 외상사건을 경험한 것이 두렵고 고통스러운 것이지만 자기에게 무엇이 어떻게 일어났는지 정확하게 알아야 한다는 것을 강조한다.

첫째, 외상피해장병 자신의 주관적 불편감을 알아보아야 한다.

주관적 불편감을 알아보는 척도(subjective unit of disturbance scale: 이후 SUDS)는 가장 적은 스트레스부터 가장 많은 스트레스에 이르기까지 11점 척도로 구성되어 있다. 외상피해장병이 어느 척도 위치에 해당하는지를 평가하는 것이 중요하다. 측정 결과 스트레스가 10을 넘어서는 경우가 있을 수 있다. 이렇게 높은 수준의 SUDS는 더 많이 이완하고 쉬어야 할 필요가 있다는 것을 나타내 주는 것이다.

주관적 불편감 척도(SUDS)

1. 나는 스트레스가 없고 완전히 이완되어 있다. 나는 깊이 잠든 것처럼 편안하다.
2. 나는 매우 이완되어 있다. 나는 깨어 있지만 선잠을 자는 것 같다.
3. 나는 깨어 있지만 긴장을 느끼지 않는다.
4. 나는 약간의 긴장을 느낀다.
5. 나는 약간의 스트레스, 걱정, 두려움 또는 불안, 신체 긴장을 느낀다.
6. 나의 스트레스는 어느 정도 불쾌하지만 참을 수 있다.
7. 나는 중간 수준의 스트레스와 불쾌한 감정을 느끼고 있다. 나는 어느 정도 걱정하고 있다.
8. 나의 몸은 상당히 긴장되고 불쾌하지만 참을 수 있고 명확하게 사고할 수 있다.
9. 나는 높은 수준의 불안, 두려움, 걱정과 함께 상당한 스트레스를 느끼고 있다. 나는 오랫동안 이것을 참아 낼 수 없을 것 같다.
10. 스트레스가 너무 심해서 사고하는 데 영향을 준다. 나는 논리적으로 사고할 수 없다.
11. 나는 극심한 스트레스 상태에 있다. 나는 완전히 공포로 가득 차 있고, 온몸이 극도로 긴장되어 있다. 이것은 내가 상상할 수 있는 최악의 공포와 두려움이다. 나는 아무런 생각도 할 수가 없다.

둘째, 외상사건 경험에서 무엇을 보고 느꼈는지 경험일지를 쓰도록 한다.

① 먼저, 외상사건 피해자가 기억하는 트라우마 경험을 상세하게 기술하게 한다.
- 외상사건 당시 떠오르는 감각 경험(냄새, 장면, 촉감, 소리 등)을 기술한다.
- 외상사건 당시 혹은 트라우마와 관련하여 떠오르는 생각을 기술한다.
- 외상사건 당시의 신체 반응은 어땠는지 기술한다.
- 그때의 감정, 기분은 어땠는지 기술한다.
- 그때 강하게 원하거나 소망했던 것은 무엇이었는지 기술한다.
- 그래서 당신은 무슨 행동을 했는지 기술한다.
- 상황이 어떻게 종료되었는지 기술한다.

② 문장구조, 맞춤법에 대해서는 신경 쓰지 않고 작성하게 한다.
③ 작성하다가 감정이 일어나면 그 감정을 충분히 표현하고 정상 반응임을 주지시킨다.
④ 일지를 쓰다가 신체적 과각성이 일어나면 쉽게 이완할 수 있는 복식호흡부터 실시하고, 심하면 근육이완을 실시한다.
⑤ 주관적 불편감이 5수준 이하이면 경험일지를 계속 쓰도록 격려한다.
⑥ 경험일지를 다 썼으면 과거의 지각을 현재의 지각으로 옮기는 작업을 한다.

셋째, 현실 지각력을 높이는 이중지각훈련을 실시한다.

① 외상사건 당시의 주관적 불편감 척도를 체크하여 수준을 확인한 후, 지금 트라우마 경험을 상세히 설명할 때의 주관적 불편감 척도를 다시 체크하여, 이 둘 간의 수준을 비교해 보고 논의한다.
② 차이가 별로 없이 둘 다 높은 경우에는 외상사건 경험을 기억하며 설명하는 것만으로도 주관적으로 위험하다고 느끼고 있음을 지적해 준다. 그러나 지금은 결코 위험한 상황이 아님을 다시 언급하고, 외상피해자가 자신의 기억에 두려움을 느끼고 있음을 인식하도록 한다.
③ 차이가 많이 나는 경우에는 외상사건 경험 당시에 비해 지금은 주관적 불편

감이 낮음을 확인했으므로 이제부터는 더욱 구체적인 기억을 회상하고 처리하여 작은 불편감마저도 감소시켜 나가자고 격려한다.

3) 평가 및 과제

Q1. 오늘 배운 점은 무엇인가?

Q2. 오늘 배운 것이 몸과 마음에 어떤 도움이 되었는가?

⊙ 과제: 외상경험일지를 작성해 온다. 그 당시 본 것, 떠오른 생각, 느꼈던 감정, 원했던 바람, 자신의 행동 순으로 기술하되, 그때마다 내용은 달라도 상관없다. 단, 주의할 점은 작성하는 장소와 시간을 정해서 하고, 작성 후에는 현실적인 지각으로 돌아오도록 연습한다. 호흡이완훈련이나 근육이완훈련 중에 하나를 매일 특정 시간에 연습한다.

[3회기: 플래시백 다루기]

1) 치료목표

플래시백과 트라우마 유발자극을 다루어 증상을 완화시킨다.

2) 이론적 배경

① 플래시백이란?

PTSD의 네 가지 주요 증상 가운데 침투 증상이 있는데, 3회기에는 침투 증상을 다루는 방법을 알려 준다. 이 기술은 다음과 같을 때 사용한다.

- 트라우마에 관한 기억이나 생각이 갑자기 떠오를 때
- 트라우마에 관한 악몽을 계속 꿀 때
- 트라우마 사건 경험과 연합되어 있는 냄새, 소리, 날짜 등의 자극들이 플래시백을 일으킬 때(갑자기 과거의 사건이 영상처럼 떠올라 다시 그 사건을 경험하는 것 같은 느낌)
- 트라우마 사건과 유사한 상황이 느껴져 불편할 때

플래시백은 과거 사건이 현재로 침입해서 지금 여기에서 실제로 발생하는 것처럼 만드는 기억이다. 플래시백은 강한 감정을 동반하는 갑작스럽고 생생한 외상사건의 회상을 의미한다. 플래시백은 번쩍하고 나타나거나 전체 경험의 기억으로 나타날 수 있는데, 일반적으로 플래시백은 예측 불가하다.

플래시백이 발생할 때면 외상사건을 다시 경험하는 것처럼 느끼게 된다. 플래시백이 나타나는 동안은 기억이 사라지거나 의식을 잃지는 않지만, 현재의 시간으로부터 일시적으로 떠나 있게 된다. 잠자는 동안 발생하는 플래시백은 악몽이나 생생한 꿈으로 나타날 수 있다. 플래시백은 침투 사고나 재경험 또는 강한 감정으로 나타날 수 있다. 플래시백이 나타나는 동안 트라우마 기억은 더욱 강하게 재생된다.

심지어 어린아이조차도 플래시백을 겪는다. 그러나 아이들은 말로 표현하기보다는 행동으로 표현하는 경향이 많으며, 때로는 타인이 그에게 했던 행동을 따라 하기도 한다.

② 트라우마 유발자극이란?

플래시백과 같은 재경험 증상은 갑자기 아무 일 없이 나타나는 경우도 있지만 일반적으로는 유발자극 후에 나타난다. 유발자극은 현재의 경험 속에서 과거 트라우마를 상기시켜 주는 자극을 말한다. 우리의 뇌는 어떤 감각이나 경험을 할 때 그와 연관된 과거의 기억을 상기시키는 작용을 한다.

예를 들어, 따뜻한 베개의 감촉이 어린 시절의 기억을 불러일으키거나, 맛있는 음식의 향기가 어머니에 대한 추억을 상기시키기도 하는 것이다. 같은 원리로 트라우마와 관련이 있는 감각이나 경험은 우리에게 트라우마 기억을 상기시키고, 자율신경계의 과각성과 두려운 감정을 불러일으킨다. 트라우마 유발자극은 불쾌함과 두려움을 가져다준다. 또한, 플래시백을 일으키거나 불안, 공포, 공황, 분노, 혼란, 반응마비를 일으키게 한다.

일반적으로 트라우마 유발자극은 피하기 쉬운데 피한다고 해결되는 것은 아니다. 회피는 두려움을 강화시키는 효과가 있다. 트라우마 유발자극을 우리가 잘 알고 이를 조절할 수 있으면 이런 증상을 감소시킬 수 있다. 이를 위한 방법으로 유발자극 목록을 만드는 것이 도움이 된다.

3) 진행요령

① 플래시백을 다룬다.

플래시백의 예를 들어보자. 철수는 아파트에서 살고 있다. 위층의 이웃은 밤늦게까지 음악을 틀어 놓는다. 철수가 경비에게 항의하자 위층 사람은 밤중에 일부러 쿵쿵대고, 철수의 차를 긁어서 보복했다. 철수는 2년 전 군대에서 선임병사에게 가혹행위를 자주 당했던 경험이 있다. 아파트 위층 사람의 이런 보복 행동으로 이전 군대에서의 기억이 되살아나, 2년 전 고참의 가혹행위가 자꾸 머릿속에 떠오르고, 다시 경험하는 것 같은 플래시백을 일으킨다. 그는 많이 괴로워하고, 위층 사람을 만나게 될까 봐 가슴이 떨리고 전전긍긍한다. 그의 몸은 벌써 보복에 대비하기 위해 과도한 경계상태에 들어간다.

대체로 플래시백은 외상사건과 관련된 감각과 감정을 포함한다. 이것은 플래시백이 나타날 때 전체 신경체계가 관여한다는 의미이다. 신경체계는 트라우마 유발자극에 노출될 때 과도하게 각성된다. 플래시백은 기억의 부분으로 나타나기도 하는데, 그럴 때는 다음과 같은 질문을 스스로 하는 것이 효과가 있다.

- 플래시백은 내게 무엇을 이야기하려고 하는가?
- 내가 더 보아야 할 무엇이라도 있는 건가?
- 내가 더 느껴야 할 무엇이라도 있는 건가?
- 내가 더 들어야 할 무엇이라도 있는 건가?
- 내가 더 배우거나 받아들여야 할 것이 있는가?

플래시백 다루기

- 지난 2주 동안 당신이 경험했던 플래시백에 대해서 생각해 본다.
- 플래시백과 당신이 경험한 것에 대해 설명해 보라.
- 과거에 유사한 플래시백이 있었는가? 만약, 그렇다면 언제, 어떤 상태에서였는가?
- 플래시백의 냄새, 느낌, 소리는 무엇인가? 누가 관련되어 있는가?
- 실제 트라우마 경험의 냄새, 느낌, 소리는 무엇인가? 누가 관련되어 있는가?
- 플래시백과 과거의 트라우마 상황은 어떻게 다르고 어떻게 같은가?
- 플래시백이 발생했을 때 어떤 행동이 기분을 좀 좋게 해 줄 수 있는가?
- 플래시백이 발생했을 때 현재의 당신으로 어떻게 다시 돌아오게 할 수 있는가?

이 연습과제는 당신이 경험한 플래시백에 적용할 수 있다.

② 바깥쪽으로 고개 돌리기

플래시백을 다루는 또 하나의 방법은 세상을 향해 고개를 돌리는 것이다. 외상사건 피해장병이 괴롭고 고통스러운 마음에서 벗어나도록 세상 밖의 이야기를 나눈다. 또한, 외상경험일지를 작성하고 외상과 관련된 내용으로 그림을 그리는 등 다른 방식으로 재현해 본다. 만약, 플래시백에 대해 이야기하는 것을 기꺼이 들어줄 지지적인 사람이 있다면, 그 사람과 가까이 지내면서 되도록 많은 이야기를 나누도록 하는 것이 좋다.

플래시백에 대해 이야기를 나누는 것은 플래시백에 대한 고통을 줄이고, 플래시백이 발생하는 횟수를 줄여 주는 효과가 있다. 이것은 이중지각 연습과도 비슷하다. 경험하는 자기와 관찰하는 자기를 조화시킴으로써 플래시백 현상을 빠르게 멈추도록 할 수 있다.

> 이중지각 연습하기
>
> 다음의 문장을 자신에게 큰 소리로 말하고 빈칸을 채운다.
>
> - 지금 나는 (현재의 감정: ㉮ 분노)를 느끼고 있고,
> - 내 몸은 (현재 몸의 감각, 적어도 3가지: ㉮ 통증 · 악취 · 굉음)을 느끼고 있고,
> - 나는 (외상사건 쓰기: ㉮ 화재)를 기억하기 때문에 (힘들다: ㉮ 공포감을 느낀다).
> - 그러나 동시에 나는 (지금의 날짜), (지금의 장소)에서 주위를 둘러보고 있다.
> - 나는 (지금 여기에서 볼 수 있는 것)을 볼 수 있고,
> - 나는 (어떤 외상)이 지금 여기에서 더 이상 발생하지 않는다는 것을 안다.

③ 다른 방식으로 플래시백 다루기

플래시백을 물리치는 방법은 다음과 같이 다양하다.

- 손뼉 치기
- 심호흡하기
- 눈동자 돌리기
- 편안한 음악 듣기

- 바닥에 발자국 찍기
- 찬물로 세수하기
- 자신에 대해서 긍정적으로 말하기
- 마음속의 안전한 장소로 가는 심상을 사용하기
- 주변에 있는 물체의 이름을 큰 소리로 말하기
- 플래시백 종이에 그려서 버리거나 태우거나 묻기
- 플래시백 용기에 담기(실제로, 종이로, 또는 마음속에서 상징적으로)
- 플래시백이 사라질 때까지(상상의) 클렌저 스프레이로 기억 위에 뿌리기

4) 평가 및 과제

Q1. 오늘 배운 점은 무엇인가?

Q2. 오늘 배운 것이 몸과 마음에 어떤 도움이 되었는가?

⊙ 과제

① 각각 본인에게 해당하는 것의 연습문제를 플래시백이 나타날 때마다 기록해 오기

② 증상이 나타날 때 주관적 불편감 척도(SUD)로 측정하는 것을 습관화하기

③ 트라우마 유발자극에 대한 연습문제를 실제 상황에 맞추어 작성하기

④ 호흡이완훈련이나 근육이완훈련 중 하나를 매일 특정한 시간에 실습하기

[4회기: 상상노출하기]

1) 치료목표

상상노출훈련을 통해 트라우마 증상을 완화한다.

2) 진행요령

① 이완 상황 상상노출

상상노출은 평화롭고 편안한 이미지를 떠올리는 이완 방법으로 다음과 같이 실시합니다. "자, 이제부터 눈을 감고 제 말을 따라 상상해 보십시오(잔잔한 배경음악을 틀어 주고, 조용하고 편안한 목소리로 말한다). 자, 우리 모두 이렇게 상상해 봅니다. 나는 한적한 바닷가에 있다. 아무도 없는 모래밭을 조용히 거닐고, 저 바다 멀리에서는 갈매기들이 평화롭게 날아다니는 모습을 보고 있다. 바닷가는 나 이외 아무도 없고 파도 소리만 들릴 뿐이다. 나를 방해하는 것은 아무도 없고 오로지 평온함만이 나를 감싸고 있다."

이후 1분 정도 침묵하고 나서는 다음과 같이 진행합니다. "자, 이제 깨어날 시간이 되었습니다. 천천히 현실세계로 돌아오도록 다섯부터 하나까지 숫자를 셀 건데요, 둘을 세면 눈을 뜨시고, 하나를 세면 처음의 각성상태로 돌아옵니다. 다섯... 넷... 셋... 둘... 하나... 네~ 아주 잘 하셨습니다. 모두 상쾌한 기분이죠? 지금까지 우리는 상상노출훈련을 해 보았는데요. 그 느낌이 어땠는지 서로 이야기를 나눠보도록 하겠습니다."

② 불안 상황 상상노출

이번에는 이완 상황으로의 상상노출이 아닌 불안 상황으로의 상상노출을 해 보겠습니다. 이전 시간에 작성하였던 불안위계표의 하위 5단계에서 1단계까지 상상노출을 하겠습니다. 5단계의 상상노출을 한 후 복식호흡을 3분 정도 하고, 그다음에는 4단계, 3단계, 2단계, 1단계로 진행하겠습니다.

3) 평가 및 과제

Q1. 오늘 배운 점은 무엇인가?

Q2. 오늘 배운 것이 몸과 마음에 어떤 도움이 되었는가?

⊙ 과제: 이완훈련 후 상상노출만 1일 1회 실시하기

[5회기: 현장노출하기]

1) 치료목표

실제 현장노출을 통해 트라우마 증상을 제거한다.

2) 진행요령

① 실제 현장노출

실제 외상사건 현장을 방문하여 유사한 환경을 경험해 본다. 불안위계에 따라 5단계부터 노출시키며, 각 단계별 노출 후에는 이완하도록 시간을 충분히 제공한다. 심하게 불안을 느끼면 반드시 휴식을 취하고, 다시 이완한 후 시작한다.

② 소감 나누기

실제 현장노출을 통한 자신의 경험을 이야기하고 느낌을 공유한다.

3) 평가 및 과제

Q1. 오늘 배운 점은 무엇인가?

Q2. 오늘 배운 것이 몸과 마음에 어떤 도움이 되었는가?

⊙ 과제: 상상노출 후 현장노출만 1일 1회 실시하기

[6회기: 부정정서 조절하기]

1) 치료목표

화와 분노감, 죄책감 등의 부정정서를 제거한다.

2) 이론적 배경

① 화와 분노감

화는 못마땅하거나 언짢아서 생기는 노엽고 답답한 감정으로 그 자체가 문제가 되는 것이 아니며, 어떻게 표현하는가가 문제가 된다. 화를 부적절하게 표현하는 것은 자신에게 좋지 않은 영향으로 돌아오기 때문에 연습을 하는 것이 필요하다. 화는 주위 사람들을 힘들게 하는 부정적인 측면이 많지만 긍정적인 측면도 지니고 있다. 그 이유는 지금 상황이 별로 좋지 않아 뭔가 변화가 필요한 때라는 것을 알려 주는 신호가 되어 주기 때문이다. 그러므로 이런 신호에 따라 화를 적절하게 다루어서 더 좋은 상황을 만드는 것이 필요하다.

분노는 분개하여 크게 화를 내는 과각성 증상의 하나로 트라우마의 부산물이다. 외상사건을 경험한 피해자는 타인, 사건, 환경에 대해 부정적 감정을 쏟아붓는다. 왜 나에게 외상사건이 발생했는지에 대한 이유가 충분히 설명되지 않을 때 두려움과 슬픔, 상실, 실망, 수치, 죄책감과 같은 감정이 생기면서 분노가 일어난다. 외상사건의 가해자를 알고 있다면 분노는 직접적으로 그 사람에게 향하게 되는데 때로는 사건과 관련 없는 주위 사람에게 분노를 표출하기도 한다.

② 죄책감

충격적인 외상사건을 경험한 사람은 자신에게 그 일에 대한 책임이 있건 없건 상관없이 수치심과 죄책감을 느끼게 된다. 또한, 죄책감을 없애기 위해 자해 등의 자기파괴적인 행동을 시도하기도 한다. 죄책감은 트라우마 극복을 어렵게 한다. 따라서 상담자는 외상피해자의 책임이 실제로 얼마만큼이 있는지, 어느 정도의 죄책감을 가지는 것이 적절한지, 또한 파괴적이지 않은 방법으로 죄책감을 줄일 수 있는 방법은 어떤 것인지 등을 다루어야 한다.

3) 진행요령

① 화와 분노감 다루기

첫째, 나는 어떤 때에 화가 나는가?

- 사람들이 외상사건을 경험한 자신을 비난할 때
- 나 자신도 모르게 부정적 증상이 나타나서 괴롭힐 때
- 물질 중독, 도박, 과소비, 일이 많을 때
- 나의 주변에 있는 것에 대한 이해가 부족할 때
- 외상사건 가해자나 관련자에게 보상을 받지 못하는 자신의 무능력 때문에
- 트라우마를 겪게 한 사회 또는 조직 책임자를 처벌하지 못하는 법체계 때문에
- 자신을 보호하지 못한 행동과 외상사건을 막지 못한 한심한 자신 때문에

이러한 이유 중 외상피해장병에게 해당하는 것은 어느 것인지 체크해 본다.

둘째, 화는 어떻게 표현하는가?

다음 연습과제는 화를 부적절한 방법으로 표현하고 있는 예이다. 자신의 경우는 어떤지 체크해 본다. 많은 문항에 체크할수록 나의 화내는 방법은 건강하지 못한 것이다. 따라서 화를 표출하는 다른 방법을 배울 필요가 있다.

해당하는 항목에 체크하기!

	항목	
1	나는 타인에 대해서 권위적으로 의견을 강요한다.	□
2	나는 타이밍을 맞춰서 타인을 공격한다. 다른 사람이 어떤 것에 약하거나 피곤해할 때 또는 보호할 수 없을 때 공격한다.	□
3	내게는 지지 않은 논쟁 방법이 있다. 대화를 독점하거나, 다른 사람의 감정을 무시하거나, 다른 사람의 말을 듣지 않거나, 내가 말을 많이 해서 다른 사람이 말하기를 포기하게 한다.	□
4	나는 내게 저지른 사소한 잘못을 잊어버리지 않고 쌓아두었다가 화를 폭발시킨다.	□
5	나는 화가 났을 때 소리치거나, 물건을 던지거나, 때리거나 폭력적이 된다.	□
6	화가 나면 밖으로 나가거나 말을 하지 않는다. 그러면 다른 사람과 싸울 일이 없다.	□
7	화가 났을 때 다른 사람에게 상처가 될 말을 하거나 빈정거린다.	□
8	나는 다른 사람들에게 죄책감을 느끼게 한다.	□
9	나는 결코 사과를 받아들이지 않는다. 필요하다면 몇 년이고 인색하게 군다.	□
10	가능한 한 모든 것을 싸우는 데 사용한다. 몇 년 전에 나를 화나게 했던 것도 끄집어낸다.	□
11	나는 다음 싸움을 위해 공격수단을 비밀리에 수집한다. 이후에 다른 사람들에 대항하여 이 정보를 사용한다.	□
12	나는 내가 화난 것에 대해서 대화하지 않는다. 대화는 시간 낭비다.	□
13	화가 날 때 상처를 주거나 주워 담지 못할 말을 한다.	□
14	나의 화는 추악하다. 만약, 화를 표현한다면 다른 사람들이 나를 나쁘게 생각할 것이다.	□
15	나는 다른 사람들이 내게 화를 내는 것을 피해야 한다.	□
16	나는 기어코 화를 보이지 않도록 한다.	□
17	다른 사람들이 내게 화가 났다면 나는 모든 것을 바로잡아야 한다.	□

화와 관련된 다음의 사항을 숙지하는 것이 필요하다.

- 화는 자연스러운 나의 일부분이다.
- 화는 내 주변에서 무엇이 발생할지를 알려 주는 신호다.
- 화는 자신에 대해 더욱 잘 알게 한다.
- 화는 나를 보호하도록 알려 준다.
- 화는 변화가 필요하다는 것을 알려 준다.
- 화의 원인은 나에게 중요한 사람들과 공유할 수 있게 해 준다.

화를 풀기 위해 해야 할 것들

	항목
1	왜 화가 났는가를 객관적으로 살핀다. 그 일이 화를 낼만큼 그렇게 중대한 일이었는가?
2	그 문제가 해결 가능한 문제인지 살피고 해결한다.
3	일반적으로 화는 두려움이나 상처의 표현이다. 화의 내면에는 자기의 상처가 있는 것이다. 누가 그 상처를 건드렸는가? 그가 당신을 해치기 위해 그리하였는가? 화에 대한 적절한 대상이 있는가? 만약, 그러하다면 그 대상은 누구인가?
4	화를 내는 것은 좋은 것이지만 화를 표현하는 방법은 남을 공격할 수 있다. 자신의 화의 표현에 대해서 책임감을 가져야 한다.
5	화의 이면에 있는 감정들을 드러내기 위해서 화를 단어나 그림으로 표현한다. 만약, 화에 대해서 쓴다면 화가 나도록 자극한 것이 무엇이었는지, 신체지각은 어떤지, 누가 관련되어 있는지를 글로 써 본다. 이것은 당신 자신이나 타인을 해치지 않고 화를 표현하는 안전한 방법이다.
6	화의 이면에 놓인 치유되지 않은 상처를 살펴본다. 이 상처는 과거로부터 온 것이다. 상처를 살펴보기 전에 자기를 우선 어루만져 준다.
7	화를 밖으로 끄집어낸다. 다시 자신에게 화를 내거나 자신에 대해서 나쁘게 생각하지 않는다. 당신을 해쳤던 사람들을 공격하지 말고 당신이 화난 이유를 차분히 알린다. 발생한 사건에 대해서 그들이 말하는 것을 듣는다.

② 죄책감 다루기

만약, 외상피해장병이 경험한 외상사건에 대해 자신에게도 책임이 있다고 생각한다면 죄책감을 느낄 가능성이 크다. 또한, 자신의 행동이 나쁘다고 생각하는 것도 죄책감을 갖게 한다. 예를 들어, 외상사건 피해자가 운전하던 차가 사고를 당해 옆에 타고 있던 다른 누군가가 죽었다면 죄책감을 느끼고 이를 괴로워할 수 있다. 따라서 자신이 했던 일과 관련한 죄책감 여부와 그 타당한 이유를 찾아보는 것이 중요하다. 다음의 연습 과제를 통해 이를 구체적으로 다루어 보자.

나의 죄책감(연습과제 1)

1. 당신에게 일어난 외상사건에 대해 죄책감을 느낀다면 그 이유를 적어 보라.
   ① ______________________________
   ② ______________________________
   ③ ______________________________
   ④ ______________________________

2. 외상사건의 상황을 살펴보자. 당신이 한 일이나 하지 않은 일 때문에 일어났는가? 사건을 조사하고, 실제 이야기를 작성하는 기자처럼 당신 자신에 대해 생각해 봐야 한다.
   ① 무슨 일이 일어났는가? ② 왜 일어났는가?
   ③ 왜 나에게 일어났는가? ④ 그 당시 왜 내가 그렇게 행동했는가?
   ⑤ 사건 발생 이후로 나는 어떻게 변했는가?
   ⑥ 만약, 사건이 다시 일어난다면 나는 어떻게 행동할 것인가? 나는 다른 행동을 하길 원하는가? 다른 행동을 할 수 있는가?

이 연습이 당신의 행동에 대해 무엇을 가르쳐 주었는가?

나의 책임(연습과제 2)

1. 앞의 연습에서 당신이 썼던 것을 다시 보고, 당신이 기억하는 외상사건을 일인칭(나는)으로 다시 정리해 본다.

2. 현재 시점에서 당신이 생각하는 사건에 대한 당신의 책임은 얼마나 되는가?
   - 나는 일어난 사건에 대해 (　　)%의 책임이 있다.
   - 당신의 책임 비율에 대해 확신하는가? (네 / 아니요)
   - 책임이 더 많거나 적을 수 있는가?
   - 사건과 그로 인한 결과들이 당신의 단순한 실수 때문인가? 당신의 무능력 때문이었는가?
   - 당신의 무지 때문이었는가? 당신이 부주의 때문이었는가? 당신의 부도덕 때문이었는가?

3. 이제 당신이 처음에 자신에게 부여한 책임 정도를 다시 보자. 당신의 책임은(　　)%이다. 이제 당신이 기술했던 것에 근거해서 당신이 실제로 (　　)%의 책임이 있다고 다른 사람들을 납득시킬 수 있는가? 당신의 책임 비율을 어떻게 수정할 수 있는가?

4. 트라우마 사건과 관련된 다른 사람들에 대해 생각해 보자. 각 사람의 역할은 무엇인가? 각 사람의 책임은 (　　)%인가?

5. 만약, 다른 사람이 어느 정도의 책임이 있다면, 당신 자신의 책임은? 만약, 당신이 어떤 행동을 하거나 하지 않았다면 사건을 막을 수 있었겠는가? 트라우마를 겪고 있는 동안에 당신이 하거나 하지 않았던 것들, 당신이 할 수 있었던 것과 할 수 없었던 것들을 다시 보고, 당신의 책임 수준을 결정해 보라. 나의 총 책임은 (　　)%이다. 그 이유는 (　　　　　　　)이다. 그렇다면 여전히 책임을 느끼는 이유는 무엇인가?

6. 만약, 당신이 여전히 책임을 느낀다면 당신의 사고나 행동으로 이미 충분히 벌을 받았다고 볼 수 있지 않은가? 얼마나 더 당신이 고통을 받아야 하는가? 당신에게 자기용서는 매우 긴 과정일지 모르지만 그것은 사건 발생에 대한 당신의 실제 책임에 달려 있다. 당신이 자신의 책임에 대해 용서할 수 있는지를 스스로에게 물어보는 것이 중요하다. 당신이 스스로 용서하기 위해서 필요한 것이 무엇인가? 답을 적어 보라.

7. 만약, 당신이 여전히 외상사건에 대한 책임을 져야 한다고 생각한다면, 자기파괴적이지 않은 방법으로 책임지는 방법을 생각해 보라.

4) 평가 및 과제

Q1. 오늘 배운 점은 무엇인가?

Q2. 오늘 배운 것이 몸과 마음에 어떤 도움이 되었는가?

⊙ 과제: 화가 나고 죄책감이 드는 상황에서 어떻게 하였는지 기록해 오기

[7회기: 긍정 강점 찾기]

1) 치료목표

긍정적 자기대화를 통한 자신의 강점 찾기, 미래 인생 설계하기

2) 이론적 배경

① 긍정 심리학

과거 철학으로부터 독립된 심리학은 부정적인 증상을 줄이는 것에 초점이 맞추어져 왔다. 그 결과 긍정적인 심리적 특징에 대한 관심은 대체로 적었다. 그러나 2000년대로 접어들면서 자신의 강점과 긍정적 특질을 향상시킨다면 좀 더 행복한 생활을 할 수 있다는 견해가 점차 확장되었다. 이런 전제로 강점과 긍정적 특질을 연구하고 이를 향상시키는 것을 목적으로 한 새로운 심리학의 조류가 탄생하게 되었는데 이것이 바로 긍정 심리학이다.

지금까지의 외상 극복 프로그램은 트라우마의 증상을 줄여서 불편감을 감소시키는 방향으로 많은 노력을 기울였으나, 본 장에서는 외상피해자가 지닌 강점을 찾고 이를 확장하는 노력을 해 보려고 한다.

② 트라우마와 연관된 요인

외상사건을 경험했다고 해서 모든 사람이 트라우마 증상이 나타나는 것은 아니다. 그렇다면 외상사건을 경험하고도 ASD나 PTSD에 걸리지 않는 사람은 어떤 특징이 있는 사람일까? 지금까지 이루어진 연구결과를 살펴보면 다음과 같은 긍정적 특질이 있는 사람들이 트라우마에 대한 저항력이 높게 나타났다.

- 사회적 지지가 잘 갖추어진 사람
- 자기연민에 빠지지 않은 사람
- 수동적이기보다는 능동적으로 사건 해결에 참여한 사람
- 고통에서 의미를 발견한 사람 등

맥크래(McCrae, 1996)와 같은 학자는 역경에 대처하는 데 도움이 되는 성격특질이 있다고도 주장하였다. 주요 성격특질은 외향성과 개방성, 내적 통제의 위치(internal locus of control), 응집력(sense of coherence), 의지력 등이라고 설명하였다. 외상피해자가 외상사건에 대처해야 하는 동기와 낙관적 태도를 지니고 있으면 위기극복을 잘하는 것으로 나타났다. 또한, 능동적인 능력을 바탕으로 다른 위기사건을 성공적으로 해결했던 경험이 있는 사람 역시 외상사건에 잘 대처한 것으로 보고되었다(Kobasa, 1982).

3) 진행요령

① 자신의 일반적인 강점을 찾아본다.

자신도 모르게 '잘 안될 것 같아.', '해 봤자 소용없지.'와 같은 부정적인 자기대화는 위급한 스트레스 상황에 대한 통제력을 약화시킵니다. 그러나 나는 과거에 성공했던 경험도 있고, 스트레스를 잘 극복했던 경험도 있습니다. "호랑이 굴에 들어가도 정신만 똑바로 차리면 살 수 있다."라는 속담이 있듯이, 나 자신의 능력을 믿고 헤쳐 나와야 합니다. 스트레스를 직면하더라도 긍정적인 자기대화는 상황을 통제할 수 있는 힘과 지혜를 줍니다. 과거에 성공했던 경험, 자부심을 느꼈던 경험, 즐거운 경험, 성취감을 느꼈던 경험과 같이 자신 안에 긍정적인 경험을 찾아보도록 합시다.

- 과거에 내가 성공했던 것은 (   )이다.
- 과거에 나는 (   )에서 자부심을 느꼈다.
- 내가 즐거웠던 과거의 경험은 (   )이다.
- 과거에 내가 성취감을 느꼈던 것은 (   )이다.

② 외상사건 당시에 대처한 나의 능력

외상사건 피해자는 그동안 힘든 생활을 하였고 지금도 하고 있다. 그렇지만 외상사건 이후에도 여전히 가정과 사회의 소중한 존재로 살아가고 있다. 외상사건 피해자가 지닌 능력 중 긍정적인 능력은 트라우마 대처에 큰 도움이 된다.

트라우마에 대처하는 자신의 능력을 찾아보도록 한다. 먼저, 외상사건 이전의 원래 자신의 모습을 생각해 본다. 그때 어떠한 경험을 했는지, 그때의 생각, 그때의 감정, 그때의 신체 반응, 그때의 바람, 그때의 행동에 대해 이야기하면서 자신 안에 긍정적인 힘을 느껴 보는 시간을 가진다.

외상에 대처하는 나의 능력(연습문제)

※ 다음의 문장에서 자신에게 해당한다고 생각하는 것을 체크해 봅시다.

1	나는 희망이 있다.	□
2	나는 생각하는 힘이 있다.	□
3	나는 유머감각을 지니고 있다.	□
4	나는 새로운 경험에 개방적이다.	□
5	나는 타인에게 호감을 줄 수 있다.	□
6	나는 훌륭한 도전을 좋아하고 다시 일어선다.	□
7	나는 내가 하는 일에 성실하다(나는 끝까지 한다).	□
8	나는 개인적 역량의 원천이 내 안에 있다고 믿는다.	□
9	나는 적극적으로 내 삶의 계획을 세우려고 노력한다.	□
10	나는 내게 발생한 일에서 의미를 찾으려고 노력한다.	□
11	나는 나쁜 상황을 의미 있는 부분으로 나누려고 노력한다.	□
12	나는 내 삶에서 발생한 문제를 해결하려는 동기가 있다.	□
13	나는 다른 사람의 느낌이나 생각에 대해서 개방적이다.	□
14	나는 외향성이 높다(나는 사람과 함께 있기를 좋아한다).	□
15	나는 내가 상황에 대처할 능력을 가지고 있다고 확신한다.	□
16	나는 내가 삶에서 경험했던 나쁜 것을 극복하기 위해 노력한다.	□
17	내게는 훌륭한 사회적 지지가 있다. 내게 도움을 줄 사람들이 있다.	□
18	세상에는 내가 할 수 있는 것과 내가 할 수 없는 것이 있음을 안다.	□
19	나는 새로운 것을 시도하거나 새로운 방식으로 바라보는 것을 좋아한다.	□
20	나는 전반적으로 긍정적인 사람이다. 나는 부정적이기보다는 긍정적으로 바라본다.	□
21	나는 행동지향적인 사람이다. 나는 앉아서 고민하기보다는 행동하기를 좋아한다.	□

☞ 몇 개가 체크되었는가? 당신이 체크한 것과 체크하지 않은 것들의 패턴을 알겠는가?
더 많이 체크할수록 당신에게 발생한 외상을 극복하기 위해 더 많은 행동을 하는 것이다.

☞ 당신은 앞서 언급한 여러 문장을 읽으면서 당신에 대해서 무엇을 관찰하였는가?

③ 자존감 높이기

트라우마는 자신에 대한 좋은 느낌과 사고를 위협할 수 있고, 부정적인 생각과 무가치함, 경멸의 정서를 가져올 수 있다. 자신이 흠이 있거나 나쁘거나 피해를 입었다고 믿을 수도 있다. 또한, 자신의 존재가 다른 사람을 더럽힌다고 생각하거나, 나의 존재로 인해 다른 사람의 삶을 고통스럽게 할 것이라고 생각할 수도 있다. 이렇게 낮은 자존감은 자기혐오, 절망, 냉소 등 다른 사람들을 피하게 하는 원인이 된다.

만약, 자신을 가치 있다고 여긴다면 좋은 자존감을 가진 사람이다. 높은 수준의 자존감은 자기존중으로부터 나온다. 자기 자신을 유능하게 보고 있다면, 스트레스를 더 잘 다룰 수 있고, 위기를 도전으로 받아들일 수 있다. 자존감을 세우는 방법은 자신이 이룬 성공, 자신이 해결한 문제, 위기극복 경험을 시각화하는 것이 유용하다. 긍정적인 대화기술을 연습하여 증진시키거나, 하고 싶은 취미를 찾거나, 다른 사람을 위해 봉사하는 것도 자존감을 높이는 좋은 방법이다.

쓸데없이 자신에 대한 자책이나 비현실적인 기대는 자존감을 낮아지게 할 수 있다. 자존감은 자기 자신에 대한 무조건적인 가치와 무조건적인 사랑에 기초한 자기수용임을 잊지 않도록 하자.

나의 자존감 확신(연습과제)

몸을 이완시킨 후, 자존감에 대한 확신을 가져 본다. 그것이 모두 사실인 것처럼 그것을 자세하게 시각화시키면서 소리 내어 자신에게 말해 보자.

- 나는 최선을 다한다.
- 나는 가치 있는 사람이다.
- 나는 나를 자랑스럽게 느낀다.
- 나는 매력적이고 유능하다.
- 나는 내 삶을 의미 있게 생각한다.
- 나는 나 자신을 조건 없이 사랑한다.
- 나는 변화할 수 있고 성장할 수 있다.

- 나는 더 이상 무기력한 사람이 아니다.
- 나는 나 자신으로부터 사랑받을 만하다.
- 나는 나 자신으로부터 존중받을 만하다.
- 나는 다른 사람으로부터 사랑받을 만하다.
- 나는 다른 사람으로부터 존중받을 만하다.
- 나는 다른 사람들의 삶을 중요하게 생각한다.
- 나는 다른 사람과 비교하지 않고 있는 그대로를 존중한다.

4) 평가 및 과제

Q1. 오늘 배운 점은 무엇인가?

Q2. 오늘 배운 것이 몸과 마음에 어떤 도움이 되었는가?

⊙ 과제: 오늘 연습한 과제들을 일상생활에서 실천해 본다. 이를 위해 다음과 같은 자존감에 관한 연습과제를 하나 더 제시한다.

다음의 질문에 대해 답해 보세요.

- 나의 소망과 꿈은 무엇인가?
- 나는 어디에서 희망을 찾는가?
- 나는 어떤 상황에서 유머감각을 갖는가?
- 나는 나 자신을 정서적으로 어떻게 보살피는가?
- 나 자신을 위한 나의 현실적인 기대는 무엇인가?
- 나 자신을 위한 나의 비현실적인 기대는 무엇인가?
- 나는 언제 그리고 어떻게 사랑과 애정을 표현하는가?
- 나는 나 자신에게 언제, 어떻게 그리고 무엇을 보상해 주는가?
- 나는 나의 신체적 자기(나의 몸)를 보살피기 위해 무엇을 하는가?
- 나는 어떤 상황에서 나의 느낌들에 대해 개방적이고 정직한가?
- 나는 언제 그리고 어떻게 나 자신을 가치절하하거나 평가를 낮추는가?
- 나는 나 자신에 관해 무엇을 좋아하는가? 또는 무엇을 가치 있게 여기는가?
- 나는 나 자신이 부정적으로 느낄 때도 다른 사람을 긍정적으로 도울 수 있는가?

[8회기: 마무리하기]

1) 치료목표

프로그램을 총정리하고 상담을 종결한다.

2) 진행요령

① 치료 프로그램 총정리

지금까지 트라우마 증상에 대처할 수 있는 다양한 방법을 배웠다. 불안할 때나 잠이 오지 않을 때, 혼란스러울 때와 같은 상황에서 자신의 심리적 안정을 유지하는 데 도움을 줄 수 있는 근육이완법을 배웠다. 또한, 외상사건에 대한 기억을 정리하고 직접 공포를 다룰 수 있게 하는 노출훈련기법도 배웠다. 분노감과 죄책감에서 벗어나고, 자신의 강점을 향상시켜 트라우마 증상을 극복하는 방법도 배웠다. 이번 시간은 마지막 시간으로 프로그램의 효용성을 종합적으로 평가해 보고 일상에서 지속적인 활용을 다짐하는 시간을 갖고자 한다.

Q. 그동안 프로그램에 참여하면서 배운 것이 어떤 도움이 되었는가?

② 앞으로의 치료

본 프로그램으로 치료가 완전히 끝날 수도 있고 더 필요할 수도 있다. 이는 외상피해자와 상담자가 함께 증상의 호전과 성과를 상의하여 결정해야 하는 문제이다. 남은 문제가 있다면 본 프로그램에서 배운 것을 이용하여 해결할 수 있다 .

③ 삶의 의미 찾기

삶의 의미를 찾는 것은 외상의 충격 때문에 잠시 동안 잊고 있었던 삶의 목표와 가치를 떠올리고 새로운 출발의 원동력이 될 수 있게 하는 데 기여한다. 내가 진정 원하는 것이 무엇인가에 대해 스스로에게 물어봄으로써 삶의 의미와 가치, 목적 등을 발견할 수 있다.

3) 연습과제

① 삶의 의미와 목적 바로 세우기

첫 번째, 삶의 의미와 목적을 바로 세우기 위해서는 무엇보다 먼저 이를 이해하는 것입니다. 20세기 유명한 심리학자인 융(Jung), 메이(May), 프랑클(Frankl)은 삶의 의미와 삶의 목적이 불분명해서 생기는 불안에 대해 설명하였습니다. 이 주제에 대해 가장 깊이 생각한 사람은 아마도 프랑클일 것입니다. 그는 세계2차대전 당시 포로수용소에서 상상할 수도 없는 잔인하고 끔찍한 고문과 고통을 당했음에도 불구하고 끝까지 참아 내고 생존한 사람입니다.

그는 포로수용소에서의 경험을 통해 삶의 이유, 인생의 의미와 목적을 가진 사람이 고통을 더 잘 견딘다는 것을 알게 되었습니다. 그는 가장 비참한 곤경 속에서도 동료를 돕는 것에서 기쁨을 느끼는 몇몇 사람을 보고 매우 충격을 받았다고 말했습니다. 프랑클 자신도 사랑하는 아내를 그려 보면서 그리고 자신이 포로수용소에서 깨달은 것을 후에 다른 사람들에게 알리는 것을 상상하면서 의미 없고 비참한 포로수용소 생활을 이겨냈습니다. 그리고 사람은 철조망 사이로 떠오르는 해를 바라보는 것과 같은 소소한 일상에서도 더없는 기쁨을 느끼는 존재라는 것을 알게 되었습니다. 사람의 신체는 구속할 수 있지만 자유와 고난에 대한 사람의 태도까지 빼앗을 수 없다는 것을 깨달았던 것이지요. 이후 그는 사람들이 인생에서 의미를 찾는 것을 돕는 의미요법(logo therapy)이라는 심리치료를 발달시켰습니다. 삶의 의미와 목적을 찾도록 다른 사람을 돕는 것에 커다란 의미를 두었던 것입니다. 그는 사람이 정말로 필요로 하는 것은 불안이 없는 상태가 아니라, 삶의 목표를 위한 노력과 분투라고 강조하였습니다.

두 번째는 삶의 의미와 목적을 다시 발견하는 것입니다. 모든 사람은 자기 자신 안에 위대한 삶의 의미와 목적의 씨앗을 가지고 있습니다. 그 씨앗을 잘 싹트게 하고 기를 수 있는 방법으로서 다음의 질문에 대해 깊이 생각해 보고 대답하는 시간을 가지는 것이 중요합니다.

- 무슨 목적을 위해 생존하였는가?
- 왜 포기하지 않고 자살하지 않았는가?
- 무엇 때문에 계속 살아가고 있는 것인가?
- 무엇이 내 인생을 살아갈 가치가 있게 만드는가?

위의 연습은 다음과 같은 것을 생각해 보도록 도울 것입니다.

- 인생이 당신에게 무엇을 주었는지에 대한 깨달음
- 희망, 꿈, 인생의 즐거움을 경험하는 것에 대한 기대
- 당신은 누구에게 중요한 사람인가에 대한 깨달음
- 도움이 되는 사람이 될 수 있을 것이라는 기대
- 나는 더 큰 의미와 더 많은 즐거움을 찾을 수 있을 것이라는 믿음
- 나는 내 고통이 해결될 것이라는 미래에 대한 긍정적인 믿음
- 자기 자신의 높은 가치에 대한 믿음
  - 나는 나에게 가치가 있다는 것을 안다. 나는 포기하는 사람이 아니다.
  - 나는 나를 믿는다. 나는 내가 경험한 외상을 극복할 자신이 있다.
  - 나는 절망적인 상황을 경험해 보았다. 이제 나는 어떤 상황에서도 이겨 낼 수 있다.

② 삶의 목표 바로 세우기

삶의 의미와 목적을 이해하고 바로 세운 후에는 삶의 목표를 새로 수립하는 것이 중요합니다. 이를 위해서는 다음과 같이 합니다.

첫째, 나의 삶의 목표를 새롭게 세워 봅시다.
둘째, 삶의 목표를 수립하는 데 도움이 되는 다음의 질문에 답해 봅니다.

- 당신의 일은 당신에게 충분한 만족감을 주고 있나요?
- 공부를 새로 하거나 계속하기를 원하는 분야가 있나요?
- 배우고 싶거나 계속하기를 원하는 취미나 관심거리가 있나요?

- 당신 삶의 좌우명은 무엇인가요?
- 5년 안에 성취하고 싶은 것이 있다면 무엇인가요?
- 10년 안에 성취하고 싶은 것이 있다면 무엇인가요?
- 내년에는 어떤 일을 성취하고 싶은가요?
- 당신에게 가장 중요한 가치는 무엇이고, 큰 의미를 주는 것은 무엇인가요?
- 당신 삶의 목표를 위해 바꿀 수 있다고 생각하는 부분은 어떤 것인가요?

셋째, 앞서 언급한 연습과제를 실시하고 난 후의 소감을 말해 봅니다.

3) 평가 및 과제

Q1. 오늘 배운 것은 무엇인가?

Q2. 지금까지 배운 것이 어떤 도움이 되었는가?

CHAPTER 7

스마트폰 중독예방 프로그램

국방부는 2019년부터 일과 후 시간과 휴일에 한해 병사들의 스마트폰 사용을 허용하고 있다. 평일에는 오후 6시부터 점호시간 전인 오후 9시까지 자유롭게 사용할 수 있고, 휴일에는 종일 사용이 가능하다. 병사들의 스마트폰 사용으로 얻을 수 있는 이점은 가족과 애인, 친구, 지인 등에게 자주 연락할 수 있어 부대적응에 도움이 되고, 인터넷 강의 등을 통해 자기계발이 가능하다는 점이다. 그러나 부대 내 스마트폰 사용으로 발생하는 문제점도 예상해 볼 수 있다. 부대 보안의 취약점이 쉽게 노출될 가능성이 있고, 스마트폰으로 불법 도박을 할 수도 있다. 또한, 불법 음란 사이트에 들어가 동영상을 시청하여 자기통제력이 약해지고, 강한 충동성이 나타나는 등 병영생활에 좋지 않은 영향을 줄 수 있다.

본 프로그램은 이러한 점을 고려하여 장병들의 스마트폰 중독예방 프로그램을 제시하고자 한다. 성미애(2015)의 프로그램을 군의 특수성과 문화, 상황 등을 고려하여 일부 내용을 수정하여 재구성하였다.

[프로그램의 회기별 내용]

구분	중점	세부내용
1회기	즐거운 만남	• 프로그램 목적에 대한 이해 • 스마트폰 중독 경향성 예측척도
2회기	나의 스마트폰 사용습관 알아보기	• 나의 스마트폰 사용 정도 • 스마트폰 사용시간 조절계획 세우기
3회기	스마트폰을 사용할 때의 나는?	• 스마트폰 사용 시 나의 감정 알기 • 감정조절방법 알기
4회기	스마트폰 없는 나의 세상	• 대안활동 탐색 • 시간관리 연습
5회기	새롭게 흘러가는 나의 시간	• 변화된 모습 탐색 • 버킷리스트

[1회기: 즐거운 만남]

<table>
<tr><td>목표</td><td>• 프로그램 성격과 목적을 이해한다.
• 프로그램 구조화와 집단 분위기를 안정되게 조성한다.</td></tr>
</table>

<table>
<tr><th>활동과정</th><th>진행내용</th><th>소요시간</th><th>준비물</th></tr>
<tr><td>도입</td><td>• 지도자와 참여 장병을 소개한다.
• 서약서를 작성하고 프로그램을 설명한다.</td><td>10분</td><td>워크북
☞ 1-①</td></tr>
<tr><td rowspan="2">전개</td><td>• 함께 지킬 약속 정하기
– 집단에 대한 기대 나누기
– 프로그램을 진행하는 동안 지켜야 할 규정 알려 주기
• 별칭 짓기: 서로의 별칭을 지어 주는 게임
① 동그랗게 앉아서 진행한다.
② 첫 번째로 별칭을 지을 집단원을 정한다.
③ 첫 번째 집단원의 오른쪽에 있는 집단원이 첫 번째 집단원에 대한 첫인상을 형용사나 단어를 그 옆 집단원에게 귓속말로 전달한다.
④ 그 옆 사람은 형용사나 단어를 듣고 떠오르는 단어를 전달한다.</td><td>30분</td><td>펜</td></tr>
<tr><td>• 스마트폰 중독 경향성 예측척도
– 질문지를 통해 나의 스마트폰 중독 경향성에 대해 알아본다. [워크북 1-②]
– 채점 기준 [워크북 1-③]
• 스피드 퀴즈
– 스마트폰 관련 문제를 알아맞히는 게임으로 팀별로 진행한다. [워크북 1-④]</td><td>40분</td><td>워크북
☞ 1-②
☞ 1-③
☞ 1-④</td></tr>
<tr><td>마무리</td><td>• 오늘 프로그램에 대한 짧은 소감 나누기</td><td>10분</td><td></td></tr>
</table>

☞ 워크북 I-① 서약서 작성하기

서 약 서

우리는 스마트폰 중독예방 집단상담 프로그램을 통하여 새로운 변화와 발전을 위하여 만나게 되었습니다. 우리는 이 프로그램을 통하여 자신의 충동을 조절하고 자신을 조절하는 능력을 기르면서 시간을 조금 더 효율적으로 쓸 수 있는 방법을 알아갈 것입니다. 프로그램이 진행되면서 자신과 전우들의 모습을 알아갈 수 있어 기쁠 수도 있겠지만 때로는 전우에게 실망하고 화가 나는 일도 생길 수 있습니다. 그러나 이 모임을 통해 더 나은 자신의 모습과 새로운 가능성을 만나게 될 것입니다. 보람 있고 즐거운 만남이 되기 위해 아래의 사항을 지킬 것을 약속합니다.

1. 내 마음에 있는 생각이나 느낌을 솔직하게 표현한다.
2. 전우들이 하는 말을 비판이나 편견 없이 있는 그대로 듣는다.
3. 여기서 나눈 개인적인 이야기는 절대로 밖에서 말하지 않는다.
4. 전우가 이야기할 때에는 끼어들거나 방해하지 않고 잘 듣는다.
5. 집단 모임 시간을 잘 지키고 성실히 집단활동에 참여한다.
6. 개인에게 부과된 과제는 성실히 수행한다.

년 월 일

이름: ____________ 서명: ____________

☞ 워크북 I-② 스마트폰 중독 경향성 예측척도

번호	질문	전혀 그렇지 않다	그렇지 않다	그렇다	매우 그렇다
1	평소 불안을 경험한다.				
2	평소 외로움을 경험한다.				
3	가족과 이야기하는 것이 즐겁다.				
4	직장 상사로부터 인정과 지지를 받는다.				
5	주의 깊게 생각하기보다는 순간적 기분에 따라 결정하는 편이다.				
6	자신의 이익을 위해 규칙을 어기거나 남을 속인 적이 있다.				
7	스마트폰을 이용할 때 자신의 이용 패턴에 따라 이용 경로나 콘텐츠를 자유롭게 변경하거나 새로 만들어 낸다.				
8	스마트폰을 통한 미디어 환경에 몰입할 만큼 빠져든다.				
9	인간관계 유지 및 다른 사람들과의 의사소통을 위해 스마트폰을 이용한다.				
10	별생각 없이 시간을 보내기 위해 스마트폰을 이용한다.				
11	현실에서 벗어나거나 현실의 문제를 잊기 위해 스마트폰을 이용한다.				
12	스마트폰을 통해 스트레스나 불쾌한 기분이 해소될 수 있다고 생각한다.				
13	스마트폰을 통한 온라인 게임을 자주 이용한다.				
14	하루에 모바일 메신저(스마트폰 앱을 통한 메신저, 문자메시지 등)를 얼마나 자주 이용하십니까?(이용횟수)				
15	1회 이용 시 모바일 메신저(스마트폰 앱을 통한 메신저, 문자메시지 등)를 얼마나 이용하십니까?(이용시간)				

출처: 한국정보화진흥원 스마트쉼센터 (2014).

☞ 워크북 I-③ 성인 스마트폰 중독 경향성 예측척도 채점

채점 방법	[1단계] 문항별	전혀 그렇지 않다: 1점 / 그렇지 않다: 2점 / 그렇다: 3점 / 매우 그렇다: 4점 ※ 단, 3, 4번은 다음과 같이 역채점 실시 〈전혀 그렇지 않다: 4점 / 그렇지 않다: 3점 / 그렇다: 2점 / 매우 그렇다: 1점〉 ※ 14번에서 이용횟수가 10회 미만이면 1점, 11회 이상 20회 미만이면 2점, 21회 이상~30회 미만이면 3점, 30회 이상이면 4점으로 채점 ※ 15번에서 이용시간이 2분 이하이면 1점, 3분 이상 5분 이하이면 2점, 6점 이상 9분 이하이면 3점, 10분 이상이면 4점으로 채점
	[2단계] 총점	총점: 1~15번 합계
고위험 이용자군	총점 41점 이상	현재 스마트폰을 통한 모바일 메신저 이용시간 및 횟수가 과도한 수준입니다. 또한, 스마트폰을 통한 게임 이용도 높은 수준입니다. 주로 소통을 목적으로 인터넷을 이용하며 별다른 목적 없이 시간을 보내거나 현실의 문제를 잊기 위해 스마트폰을 이용하고 있습니다. 일상생활에서 외로움과 불안을 높게 경험하며, 성격적인 측면에서 충동성이 높고 정직성이 낮은 편입니다. 스마트폰을 통해 스트레스나 불쾌한 기분이 해소될 수 있다는 강한 신념을 지니고 있습니다. 직장에서의 지지 경험이 제한적이며 가족 간의 상호작용도 낮은 편입니다. ▶ **예방적 접근**: 스마트폰 중독 발생 가능성이 높은 집단입니다. 전문치료기관에서 스마트폰 이용에 대한 치료 및 상담을 받기를 권합니다.
잠재적 위험 이용자군	총점 39점 이상 ~ 40점 이하	스마트폰을 통한 모바일 메신저 이용시간 및 횟수, 게임 이용 수준이 비교적 높은 수준입니다. 주로 소통을 목적으로 인터넷을 이용하며 별다른 목적 없이 시간을 보내거나 현실의 문제를 잊기 위해 스마트폰을 종종 이용하고 있습니다. 일상생활에서 외로움과 불안을 다소 높게 경험하며 성격적인 측면에서 충동성이 다소 높은 편입니다. 스마트폰을 통해 스트레스나 불쾌한 기분이 해소될 수 있다는 신념을 지니고 있으며, 직장에서의 지지 경험과 가족 간의 상호작용이 다소 낮은 편입니다. ▶ **예방적 접근**: 스마트폰 중독 발생 가능성이 다소 높은 집단입니다. 스마트폰 중독예방기관에서 스마트폰 이용에 대한 예방 상담을 받기를 권합니다.
일반 이용자군	총점 38점 이하	스마트폰 이용량을 적절히 조절할 수 있으며, 목적에 맞게 이용할 수 있습니다. 일상생활의 부정정서 경험은 낮은 편이며, 적절한 자기조절력을 지니고 있습니다. 주변의 지지와 가족 상호작용도 양호한 편입니다. ▶ **예방적 접근**: 스마트폰 중독 발생 가능성이 낮은 집단입니다. 건강한 스마트폰 이용을 위해 지속적인 점검과 예방교육을 받는 것이 보다 도움이 될 수 있습니다.

출처: 한국정보화진흥원 스마트쉼센터 (2014).

☞ 워크북 Ⅰ-④ 스마트폰 관련 퀴즈

1. 여러 선택의 갈림길에서 결정을 내리지 못하고 뒤로 미루거나 타인(댓글/후기/앱)에게 결정을 맡겨 버리는 선택장애를 뭐라고 할까요?

   ① 스마트폰 로미오 증후군 ② 스마트폰 햄릿 증후군
   ③ 스마트폰 줄리엣 증후군 ④ 스마트폰 캣 증후군

2. 스마트폰을 눈에서 떼지 못해 걸음이 느리고 주위를 살피지 않는 것이 특징이고, 앞이나 옆에서 오는 사람 및 자동차를 보지 못해 보행자보다 사고를 당할 확률이 70%나 높은 이들은 뭐라고 부를까요?

   ① 여피족 ② 딩크족 ③ 프루브족 ④ 스몸비족

3. 전체적으로 목의 전만이 소실되어 고개가 앞으로 빠진 자세가 일으키는 증상으로 나이가 들수록, 근육이 없을수록 잘 생기지만 컴퓨터나 스마트폰을 많이 하는 요즘에는 연령, 성별에 관계없이 발생하는 이 증상은 무엇일까요?

   ① 대상포진 ② 터널증후군 ③ 거북목증후군 ④ 안구건조증

4. 첨단 디지털기기에 익숙한 나머지 뇌가 현실에 무감각 또는 무기력해지는 현상은 무엇일까요?

   ① 디지털원주민 ② 팝콘브레인 ③ 스마트폰 중독 ④ 디지털 치매

5. 휴대폰을 가지고 있지 않으면 불안감을 느끼는 증상은 무엇일까요?

   ① 노모포비아 ② 케모포비아 ③ 소셜포비아 ④ 에크로포비아

6. 디지털 홍수에서 벗어나 심신을 치유하는 일은 무엇일까요?

   ① 디지털 노마드 ② 아날로그 테라피 ③ 데이터 스모그 ④ 디지털디톡스

7. 쉬기 위하여 게임을 한다는 논리로 자신에게 보상을 준다는 생각을 무엇이라고 할까요?

   ① 자기불구화 전략 ② 합리화 ③ 억압 ④ 승화

8. 스마트폰 과다 사용으로 기억력이 감퇴되고, 웹사이트의 아이디나 비밀번호가 잘 기억나지 않는 것으로 장기기억력 감퇴로 나타나는 일종의 치매는 무엇일까요? (디지털치매)

9. 반복적인 손가락 사용이 발병의 원인으로 손가락이 부어오르고 굽혀지거나 펴지지 않는 증상을 말한다. 방아쇠 소리와 유사한 딸각거리는 마찰음이 나는 이 증상은 무엇일까요? (방아쇠수지증후군)

출처: 한국정보화진흥원 스마트쉼센터 (2019).

[2회기: 나의 스마트폰 사용습관 알아보기]

목표	• 자신의 습관을 알아보고 통제력을 향상시킨다. • 스마트폰 사용계획을 스스로 세우고, 자신에게 맞는 사용법을 익힌다.

활동과정	진행내용	소요시간	준비물
도입	• 지난 일주일 동안 스마트폰 사용에 대한 이야기를 나눠본다. • 프로그램을 소개한다.	10분	
전개	• 아이엠그라운드 게임 ① 자기소개 게임을 진행한다. ② 지난 시간 정했던 별칭을 다시 한번 상기시키기 위하여 게임을 진행한다. ※ 골고루 이름이 돌아갈 수 있도록 한다.	10분	
	• 나의 스마트폰 사용 정도에 대해 자세히 적어 본다. [워크북 2-①] • 스마트폰을 생각하면 어떤 것들이 떠오르는지 탐색해 본다. [워크북 2-②] • 스마트폰 사용으로 나에게 오는 득과 실을 적어 본다. [워크북 2-③]	35분	워크북 ☞ 2-① ☞ 2-② ☞ 2-③
	• 스마트폰 사용 조절 계획을 세운 후 나에게 주고 싶은 선물을 정해 본다. • 21일 습관계획표에 대해 설명한다.	15분	워크북 ☞ 2-④
과제부여	• 21일 습관계획표 작성		워크북 ☞ 2-⑤
마무리	• 오늘 프로그램에 대한 짧은 소감 나누기	10분	

☞ 워크북 2-① 나의 스마트폰 사용 정도

★ 잘 생각해서 적어 봅니다.

1. 나는 평일에 하루 평균 스마트폰을 얼마나 이용하나요?

2. 나는 주말에 평균적으로 스마트폰을 얼마나 이용하나요?

3. 현재 내가 사용하고 있는 애플리케이션은? (사용에 따라 세분화해 보세요.)

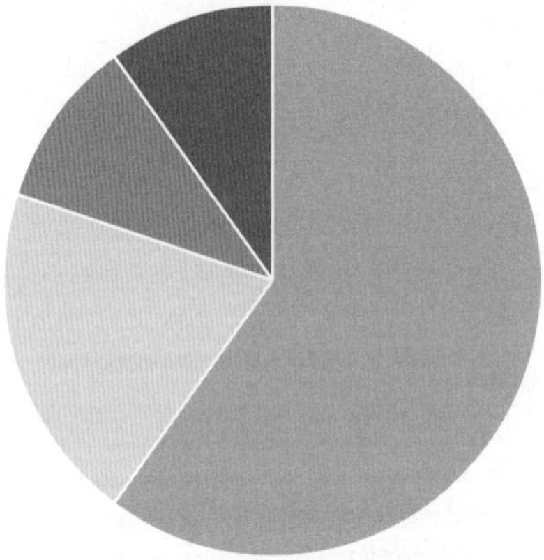

4. 스마트폰을 하면서 새로 생긴 좋지 못한 습관이 있나요?

5. 스마트폰을 이용하면서 생기는 비용이 있나요? 있다면 어떻게 마련하나요?

☞ 워크북 2-② 내 머릿속에는?

★ 스마트폰을 생각하면 떠오르는 것을 적어 보세요.

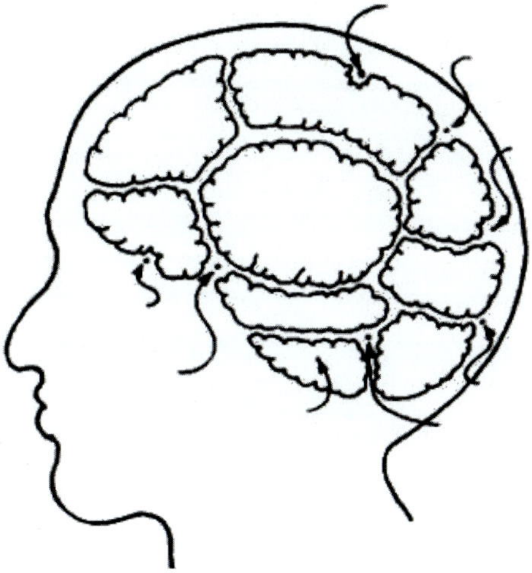

☞ 워크북 2-③ 스마트폰을 사용하면?

☆ 스마트폰을 사용하면 얻는 것은?	☆ 스마트폰을 사용하지 않으면 얻는 것은?
★ 스마트폰을 사용하면 잃는 것은?	★ 스마트폰을 사용하지 않으면 잃는 것은?

☞ 워크북 2-④ 스마트폰 사용 조절계획표

1. 현재 내가 사용하고 있는 애플리케이션은? (사용에 따라 세분화해 보세요.)

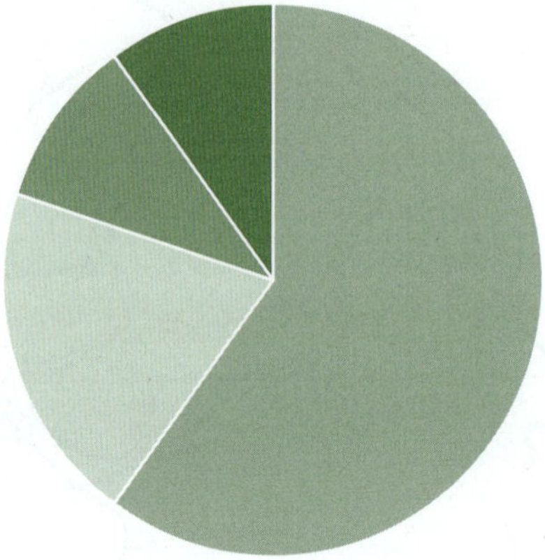

2. 애플리케이션 사용시간 그래프로 나타내기

내가 세우는 나의 계획표

1. 나는 하루에 스마트폰을 (　　　　)시간 (　　　)분
   (　　　　　　　　　　　　　　) 할 때 사용하겠다.

2. 나는 스마트폰을 내가 세운 목표보다 더 많이 사용하고 싶은 마음이 생기면
   (　　　　　　　　　　　　　　) 하겠다.

3. 위의 두 가지 목표를 한 달간 꾸준히 지키면 나는 나에게
   (　　　　　　　　　　　　　　) 선물을 하겠다.

☞ 워크북 2-⑤ 21일 습관 계획표

행복한 삶을 위해서 하루에 3분 좋은 습관을 위해 투자하라.

습관들	첫 번째 단계				두 번째 단계					세 번째 단계														
	3			확인	7				확인	14							21의 기적							확인
날짜	1	2	3		4	5	6	7		8	9	10	11	12	13	14	15	16	17	18	19	20	21	

[3회기: 스마트폰을 사용할 때의 나는?]

목표	• 스마트폰을 사용할 때의 나의 감정에 대해 알아본다. • 머리를 비우고 한곳에 집중함으로써 편안한 상태가 되어 본다.

활동과정	진행내용	소요시간	준비물
도입	• 지난 시간의 과제에 대해 이야기를 나눈다. • 프로그램에 대한 소개를 한다.	10분	
전개	• **병뚜껑 멀리 날리기 게임** – 생수병의 병뚜껑을 손가락으로 튕기는 게임으로 적절한 힘의 조절, 거리 조절이 필요하다. – 적절한 선을 정하여 그 선에 가장 가까운 병뚜껑이 이기는 방식이다.	15분	
	• **스마트폰을 하면서 나의 감정은?** – 스마트폰을 하면서 나의 감정이 조절되지 않았던 적이 있었는지에 대해 경험을 나눈다. – 있었다면 감정과 행동에 대해 이야기한다. – 없었다면 감정뿐만 아니라 시간 조절 등의 자기조절이 되지 않았던 적이 있는지 이야기를 나누어 본다.	15분	
	• **곡물 만다라** – 다양한 곡물과 접착 풀, 일회용 접시를 준비한다. – 원하는 만다라 모양을 선택하여 천천히 만다라를 꾸민다.	40분	워크북 ☞ 3–①
과제부여	• 21일 습관표 작성하기		
마무리	• 회기를 마친 후 느낌을 이야기한다.	10분	

☞ 워크북 3-① 만다라 도안

[4회기: 스마트폰 없는 나의 세상]

목표	• 대안활동 목록을 작성하면서 시간 관리에 대해 알아본다. • 유용한 시간 관리를 통해 나의 미래계획을 세운다.

활동과정	진행내용	소요시간	준비물
도입	• 지난주 과제에 대해서 이야기를 나눈다. • 프로그램에 대한 소개를 한다.	10분	펜
전개	• **정서조절 긴장이완법** – 긴장이완법을 통해 프로그램 시작 전에 온몸의 긴장을 풀어 준다.	10분	워크북 ☞ 4-①
	• **대안활동 목록 작성하기** – 스마트폰 사용 대신에 내가 할 수 있는 대안활동에 대해 자세하게 적어 본다. – 시행 요일, 함께할 사람, 준비물, 비용을 구체적으로 적음으로써 현실 가능한 계획이 되도록 한다.	20분	워크북 ☞ 4-②
	• **시간관리** – 시간에 관해 이야기를 나누어 본다. – 시간관리 중요성에 대한 이야기를 읽어 본다. – 나의 시간계획을 직접 세워 본다. – 집단원과 계획에 대해 이야기를 나눈다.	40분	워크북 ☞ 4-③ ☞ 4-④
과제부여	• 대안활동에 기록한 것 실제로 진행하기		
마무리	• 프로그램에 대한 평가와 마무리를 한다.	10분	

☞ 워크북 4-① 정서조절 긴장이완법

긴장이완법

1. 두 눈을 감고 세 번 심호흡 합니다.
2. 오른쪽 주먹을 꽉 쥐었다가 서서히 펴서 편안하게 합니다.
3. 왼쪽 주먹을 꽉 쥐었다가 서서히 펴서 편안하게 합니다.
4. 양쪽 주먹을 꽉 쥐었다가 서서히 펴서 편안하게 합니다.
5. 오른쪽 팔꿈치를 구부려서 팔의 근육에 집중한 뒤 서서히 펴서 편안하게 합니다.
6. 왼쪽 팔꿈치를 구부려서 팔의 근육에 집중한 뒤 서서히 펴서 편안하게 합니다.
7. 이마에 주름을 잡아 찌푸리도록 한 뒤 서서히 폅니다.
8. 두 눈을 아주 꼭 감았다가 서서히 뜹니다.
9. 윗니와 아랫니를 꽉 붙이고 이를 악물었다가 편안히 합니다.
10. 혀를 입천장에 대고 세게 누른 뒤 혀가 제자리에 오게 합니다.
11. 입을 다물고 앞으로 쑥 내밀어 오므렸다가 입술을 제자리로 합니다.
12. 목을 젖혀서 오른쪽으로 돌립니다.
13. 목을 젖혀서 왼쪽으로 돌립니다.
14. 목이 가슴에 닿을 정도로 앞으로 축 늘어뜨립니다.
15. 오른쪽 어깨가 귀에 닿도록 힘 있게 추켜올렸다가 편안하게 내립니다.
16. 왼쪽 어깨가 귀에 닿도록 힘 있게 추켜올렸다가 편안하게 내립니다.
17. 양쪽 어깨가 귀에 닿도록 힘 있게 추켜올렸다가 편안하게 내립니다.
18. 숨을 깊게 들이마셨다가 푹 내쉽니다.
19. 배를 앞으로 힘껏 내밀었다가 다시 배를 편안하게 합니다.
20. 허리를 앞으로 구부렸다가 편안하게 핍니다.
21. 양쪽 무릎을 구부렸다가 편안하게 핍니다.
22. 발과 발가락을 땅에 대고 세게 누른 후에 제자리로 합니다.
23. 발뒤꿈치를 땅에 대고 세게 누른 후에 제자리로 합니다.
24. 온몸을 쭉 뻗으면서 두 차례 숨을 크게 내쉽니다.

☞ 워크북 4-② 대안활동 목록 만들기

	대안활동	시행요일	소요시간	함께할 사람	준비물	비용
1						
2						
3						
4						
5						

☞ 워크북 4-③ 시간관리 I

1. 내가 생각하는 시간이란?

2. 시간의 소중함을 느꼈던 것이 있었을 때를 적어 보세요.

☞ 워크북 4-④ 시간관리 2

매일 아침 당신에게 86,400원을 입금해 주는 은행이 있다고 상상해 보세요.
그러나 당일이 지나면 86,400원은 남아 있지 않습니다.
매일 저녁, 당신이 그 계좌에서 쓰지 못하고 남은 잔액은 그냥 지워져 버리죠.
당신이라면, 어떻게 하시겠습니까?
당연히!!! 그날 모두 인출해야죠!!!
시간은 우리에게 마치 이런 은행과도 같습니다.
매일 아침, 86,400초를 부여받고,
매일 밤, 우리가 좋은 목적으로 사용하지 못하고 버려진 시간은 그냥 없어져 버릴 뿐이죠.
잔액은 없습니다.
더 많이 사용할 수도 없어요.
매일 아침 은행은 당신에게 새로운 돈을 넣어 주죠.
매일 밤, 그날의 남은 돈은 남김없이 불살라집니다.
그날의 돈을 사용하지 못했다면 손해는 오로지 당신이 보게 되는 거죠.
돌아갈 수도 없고, 내일로 연장시킬 수도 없습니다.
단지 오늘 현재의 잔고를 갖고 살아갈 뿐입니다.
건강과 행복과 성공을 위해 최대한 사용할 수 있을 만큼 뽑아 쓰십시오.
지나가는 시간 속에서 하루는 최선을 다해 보내야 합니다.
1년의 가치를 알고 싶으시다면 학점을 받지 못한 학생에게 물어보세요.
한 달의 가치를 알고 싶다면 미숙아를 낳은 어머니를 찾아가세요.
한 주의 가치는 신문 편집자들이 잘 알고 있을 겁니다.
한 시간의 가치가 궁금하면 사랑하는 이를 기다리는 사람에게 물어보세요.
일 분의 가치는, 열차를 놓친 사람에게,
일 초의 가치는 아찔한 사고를 순간적으로 피할 수 있었던 사람에게,
천 분의 일 초의 소중함은 아깝게 은메달에 머문 그 육상선수에게 물어보세요.
당신이 가지는 모든 순간을 소중히 여기십시오.
또한, 당신에게 너무나 특별한,
그래서 시간을 투자할 만큼 그렇게 소중한 사람과 시간을 공유했기에
그 순간은 더욱 소중합니다.
시간은 아무도 기다려 주지 않는다는 평범한 진리,
어제는 이미 지나간 역사이며,
미래는 알 수 없습니다.
오늘이야말로 당신에게 주어진 선물이며,
그래서 우리는 현재(present)를
선물(present)이라고 부릅니다.

☞ 워크북 4-⑤ 시간관리 3

1. 스티븐 코비의 시간관리 매트릭스: 시간관리 4사분면

시간을 계획하고, 우선순위를 정하고, 효율적으로 일하고, 다른 사람에게 일을 넘겨주는 법을 아는 것을 의미한다. 이는 시간을 최대한 활용할 수 있도록 돕는 방법이다.

구분	긴급한 일	긴급하지 않은 일
중요한 일	• 우선적! But, 계속된 긴장감으로 쉽게 지침 예 마감에 임박한 프로젝트, 위급하고 중요한 일	• 자기계발, 운동 등 삶에 가장 많은 영향! 꾸준히 하는 것이 성공적인 방법 예 인간관계 유지, 체력 관리
중요하지 않은 일	• 대부분의 사람들이 많은 시간을 소요 Because, 마음이 편하기 때문 예 중요하지 않은 전화, 사소한 일	• 안 해도 영향을 주지 않음 예 불필요한 잡담, 무의미한 TV 시청, 안부 문자 발송

2. 나만의 시간관리 매트릭스 만들어 보기

구분	긴급한 일	긴급하지 않은 일
중요한 일		
중요하지 않은 일		

[5회기: 새롭게 흘러가는 나의 시간]

목표	• 변화된 나의 모습을 찾아본다. • 미래에 대한 계획을 직접 세워 본다.		
활동과정	**진행내용**	**소요시간**	**준비물**
도입	• 지난 시간 과제에 대해 이야기를 나눈다. • 프로그램을 소개한다.	10분	
전개	• **나에게 일어난 변화를 찾아 적어 보기** – 작은 변화일지라도 어떤 변화가 있었는지 혹은 어떤 변화가 기대되는지 작성하고 서로 소개하기 • **칭찬 샤워** – 전우에게 일어난 변화에 대해 칭찬하기 – 전우에게 일어난 변화 중 내가 도전해 보고 싶은 것이 있다면 이야기하기 – 아주 작은 변화라도 적극적으로 지지해 주기	40분	워크북 5–①
	• **버킷리스트 작성하기** ① 빙고판 가운데(중앙) 날짜를 정해 놓고 큰 카테고리 4가지를 정한다. ② 그 기한 내에 내가 이루어야 할 것들을 적는다.	40분	워크북 5–②
과제부여	• 버킷리스트를 습관화하도록 돕는다.		
마무리	• 소감을 나누고 마지막 회기를 마무리한다.	15분	

☞ 워크북 5-① 나에게 일어난 변화 찾기

나에게 일어난 변화 (생각)	
나에게 일어난 변화 (기분)	
나에게 일어난 변화 (행동)	

☞ 워크북 5-② 버킷리스트 작성하기

	여행		자기계발	
	습관		운동/건강	

찾아보기

ㅇ

ㅈ

ㅊ

ㅋ

ㅌ

ㅍ

ㅎ

참고문헌

경찰청 (2013). 경찰 질병건강연구. 연세대학교 산학협력단.

고재홍 · 윤경란 (2007). 청소년의 스트레스와 자살생각: 자아탄력성의 완충효과. 한국청소년연구, 18(1), 185-212.

국가보훈처 (2010). 외상 후 스트레스 장애 발생 시 대응관리체계구축. 환자 전달체계 및 치료프로그램 개발에 대한 연구보고서. 가톨릭대학교 산학협력단.

국가인권위원회 (2004). 군대 내 남성 간 성폭력 성의식 실태조사. 한국성폭력상담소.

__________ (2012). 여군인권상황 실태조사.

__________ (2017). 군대 내 성폭력에 의한 인권침해 직권조사 결과 브리핑.

국방대학교 (2009). 정신전력연구 제40호.

국방부 (2013). 병영문화혁신.

_____ (2013). 2013년 국방통계연보.

_____ (2013). 군 자살 예방 종합 매뉴얼.

_____ (2014). 국방부 헌병속보.

군인권센터 (2014). 군 성폭력 실태조사. 새정치민주연합 전국여성위원회.

김광일 · 김재환 · 원호택 (1984). 간이정신진단검사 실시요강. 서울: 중앙문화사.

김기태 (1993). 위기개입론: 일상생활의 위기와 극복방법. 서울: 대명사.

김동일 · 김은하 · 김은향 · 김형수 · 박승민 · 박종규 · 신을진 · 이명경 · 이영선 · 이원이 · 이은아 · 이제경 · 정여주 · 최수미 · 최은영 (2014). 청소년 상담학 개론. 서울: 학지사.

김만홍 (1998). 우리의 청소년을 살리자. 서울: 쿰란출판사.

김상원 (2001). 성교육/성상담의 이론과 실제. 교육출판사.

김용구 (2005). 자살행동과 연관된 생물학적, 유전적 예측인자. 생물정신의학연구, 12(1), 3-12.

김용주 · 신응섭 · 고재원 (2007). 병사용 인터넷 중독 경향성 진단도구 개발. 한국심리학회지. 26(2), 307-328.

김유희 (2011). 우울 및 자살예방 프로그램이 고등학생의 정서, 행동문제와 문제해결능력에 미치는 효과. 석사학위논문. 전남대학교 교육대학원.

김환 (2000). 외상 후 스트레스 장애: 충격적 경험의 후유증. 서울: 학지사.

김환 · 이장호 (2006). 상담면접의 기초. 서울: 학지사.

김헌수 (2001). 상담심리학. 경기: 학술정보.

김현숙 (2017). 부모연계 분노조절 집단상담 프로그램의 효과: 초등학교 3,4학년을 중심으 로. 석사학위 논문. 삼육대학교 상담심리대학원.

남보라 (2008). 한국판 외상 후 스트레스 진단 척도의 신뢰도 및 타당도 연구. 석사학위논문. 고려대학교 대학원.

노안영 (2010). 상담심리학의 이론과 실제. 서울: 학지사.

민경자 (2000). 한국여성인권운동자. 한울 아카데미.

박명실 (2005). 대학생 자살위험 집단유형의 분류, 평가 및 집단 상담치료 적용. 박사학위 논문. 중앙대학교 대학원.

박상칠 · 조용범 (1998). 자살, 예방할 수 있다. 서울: 학지사.

박성희 (1994). 공감, 공감적 이해. 서울: 원미사.

박종삼 (1991). 위기개입의 이론과 실제, 단기상담과 위기개입. 한양대학교 학생생활연구소, 제4회 학술세미나, 23-46.

법률나무 (2019). 성폭력과 성적 수치심(성폭력처벌법 판례 모음집). 서울: 서울문학.

서울시 (2015). 성희롱 사건처리 매뉴얼.

_____ (2016). 대학생을 위한 성폭력 예방교육.

성미애 (2015). 스마트폰 중독 잠재적 위험군 고등학생의 스마트폰 중독 예방을 위한 집단 상담프로그램 개발. 석사학위논문. 한국교원대학교 대학원.

손기화 (2012). 군 성폭력에 관한 연구. 박사학위논문. 동국대학교 대학원.

손영훈 (2014). 한국인의 스마트라이프-스마트폰 이용행태 분석. KT 경제경영연구소.

송홍근 · 정현상 (2003). 쉬쉬하다 상처만 더 곪는다. 주간동아 395호.

신경희 (2015). 삶을 만점으로 만드는 스트레스 관리. 서울: 영림미디어.

신민섭 · 박광배 · 오경자 (1991) 우울증과 충동성이 청소년들의 자살행위에 미치는 영향. 한국심리학회지: 임상, 10(1), 286-297.

심윤기 (2013). 군 장병의 자기복잡성과 자아탄력성이 군 복무적응에 미치는 영향. 상담학연구, 14(2), 1265-1284.

_____ (2014). 군 병사용 자살위험성 척도 개발 및 타당화. 한국심리학회지: 상담 및 심리치료, 상담학연구, 26(4), 929-952.

_____ (2016). 군 상담학의 이해와 적용. 서울: 창지사.

_____ (2017). 군 집단상담의 기초. 서울: 창지사.

_____ (2018). 외상 후 스트레스 장애와 심리치료. 서울: 창지사.

윤형보 · 왕보람 · 박지윤 (2013). 스마트폰 사용자들의 앱 이용 특성과 앱 비즈니스 모델에의 시사. 한국콘텐츠학회, 31(3). 32-42.

육군교육사령부 (2007). 2007년도 육군 상담발전세미나.

육군본부 (2007). 육군가치관 및 장교단 정신.

_______ (2008). 자살사고 예방 지침서.

_______ (2011). 자살사고 종합분석.

_______ (2013). 임무형지휘.

윤귀남 (1997). 숨겨진 중독. 서울: 참미디어.

윤가현 (1997). 동성애의 심리학. 서울: 학지사.

은헌정 · 권태완 · 이선미 · 김태형 · 최말례 · 조수진 (2005). 한국판 사건충격척도 수정판의 신뢰도 및 타당도 연구. 신경정신의학, 44(3). 303-310.

이광자 (2003). 자살문제의 위기개입방법: 생명의 전화 자살예방센터 교육자료.

이미경 (2000). 성폭력의 실태와 대책. 여성건강 간호학회.

이장호 (2000). 상담면접의 기초. 서울: 중앙적성출판사.

이종현 · 최광현 (1996). 군 리더십연구. 한국 국방연구원.

이홍식 (2009). 자살의 이해와 예방. 서울: 학지사.

장성석 (2015). 스마트폰 중독이 군 생활 적응에 미치는 영향. 석사학위논문. 연세대학교 공학대학원.

장연집 (2005). 죽음에 대한 실존적 불안과 고통완화를 위한 통합적인 심리적 접근 가능성. 심리치료, 5(1), 23-41.

정성진 · 김광수 · 오영희 · 박종효 · 하요상 · 강주희 · 추정인 · 한선녀 (2016). 용서를 통한 치유 와 성장. 서울: 학지사.

정원식 · 박성수 (1983). 카운슬링 원리. 서울: 교육과학사.

조보행 (2013). 청소년 자살의 위험요인이 자살 생각에 미치는 영향. 박사학위논문. 청주대학교 대학원.

조현춘 · 조현재 · 문지혜 · 이근배 · 홍영근 (2013). 심리상담과 치료의 이론과 실제. 서울: 시그마프레스.

중앙자살예방센터 (2017). 2017년 자살예방백서.

채규만 (2000). 성피해 심리치료. 서울: 학지사.

천성문 · 박명숙 · 박순득 · 박원모 · 이영순 · 전은주 · 정봉희 (2006). 상담심리학의 이론과 실제. 서울: 학지사.

통계청 (2014). 자살실태조사.

______ (2016). 2015년 사망원인통계.

______ (2017). 2016년 사망원인통계자료.

한국성폭력상담소 (1999). 성폭력에 대한 서울 심포지엄 세미나 자료집.

한국양성평등교육진흥원 (2016). 다 함께 즐겁게 군 생활하는 우리부대 만들기.

한국정보문화센터 (2002). 인터넷 중독 상담전략.

한국정보화진흥원 (2012). 2012년 인터넷 중독 실태조사 최종보고서.

______________ (2014). 2013년 인터넷 중독 실태조사.

______________ (2014). 2014년 모바일 인터넷이용실태 조사.

한국정보화진흥원 스마트쉼센터 (2014). 스마트미디어 중독 경향성 예측척도.

__________________________ (2019). 2019년 군 장병 대상 인터넷 · 스마트폰 과의존 예방교육 콘텐츠.

한국청소년상담원 (2008). 청소년 자살 예방프로그램 및 개입방안 개발.

한국형사정책연구원 (1996). 성폭력의 실태 및 대책에 관한 연구.

한인영 · 김정선 · 구승신 (2011). 군 병사들의 인터넷 중독 경향성과 군 생활 적응의 관계. 한국군사회복지학, 4(2), 73-97.

해군본부 (2009). 초급간부 지도지침서.

Astur, R. S., Tropp, J., Sava, Constable, R. T., & Markus, E. J. (2004). Sex differences and correction in a virtual Morris water task, a virtual radial armmaze, and mental rotation. *Behavioural Brain Research*, *151*, 103-115.

Augustine, J. (2014). Predictors of post-traumatic growth among adult tsunamisurvivors: The role of employment, religion, and family attributes. *Journal of 136 Social Service Research*, *40*(4), 491-507.

Baldwin, B. A. (1978). A paradigm for the classification of emotional crisis: Implications for crisis intervention. *American Journal of Orthopsychiatry*, *48*(3).

Barratt, E. & Patton, J. H. (1983). *Impulsivity: Cognitive, behavioral, and psychophysiological correlates*. In M. Suckerman(Ed.), Biological bases of sensation seeking, impulsivity, and anxiety. Hillsdale, N. J.: Erlbaum.

Bonanno, G. A. (2004). Loss, trauma, and human resilience: have we underestimated the human capacity to thrive after extremely aversive events?. *American Psychologist*, *59*(1), 20.

Brems, C. (2001). Basic skills in psychotherapy and counseling. Belmont, CA: Wadsworth.

Breslau N, Kessler, R. C., Chilcoat, H. D., Schultz, L. R., Davis, G. C., & Andreski, P. (1998). Trauma and post-traumatic stress disorder in the community: the 1996 Detroit Area Survey of Trauma. *Arch Gen Psychiatry*, *55*, 626-632.

Callahen, J. (1994). Defining crisis and emergency. *Crisis*, *15*, 164-171.

Carlier, I. V., Lamberts, R. D., & Gersons, B. P. (1997). Risk factors for post-traumatic stress symptomatology in police officers: A prospective analysis. *The Journal of Nervous and Mental Diseas*, *185*, 498-506.

Caplan, G. (1964). *Principle of preventive psychiatry*. NY: Basic Books.

Clinbell, H. (1991). *성장그룹*. 서울: 교문사.

Creamer, M., Burgess, P., & Mcarlane, F, A. C. (2001). Post-traumatic stress disorder; Findings from the Australian national survey of mental health and well-being. *Psychological Medicine*, *31*, 1237-1247.

Cryder, C. H., Kilmer, R. P., Tedeschi, R. G., & Calhoun, L. G. (2006). An exploratory study of post-traumatic growth in children following a natural disaster. *American Journal of Orthopsychiatry*, *76*, 65-69.

Darves-Bornoz, J. M., Alonso, J., de Girolamo, G., de Graaf, R., Haro, J. M,, Kovess-Masfety, V., Lepine, J. P., Nachbaur, G., Negre-Pages, L., Vilagut, G., Gasquet, I. (2008). Main traumatic events in Europe; PTSD in the European study of the epidemiology of mental disorders survey. *Journal of Traumatic Stress*, *21*(5), 455-462.

Dattilio, Frank M., & Arthur Freeman. (1994). *Cognitive Strategies in Crisis intervention*. Guilford Pubn.

Durkheim, E. (2008). *자살론*. 황보종우 역. 경기: 청아출판사.

Defense Manpower Data Center. (2013). *2012 Workplace and Gender relations survey of active duty members: Survey note*. Arlington, VA: Author.

Fiske, H. (2008). *Hope in action: Solution-focused conversations about suicide*. New York: Routledge.

Foa, E. B. & Kozak, M. J. (1986). Emotional processing of fear: Exposure to corrective information. *Psychological Bullentin*, *99*(1), 20–35.

Foa, E. B., Rothbaum, B. O., Riggs, D. S., & Murdock, T. B. (1991). Treatment of posttraumatic stress disorder in rape victims: A comparison between cognitive–behavioral procedures and counseling. *Journal of Consulting and Clinical Psychology*, *59*(*5*), 715 – 723.

Foa, E. B., & Riggs, D. S. (1993). Post–traumatic stress disorder in rapevictims. In J. Oldham, M. B. Riba, & A. Tasman (Eds), *Annual Review of Psychiatry*. *12* (pp. 273–303). Washington DC: American Psychiatric Association.

Foa, Edna B., Dancu, Constance V., Hembree, Elizabeth A., Jaycox, Lisa H., Meadows, Elizabeth A., & Street, Gordon P. *Journal of Consulting and Clinical Psychology*, *67*(*2*), Apr 1999, 194–200.

Gilliland, B. E., & James, R. K. (1997). *Crisis Intervention strategies* (3rd ed.). Pracific Grove, CA: Brooks/Cole.

________________________ (2000). *Crisis intervention strategies* (4th ed.). Belmont, CA: Wadsworth/Thomson Learning.

Goenjian, A. K., Najarian, L. M., & Pynoos, R. S. (1994). Post–traumatic stress disorder in elderly and younger adults after the 1988 earthquake in Armenia. *American Journal of Psychiatry*, *151*(6), 895–901.

Goldberg, I. (1996). Internet addiction. Electronic message posted to research discussion list.

Gottfredson, M. R. & Hirschi, T. (1990). *A General Theory of Crime*. Stanford, Calif.: Stanford University Press.

Grzywacz, J. G. & Marks, N. F. (2000). Family, work, work–family spillover and problem drinking during mid–life. *Journal of Marriage and the Family*, *62*(2), 336–348.

Hart, Archibald, D. (2007). 참을 수 없는 중독. 온누리 회복사역본부 역. 서울: 두란노.

Halpern, J. & Tramontin, M. (2007). *Disaster mental health: Theory and practice*. Belmont, CA: Thompson Brooks/Cole.

Hawton, K. (1986). *Suicide and attempted suicide among children and adolescents*. Newbury Park, CA: Sagepress.

Higgins, C. A., Duxbury, L. E., & Irving, R. H. (1992). Work–family conflict in the dual–career family. *Organizational Behavior and Human Decision Process*, *51*, 51–75.

Jamison, K. R. (2004). *Night falls fast*. 이문희 역, 서울: 뿌리와 이파리.

Janoff–Bulman, R. (1989). Assumptive worlds and the stress of traumatic events: Applications of the schema construct. *Social Cognition*, *7*, 113–136.

Joiner Jr, T. E., Conwell, Y., Fitzpatrick, K. K., Witte, T. K., Schmidt, N. B., Berlim, M. T., & Rudd, M. D. (2005). Four studies on how past and current suicidality relate even when "everything but the kitchen sink" is covaried. *Journal of Abnormal Psychology*, *114*(2), 291–303.

Julian D. Ford. (2012). 진단명: 외상 후 스트레스 장애. 김정휘 · 허주연 · 김태욱 공역. 서울: 시그

마프레스.

Kessler, R., Sonnega, A., Bromet, E., Hughes, M., & Nelson, C. (1995). Post-traumatic stress disorder in the national co-morbidity study. *Archives of General Psychiatry, 52*, 1048-1060.

Lang P. J. (1979). A bio-informational theory of emotional imagery. *Psychophysiology, 16*, 495-512.

Lowe, S. R., Chan, C. S., & Rhodes, J. E. (2010). Pre-hurricane perceived social support protects against psychological distress: a longitudinal analysis of low-income mothers. *Journal of Consulting and Clinical Psychology, 78*, 551-560.

Maguen, S., Neria, Y., Conoscenti, L. M., & Litz, B. T. (2009). Depression and prolonged grief in the wake of disasters. *Mental Health and Disasters*, 116-130.

May, Gerald, G. (2007). 중독과 은혜. 이지영 역. 서울: IVP.

McCrae, R. R. (1996). Social consequences of experiential openness. *Psychological Bulletin, 120*, 323-337.

Mowrer, O. H. (1960). *Learning theory and the symbolic processes*. New York: Wiley.

Nelson, For love of Country (2002). *Confronting Rape and Sexual Harassment in the U. S. Military*. New York, London, Oxford: The Haworth maltreatment and Trauma Press.

Norris, F., Friedman, M. J., Watson, P. J., Byrne, C., & Kaniasty, K. (2002). 60,000 Disaster Victims Speak: Part I. An Empirical Review of the Empirical Literature, 1981-2001, *Psychiatry, 65*(3), 207-239.

NY Times. (2012). *Instructor for Air Force is convicted in sex assaults*. July 20, James Daojuly.

Patterson, L. E. & Welfel, E. R. (1999). *The counseling process*. (5th ed.). Belmont, CA: Wadsworth/Thomson Learning.

Peplau & Perlman. (1982). *Perspectives on loneliness*, In L.A.

Pynoos, R., Goenjian, A., Tashjian, M., Karakashian, M., Manjikian, R., & Manoukian, G., (1993). Post-traumatic stress reaction in children after the 1988 Armenian earthquake. *British Journal of Psychiatry, 163*, 239-247.

Rapoport, L. (1982). *The state of crisis: Some theoretical considerations*. In H. J. Parad (ed.). Crisis intervention: Selected readings. NY: Family Service Association of America.

Reynolds, W. M. (1998). *Suicidal ideation questionnaire: Professional manual*. Odessa, FL: Psychological Assessment Resources.

Rogers, C. R. (1961). *On becoming a person*. Boston. N.Y.: Houghton Mufflin.

Shapiro, F., & Forrest, M. S. (1998, 2008). 눈 운동 민감소실 및 재처리: 불안, 스트레스, 충격적 사건을 극복하기 위한 치료법. 강철민 역. 서울: 하나의학사.

Smid, G. E., van der Velden, P. G., Lensvelt-Mulders, G. J. L. M., Knipscheer, J. W., Gersons, B. P. R., & Kleber, R. J. (2012). Stress sensitization following a disaster: a prospective study. *Psychological Medicine, 42*, 1675-1686.

Tatsuki, S. & Hayashi, H. (2000). Family system adjustment and adaptive reconstruction of social reality among the 1995 earthquake survivors. *International Journal of Japanese Sociology, 9*(1), 81–110.

Taylor, A. & Frazer, A. (1982). The stress of post–disaster body handling and victim identification work. *Journal of Human Stress, 8*(4), 4–12.

Terr, L. C. (1991). Childhood traumas: an outlin and overview. *American Journal of psychiatry, 148*(1), 10–20.

Time. (2003). *Conduct Unbecoming*. March 6, Cathy Booth. Thomas Tucson.

Träskman, L. (1981). Monoamine metabolites in CSF and suicidal behavior. *Arch Gen Psychiatry, 38*(6), 631–636.

Umana, R. F., S. J. Gross. & McConvile. (1980). *Crisis in the familly*. New York: Gardner Press.

UN/ISDR(United Nations International Strategy for Disaster Reduction). (2004). *Living with Risk: A Global Review of Disaster Reduction Initiatives*. UN/ISDR, Geneva.

United States Commission on Civil Rights. (2013). *Statutory Enforcement Report*. Sexual Assault in the Military.

Vila, G., Witkowski, P., Tondini, M., Perez–Diaz, F., Mouren–Simeoni, M., & Jouvent, R. (2001). A study of PTSD in children who experiences an industrial disaster in the Briey region. *European Child and Adolescent Psychoatry, 10*, 10–18.

Viswanath, B., Maroky, A. S., Math, S. B., John, J. P., Cherian, A. V., Girimaji, S. S., Benegal, V., Hamza, A., & Chaturvedi, S. K. (2013). Gender differences in the psychological impact of tsunami. *International Journal of Social Psychiatry, 59*(2) 130–136.

Vlahov, D., Galea, S., Resnick, H., Ahern, J., Boscarino, J. A., Bucuvalas, M., Gold, J., & Kilpatrick, D. (2002). Increased consumption of cigarettes, alcohol, and marijuana among Manhattan residents after the September 11th terrorist attacks. *American Journal of Epidemiology, 155*(11), 988–996.

Walsh, F. (2007). Traumatic loss and major disasters: Strengthening family and community resilience. *Family Process, 46*(2), 207–227.

Washington Post. (1997). *In wake of sex scandal, caution is the rule at Aberdeen*. p. B01, November 7. Jackie, Spinner.

Williams, M. B., & Poijula, S. (2002). *PTSD workbook*. Oakland, CA: New Harbinger Publications.

Vogel, D., & Wester, S. (2003). To seek help or not to seek help: The risks of self–disclosure. *Journal of Counseling Psychology, 50*, 351–361.

Young, K. S. (1996). Psychology of computer use: *Psychological Report, 79*, 899–902.

__________ (1998). *Caught in the net: How to recognize the signs of internet addiction and a stragy for recovery*. New York: John Wiley & Sons, Inc.

심 윤 기

상지대학교 교육학 박사(상담심리학 전공)
현) 한국위기상담협회 부회장
현) 삼육대학교 상담심리학과 교수

정 구 철

중앙대학교 교육학 박사(심리측정 · 평가 전공)
현) 대한금연학회 이사
현) 삼육대학교 상담심리학과 교수

정 성 진

가톨릭대학교 심리학 박사(상담심리학 전공)
현) 전국 대학상담학과 협의회 이사
현) 삼육대학교 상담심리학과 교수

김 복 희

삼육대학교 상담심리학 전공 박사과정
군 전문상담사(1급), 위기전문상담사(1급), EAP전문상담사(1급)
현) 정선교육지원청 학습클리닉전문가

김 재 희

삼육대학교 상담심리학 전공 박사과정
군 전문상담사(1급), 위기전문상담사(1급), 미술치료상담사(1급)
현) 삼육대학교 웰빙건강심리연구소 연구원

김 현 숙

삼육대학교 상담심리학 전공 박사과정
군 전문상담사(1급), 위기전문상담사(1급), 분노조절상담사(1급)
현) 삼육대학교 학교생활상담센터 상담원

군 위기상담의 실제

초판 1쇄 인쇄 2020년 1월 17일
초판 1쇄 발행 2020년 1월 23일

지 은 이 | 심윤기 · 정구철 · 정성진 · 김복희 · 김재희 · 김현숙
펴 낸 이 | 김기섭
편 집 인 | 이혜란
펴 낸 곳 | 창지사 www.changjisa.com
08589 서울시 금천구 가산디지털 1로 83 파트너스타워 1차 9층
전화 (02)719-2211~3
팩스 (02)701-9386
등 록 | 1977년 4월 28일 · 제1-421호

© 심윤기 외 5인, 2020
• 이 책 내용의 전부 또는 일부를 재사용하려면
반드시 저작권자와 창지사 양측의 동의를 받아야 합니다.
• 저자와 협의하여 인지는 생략합니다.

ISBN 978-89-426-1264-2 (93390)

값 25,000원

「이 도서의 국립중앙도서관 출판예정도서목록 (CIP) 은 서지정보유통지원시스템 홈페이지 (http://seoji.nl.go.kr) 와 국가자료공동목록시스템 (http://www.nl.go.kr/kolisnet) 에서 이용하실 수 있습니다 .(CIP 제어번호 : CIP2020002227)」